钒页岩分离化学冶金

张一敏 著

科学出版社

北京

内 容 简 介

本书系统介绍钒页岩分离化学冶金过程的基础理论和技术基础理论。内容涉及钒页岩的结构化学、高温固相反应、溶液化学、杂质元素的分离调控，以及页岩钒化学冶金和高纯钒化物制备等。重点总结作者及团队在钒页岩资源领域的重要理论研究成果，为钒页岩的高效清洁利用提供科学理论与技术依据。

本书可供矿物加工、化工、冶金、环境及材料等工程技术领域的科研人员，以及高等院校相关专业师生参考阅读。

图书在版编目（CIP）数据

钒页岩分离化学冶金/张一敏.著—北京：科学出版社，2019.3
ISBN 978-7-03-060820-8

Ⅰ.①钒… Ⅱ.①张… Ⅲ.①钒-页岩-分离-化学冶金
Ⅳ.①TF841.3

中国版本图书馆 CIP 数据核字（2019）第 045995 号

责任编辑：刘 畅 / 责任校对：董艳辉
责任印制：彭 超 / 封面设计：苏 波

科学出版社 出版
北京东黄城根北街 16 号
邮政编码：100717
http://www.sciencep.com

武汉中远印务有限公司印刷
科学出版社发行 各地新华书店经销
*
开本：787×1092 1/16
2019 年 3 月第 一 版 印张：18 1/4
2019 年 3 月第一次印刷 字数：400 000
定价：**168.00** 元
（如有印装质量问题，我社负责调换）

前　言

稀有金属钒在发展新兴产业、国防军工和传统产业升级中具有不可替代的重要作用，是各发达国家竞相竞争的战略储备资源。中国的钒产品占全球钒产品总量的 80%，是世界最大的钒生产、供应和消费国。"十一五"以来，国家在钒的研究领域，特别是在复杂低品位钒页岩资源的开发与利用上给予了持续科技投入和扶植，使其科学技术水平得到了长足进步。

这一时期的科研工作，重点瞄准钒页岩领域普遍存在的回收率低、资源无序消耗严重、高污染排放等重大问题，针对不同钒页岩类型，开发出回收率高、运行成本低、环境友好的页岩钒生产工艺及装备，并借此建成了一批具有高起点、高配置水平的标志性页岩钒工程，实现了我国钒技术的整体跨越。

"十二五"以来，随着钒页岩利用技术的不断发展，越来越强烈地显现出基础理论与技术快速发展的不对称性，许多实际生产中的现象难以得到合理解释和正确认识。这一状况，已经或正在严重影响着钒产业的发展进程。令人遗憾的是，目前还没有一本专门描述钒页岩分离化学冶金的理论书籍。作者针对钒页岩分离冶金过程的基础理论和技术基础理论，以完善和建立理论体系为成书目的，试图对其实现重新认识和理论突破。

全书包括钒页岩特性及结构化学，钒页岩高温固相反应与溶液化学，页岩钒富集和杂质分离调控，高纯钒化物的制备等，并对页岩钒分离化学冶金形成的新工艺和技术进行适当篇幅描述。

作者及团队长期的研究成果积累，为本次成书打下坚实基础，而钒页岩分离化学冶金所体现出的多学科交叉融合，无疑给本书的理论构建提供宽广支撑，使得它充实、新颖，具有活力。毋庸讳言，钒页岩利用是一个十分复杂的过程，一定还有很多需要攻克和解决的问题，这本书的出版绝不是最后和唯一。尽管作者在成书过程中力图完美、无误，但仍有顾此失彼之感。奉献此书，以飨读者的同时，供大家批判、赐教与斧正。

本书得到国家"十二五"科技支撑计划重点项目（2011BAB05B00）、国家"十二五"863 计划项目（2012AA063104）和国家自然科学基金项目（51474162，51404177，51404174，51874222，51804226，51804225）的资助。

在成书过程中，薛楠楠、胡鹏程、刘红、郑秋实、袁益忠、蔡震雷、张国斌等博士参与了全书的基础研究工作。薛楠楠对全书初稿统校做出了贡献。此外，刘涛、包申旭教授和黄晶副教授，以及师启华、韩静利等亦有重要贡献，在此一并致以谢意。

张一敏

2018 年 10 月于武汉

目　　录

第1章　钒页岩的结构化学

钒页岩由无机和有机组分组成，具有早古生代腐泥煤特征，以大量矿物杂质为主体，碳质碎片呈浸染状均匀分布于矿物杂质之中。无机组分主要有硅质、泥质、粉砂质、钙质等，如石英、长石、方解石、黏土矿物、黄铁矿等；有机组分均已碳化为碳质物，呈凝胶基质和腐泥基质，其中常见有生物结构的有机形态物质，如藻丝体、菌类体、胶质体、超微生物等。化学成分主要由 SiO_2、Al_2O_3、Fe_2O_3、K_2O、P_2O_5、V_2O_5、SO_3、MgO、CaO、Na_2O、TiO_2、MnO、BaO 和 MoO_3 等组成，其中 SiO_2 质量分数多为 60%~75%，其次是 Al_2O_3 和 Fe_2O_3，MgO、P_2O_5 和 K_2O 的质量分数为 1%~2%。

页岩中的钒主要赋存于云母类矿物的晶格中，而不同地区的云母类型不尽相同，主要取决于页岩的成矿环境，如湖北通山地区的钒页岩中钒主要赋存在具有二八面体结构的云母类矿物中，江西修水地区的钒页岩中钒则主要赋存在具有三八面体结构的云母类矿物中。在实际页岩钒生产过程中，提钒的核心在于破坏云母结构来实现钒的释放。在现有关于页岩提钒的文献报道中，云母中钒原子占位的解释较为宏观，钒在云母结构中的具体位置尚未明确，造成云母结构中钒释放的微观机理解释受到局限。目前公认的是钒以类质同象的形式取代八面体中心原子而存在于云母中，但由于两种类型的云母结构具有不同的八面体中心原子，二者晶体结构存在差异，通过研究两类云母结构中钒原子占位与价键特性对揭示不同类型页岩钒释放机理具有重要的指导作用。由于天然钒云母嵌布粒度细且分布不均匀，难以得到有效富集，且结晶度差，故通过直观的实验和检测手段来确定钒原子的精确占位难度较大。近年来，基于周期性边界条件和赝势的密度泛函理论已经被广泛用于铝硅酸盐的晶体结构、弹性和热力学性质的研究。其中在层状铝硅酸盐的表面吸附与改性方面的研究尤为显著。而量子化学模拟计算的引入不仅能够从原子层面分析钒在云母中的精确占位，探明含钒云母的局部结构与电子特性，而且可以通过模拟固液界面反应过程，揭示页岩浸出过程中含钒云母结构的破坏机理。

1.1　钒页岩的特性

1.1.1　页岩中钒的赋存状态

钒页岩主要形态有两种，一种是存在于地表下的碳质钒页岩（又称原生型云母钒页岩），呈黑色，具有半亮光泽，含碳量相对较高，一般为 10%~20%，有一定的燃烧值，硬度较高；另一种是露出地表层，经长期的风化、淋滤后的钒页岩（又称氧化型钒页岩），颜色暗淡，呈灰褐色或浅黄色，其含碳量较低，一般在 10%以下，燃烧值极低或无燃烧值，质软易磨。由于易开采的浅层氧化型钒页岩锐减，钒资源 90%转入原生型云母钒页岩。因此，我国具有代表性的钒页岩绝大部分为原生型云母钒页岩。

钒具有从二价到五价的一系列氧化态，在自然界中有三种稳定的氧化态，即 V(III)、

V（IV）和 V（V）。钒在页岩中可以 V（III）、V（IV）和 V（V）三种价态存在，价态的具体分布与钒页岩形成过程中的氧化还原环境关系密切。表 1-1 是不同地区钒页岩中钒价态的分布。由于钒页岩主要形成于还原性环境，因此钒页岩中钒仍主要以 V（III）价态存在，少数钒页岩经过长期的风化、淋滤和受熔岩的侵蚀作用才会产生相对较多的 V（IV）和 V（V）。

表 1-1　不同地区钒页岩中钒价态的分布（李远虑，1982）

地　区	不同价态钒所占比例/%		
	V（III）	V（IV）	V（V）
湖北通山	63.00	37.00	0.00
湖北杨家堡	93.80	6.20	0.00
湖北崇阳	98.77	1.23	0.00
湖南岳阳	98.70	1.30	0.00
江西皈大	64.50	34.50	0.00
四川广旺	68.50～92.60	7.40～31.50	0.00
浙江鸬鸟块状样	98.40	1.60	0.00
浙江鸬鸟风化粉状样	46.49	27.39	26.12
浙江塘坞	94.90	5.10	0.00

钒页岩通常主要是由石英、碳质、云母类矿物和黏土类矿物组成的，其次还有少量的黄铁矿、方解石和石榴石，其他少量或微量矿物种类繁多，各地相差较大。由于 V（III）和 Al（III）具有相同的配位数、相近的离子半径和相似的电负性，V（III）易以类质同象取代云母类矿物中八面体结构的中心原子，并伴有少量 V（IV）共存，钒页岩中 V（IV）可能以二氧化钒（VO_2）、氧钒离子（VO^{2+}）和亚钒酸盐形式存在。因此，钒页岩中除以类质同象形式存在的 V（III）外，经长期自然风化后 V（III）能够被氧化成 V（IV）和 V（V），以游离氧化物形式稳定地吸附在钒页岩中铁氧化物和黏土矿物的表面，这类钒主要存在于氧化型钒页岩中；此外，在钒页岩成矿过程中部分钒还可与有机质结合，形成钒的有机络合物形式，在钒页岩中发现的钒卟啉可证明这一观点。钒卟啉含有四个吡咯环，是一种杂环螯合物，由四个"═CH—"基相连形成共轭体系，通常每个吡咯环的 3、4 位可被各种取代基（R）取代，形成卟啉系螯合物，该有机化合物十分稳定，经过漫长的地质年代，现仍可完整地存于钒页岩中。钒还可以形成独立矿物存在于钒页岩中，如钙钒榴石、硫钒锡铜矿、橙钒钙石、含钒锗石等，但这类钒所占的比例极小。

有关学者对钒页岩中与钒相关的矿物进行了研究，结果见表 1-2。虽然不同地区钒页岩中的钒赋存形态复杂多样，但大多数钒主要以类质同象赋存于云母类矿物中。

表 1-2　中国部分地区钒页岩中钒的赋存状况（许国镇，1984）

钒页岩产地	含钒矿物		矿石中矿物质量分数/%	矿物中 V_2O_5 质量分数/%	V_2O_5 分配率/%
湖北杨家堡	有机质	沥青 A	—	17.450 0	15～17
	铝硅酸盐类矿物	伊利石	—	7.000 0	50.000 0
		含钒云母	—	1.980 0	1.000 0

续表

钒页岩产地	含钒矿物		矿石中矿物质量分数/%	矿物中 V_2O_5 质量分数/%	V_2O_5 分配率/%
湖北杨家堡	硅酸盐类矿物	钛钒石榴石 铬钒石榴石	—	16.000 0 21.538 0	16～18
	硫化物类矿物	砷硫钒铜矿 锗石	—	6.590 0 9.370 0	2.000 0
	水溶性盐类		—	—	2.000 0
	吸附态	钒阳离子	—	—	2.000 0
		钒铬阴离子	—	—	10.000 0
湖北广石崖	含钒水云母		12.550 0	3.970 0	89.290 0
	碳质		53.020 0	—	6.700 0
	石英		17.160 0	0.006 0	0.210 0
	长石		2.130 0		
	霞石、方解石、白云石		6.810 0	0.005 0	0.050 0
	黄铁矿		3.330 0	0.003 0	0.020 0
浙江诸暨	含钒云母		17.000 0	5.660 0	89.900 0
	含钒高岭石		1.200 0	6.500 0	7.400 0
	含钒石榴石		0.500 0	3.600 0	1.700 0
浙江安仁	钒云母		1.000 0	12.850 0	16.400 0
	黏土		20.400 0	3.280 0	83.600 0
浙江塘坞	伊利石		41.200 0	3.340 0	100.000 0
浙江鸬鸟	破碎风化粉状样	橙钒钙石	1.000 0	59.600 0	20.800 0
		钙钒榴石	0.500 0	24.860 0	4.500 0
		钒铁矿	2.900 0	49.500 0	50.300 0
		黏土	33.700 0	1.480 0	17.400 0
	块状钒页岩	钙钒榴石	2.100 0	24.860 0	57.700 0
		钒钛矿	1.000 0	33.660 0	37.100 0
		黏土	31.200 0	0.610 0	5.400 0
湖南岳阳	高岭石为主的硅铝酸盐		—	—	70.000 0
	游离氧化物		—	—	10～20
	碳质		—	—	少量
江西饭大	钒云母		0.780 0	37.500 0	33.910 0
	含钒水白云母		8.530 0	4.410 0	43.520 0
	含钒钡水云母		17.010 0	0.650 0	12.850 0
	磷铝石		0.730 0	0.900 0	0.810 0
	褐铁矿		5.210 0	0.260 0	1.620 0
	石英		51.650 0	0.007 5	0.460 0
	碳质		5.220 0	0.650 0	3.940 0

钒页岩产地	含钒矿物	矿石中矿物质量分数/%	矿物中 V$_2$O$_5$ 质量分数/%	V$_2$O$_5$ 分配率/%
甘肃方口山	含钒高岭石	2.000 0	2.790 0	10.900 0
	含钒氧化铁矿物	6.000 0	0.480 0	
	含钒云母类矿物	10.000 0	5.500 0	79.600 0
	含钒电气石	1.000 0	8.420 0	9.500 0

钒页岩中钒的四种赋存形式为：①钒主要以 V（III）类质同象取代云母类矿物的八面体中心原子，分散于云母类矿物中；②钒以吸附态存在于铁氧化物胶体和黏土矿物的表面；③呈金属有机络合物形式存在；④钒以单矿物形式存在。钒的赋存形式直接影响页岩提钒的方法和难易程度。如果钒主要以吸附状态的游离态形式存在，则可用酸或碱溶液直接浸出，或者加入氧化性或还原性物质辅助浸出，使其以各种钒酸根离子形式溶解在溶液中。如果钒主要以类质同象形式存在于硅酸盐矿物晶格中，要将其中的三价或四价钒浸出，首先必须破坏晶体结构，使晶格钒释放出来。中国大部分钒页岩中的钒以类质同象形式存在于云母类、电气石类、石榴石类硅酸盐矿物晶格中。

1.1.2 云母型钒页岩的矿物特性

表 1-3 为湖北地区某钒页岩矿的矿石化学组分分析，原矿主要成分为 SiO$_2$，其质量分数达 49.28%；目的元素 V$_2$O$_5$ 质量分数仅为 0.71%，属低品级钒页岩；杂质元素铝、铁、钙、镁、钾质量分数较高，同时还含有少量的磷、钛、锰。钒页岩的主要矿物组成为云母、石英、方解石、黄铁矿（图 1-1）和少量的长石，含钒矿物为含钒云母和碳质物（图 1-2）。

表 1-3 湖北地区某钒页岩矿的矿石化学组分分析

化学成分	V$_2$O$_5$	SiO$_2$	Al$_2$O$_3$	CaO	Fe$_2$O$_3$	K$_2$O	MgO
质量分数/%	0.71	49.28	8.91	6.26	4.99	3.02	2.18
化学成分	Na$_2$O	MnO	TiO$_2$	S	C	P$_2$O$_5$	LOI*
质量分数/%	0.38	0.03	0.48	3.86	13.44	0.48	17.82

注：*烧失量（loss on ignition，LOI）

1. 含钒矿物

含钒云母（图 1-2）：晶粒细小，为隐晶质和微晶质体，呈细小鳞片状和不规则状，晶体粒度多为 0.005 mm 以下，少量可达 0.01 mm。在较粗的矿粒中可见云母鳞片沿理平行定向分布。矿物多与石英、碳质物和黄铁矿紧密交生，少量呈单体出现。由于矿石中碳质物含量高，微细粒云母多污染呈黑色，偏光镜下只有稍粗颗粒的云母光学特征较为明显，且部分细小鳞片状钒云母（S，彩色）定向分布在石英（Q）中。扫描电镜下观察到的钒云母呈片状结构，V 元素与云母特征元素（K、O、Al 和 Si）呈明显的同步分布。

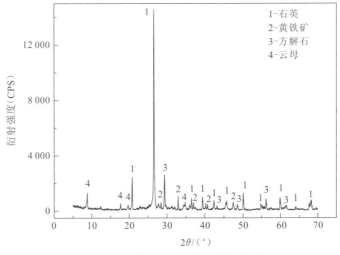

图 1-1　钒页岩的物相组成

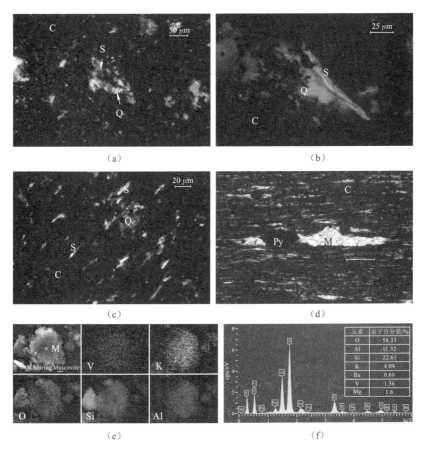

图 1-2　原矿偏光显微镜照片和 SEM-EDS 分析　（C-碳质物）

（a）细小鳞片状钒云母（S）与石英（Q）及碳质物紧密嵌布；（b）片状钒云母（S）与石英（Q）及碳质物混杂交生；
（c）细小鳞片状钒云母（S）定向分布在石英（Q）中；（d）粒状黄铁矿（Py）与白云母（M）嵌连；（e）～（f）含钒云
母颗粒元素分布

碳质物（图 1-3）：结晶较差，主要为游离碳，与非晶质可燃煤的碳质混合物相似。在矿样中含量较多，总体分布较均匀。碳质物以微细粒不规则状或碳质污染物形式出现，粒度细小，主要为 0.01 mm 以下的微粒；较集中者形成碳质物团块，团块粒度一般为 0.02～0.15 mm。碳质物在矿物表面、间隙中存在，并与细粒石英、钒云母及细粒泥质物和黄铁矿混杂分布。由于碳质物高度的分散性，其中的钒随之吸附于不同矿物表面和间隙。

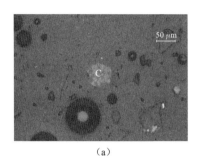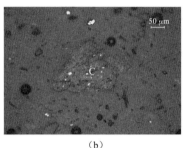

（a）　　　　　　　　　　　　　　　　（b）

图 1-3　原矿偏光显微镜照片（C-碳质物）

（a）局部富集的团块状碳质物集合体；（b）粗粒碳质物集合体中嵌布细小硅酸盐类矿物和黄铁矿颗粒

显微镜下统计，可推算得原矿所含各矿物的质量分数，如表 1-4 所示。钒页岩中质量分数最大的矿物是石英，其次是碳质物，然后是白云母、长石、黄铁矿和高岭石。

表 1-4　钒页岩主要矿物种类及质量分数

矿物名称	石英	白云母	碳质	方解石	长石	黄铁矿	高岭石	其他
质量分数/%	37	15	13	11	10	7	5	2

采用分步溶样和电位滴定法对页岩中钒价态分布进行测定，表 1-5 显示该页岩中无 V（V），V（IV）分布率仅为 21.53%，大部分钒以 V（III）形式存在。

表 1-5　页岩中钒的价态分析

钒价态	V（III）	V（IV）	V（V）
分布率/%	78.47	21.53	0.00

根据矿物的溶解性差异，分析页岩中钒的化学物相（表 1-6），其中 88.11% 的钒分布于硅酸盐矿物中，结合 X 射线衍射（X-ray diffraction，XRD）分析硅酸盐矿物主要为白云母。钒在游离氧化物和有机碳质两物相中仅分别占 10.03% 和 1.86%。该类页岩主要以 V（III）形式赋存于云母类矿物晶格中，属于典型的云母型含钒页岩。与风化程度高的吸附型钒页岩相比，此类页岩中钒的提取难度极大。

表 1-6　页岩中钒化学物相分析

含钒物相	硅酸盐矿物	游离氧化物	有机碳质
分布率/%	88.11	10.03	1.86

钒页岩原矿各点电子探针显微分析（electron probe micro-analyzer，EPMA）所对应的背散射图像如图 1-4 所示，各点电子探针显微分析结果列于表 1-7 中。目的元素 V 主

要赋存于铝硅酸盐矿物白云母、黑云母和伊利石中，石英、方解石、黄铁矿和长石矿物中几乎不含钒。以白云母为主的铝硅酸盐矿物是含钒目的矿物，后续焙烧浸出的主要任务是破坏此类矿物结构，使钒从稳定的晶格中释放。

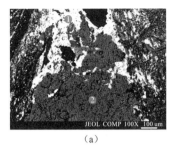
（a）
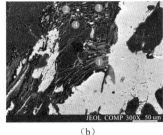
（b）

（c）

图 1-4　钒页岩原矿电子探针显微分析对应的背散射图像

表 1-7　图 1-4 中钒页岩主要矿物的电子探针显微分析结果　　〔单位：%（质量分数）〕

测试点	SiO_2	V_2O_5	Al_2O_3	K_2O	FeO	MgO	CaO	Na_2O	矿物组成
（a）-1	0.03	0.00	0.00	0.00	0.07	0.55	63.44	0.00	方解石
（a）-2	97.88	0.00	0.00	0.00	0.00	0.00	0.00	0.00	石英
（b）-1	33.69	1.29	17.97	2.94	1.64	25.18	0.13	0.00	黑云母
（b）-2	33.63	2.96	18.57	6.11	0.22	1.59	0.04	0.02	伊利石
（b）-3	33.69	1.06	17.97	2.94	1.64	25.18	0.13	0.00	黑云母
（b）-4	0.20	0.00	0.07	0.00	56.69	0.00	0.00	0.00	黄铁矿
（c）-1	56.94	0.00	25.25	0.98	0.00	0.10	6.51	6.82	斜长石
（c）-2	73.57	0.14	13.54	6.82	0.00	0.21	0.64		石英和白云母的集合体
（c）-3	54.77	2.57	27.75	8.88	0.03	2.62	0.00	0.04	白云母
（c）-4	49.43	0.11	6.92	0.99	0.08	0.40	0.21	1.97	钠长石

白云母和伊利石具有相似的晶体结构和化学式。它们基本单元层结构的端面呈负电性，侧面的电性由溶液的 pH 决定。Al—O 键能为 7 201～7 858 kJ/mol，Si—O 键能为 13 012～13 146 kJ/mol，Al—O 键比 Si—O 键更易断裂。含钒白云母中，由于 V 以类质同象的形式取代 Al，故 V 的化学环境与 Al 相似。

2. 脉石矿物

石英（图 1-2）：主体脉石矿物。矿物粒度十分细小，嵌布粒度一般在 0.02 mm 以下，个别稍粗者为 0.05 mm 左右。在矿石中与钒云母和碳质物混杂交生出现，表面及间隙中多有黑色碳质物污染和充填，定向分布特征不甚明显。

泥质物：黏土矿物蒙脱石、高岭石及长石和部分云母等微细硅酸盐矿物的混合体，其中多有碳质物污染。由于矿物粒度微细，因碳质物污染界限不清，呈泥质混合体出现。

方解石（图 1-5）：矿物结晶较好，不规则粒状。多与石英、碳质物镶嵌产出。粒度较石英略粗，粒度一般为 0.01～0.1 mm。

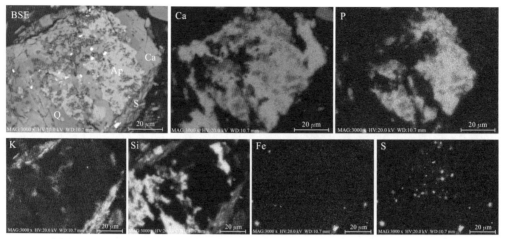

图 1-5 不规则粒状磷灰石（Ap）与石英（Q）、方解石（Ca）和云母（S）紧密镶嵌

磷灰石（图 1-5）：分布不均匀，在部分矿粒中集中出现，多与方解石、石英镶嵌分布。矿物成分以 CaO 和 P_2O_5 为主，晶粒极为细小，多在 0.02 mm 以下，主要以无定形集合体形态产出，其中包裹细粒石英及硅酸盐。

黄铁矿（图 1-6 和图 1-7）：由于粒度细小，在矿石中广泛分布。形态呈半自形或不规则粒状，为矿石中的主要硫化物。粒度变化范围较宽，粒度稍粗者多呈单体出现，细粒者与石英、硅酸盐、碳质物、方解石等不同矿物均有嵌连。

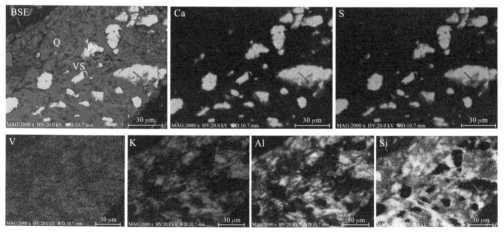

图 1-6　粒状黄铁矿（Py）浸染分布在由石英（Q）和钒云母（VS）组成的基底中

云母型钒页岩的矿物特点以及杂质元素分布：

（1）主要矿物为石英、云母、碳质物，其次有长石、黄铁矿、方解石、磷灰石等；

（2）V 主要赋存于云母类矿物中，其次存在于游离氧化物和碳质物中；

（3）Si 主要赋存于石英及铝硅酸盐矿物中，Al 主要赋存于云母类矿物、长石及高岭石中，Mg 主要赋存于云母类矿物中，K 主要赋存于云母类矿物及长石中；

（4）Fe 主要赋存于黄铁矿中，Na 则主要赋存于长石中，少量夹杂在云母中，P 和 Ca 主要赋存于磷灰石中。

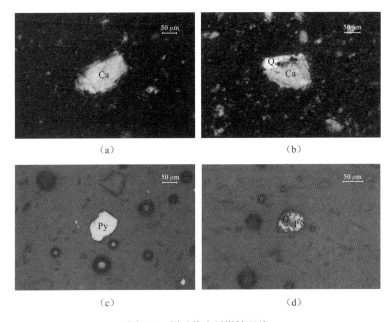

图 1-7　原矿偏光显微镜照片

（a）粒状方解石（Ca），黑色为碳质物；（b）粒状方解石（Ca）与石英（Q）嵌连，黑色为碳质污染物；

（c）单体粒状黄铁矿（Py）；（d）细小粒状黄铁矿（Py）与硅酸盐类矿物（G）嵌连

1.2　云母中钒原子的占位

1.2.1　云母的晶体结构

　　研究钒原子的占位前需要搭建合理的云母结构模型，只有在了解云母的原子排布和结构特点的基础上全面考虑钒原子可能存在的所有取代环境，才能确定其最佳占位。

　　云母属于层状硅酸盐矿物，该类结构的晶胞是层状结构沿 c 轴方向堆叠而成，其基本单元是由双四面体层（T）夹八面体层（O）所组成的 TOT 层。T 层中的四面体通过底部三角面的氧原子相互连接，其中六个四面体形成六元硅氧烷的环状结构，环与环相连形成无限延伸的平面。由于 T 层中的硅氧四面体有四分之一被三价铝原子取代，导致整个 T 层带负电，并以层间的钾离子为补偿电荷来保持整个体系呈电中性。O 层多面体的中心原子与周围的氧原子以六配位的形式结合形成一个八面体，其中四个氧原子作为 O 层八面体与 T 层四面体的桥氧原子，另外两个氧原子是由位于六元硅氧烷空腔内的羟基提供。白云母 $[KAl_2(Si_3AlO_{10})(OH)_2]$ 与金云母 $[KMg_3(Si_3AlO_{10})(OH)_2]$ 的区别在于白云母的八面体中心原子是铝原子，且六元环孔道下的三个八面体空腔中只有两个被铝原子填充（图 1-8），而金云母的八面体中心原子为镁原子，且三个八面体空腔全部被镁原子填充（图 1-9）。

　　为了能够用精确的云母结构模型研究钒的取代，需考虑铝原子在四面体层的位置分布，确定一个固定铝原子分布且体系能量相对稳定的云母原子排布。Palin 等（2001）采

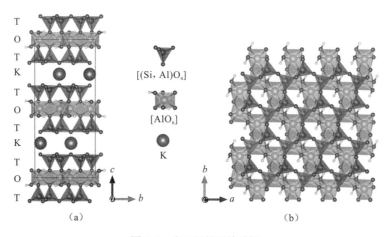

图 1-8　白云母的晶体结构

（a）沿 a 轴的投影，结构中 TOT 层沿 c 轴堆垛，层间是 12 次配位的 K 离子；（b）沿 c 轴的投影，结构中
[(Si，Al)O$_4$]四面体和[AlO$_6$]八面体连接成层

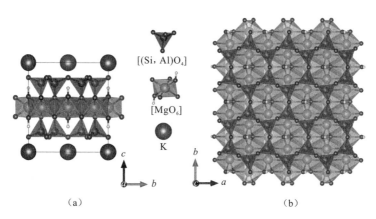

图 1-9　金云母的晶体结构

（a）沿 a 轴的投影；（b）沿 c 轴的投影，结构中[(Si，Al)O$_4$]四面体和[MgO$_6$]八面体连接成层

用蒙特卡罗（Monte Carlo）模拟计算方法尝试确定白云母四面体层的铝原子排布规律，并与核磁共振（MAS-NMR）结果进行对比。他们先后研究了铝原子的二维和三维有序排布，即 TOT 层中单一四面体层的铝原子排布和整个白云母晶胞的所有四面体层中铝原子的排布。在铝原子二维有序排布中考察了以下 4 种铝原子分布情况（图 1-10）：①相邻（J_1）；②相间（J_2）；③相对（J_3）；④远离（J_4）。对比它们的相对交换能（表 1-8）发现铝原子按 J_3 排布最可能发生，此时铝原子在周期性单胞内呈最远距离分布。

表 1-8　白云母四种铝原子分布的原子间距和相对交换能

铝原子排布	J_1	J_2	J_3	J_4
铝原子距离/Å	2.97~3.08	5.22	5.96~6.05	7.92~8.04
相对交换能/eV	1.00	0.23	0.00	0.13

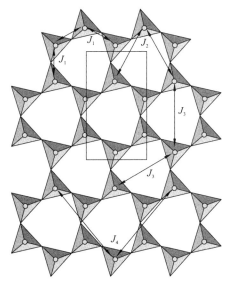

图 1-10　Palin 等的研究中白云母单一四面体层的四种铝原子分布情况

矩形区域表示白云母单胞的大小

基于二维有序模型考察铝原子的三维有序排布，图 1-11 列出了 TOT 层上下两四面体层可能的铝原子排布情况，但是在模拟过程中未能得到铝原子稳定的三维有序排布结构，这与核磁检测中铝原子短程有序而长程无序的结果相一致，因为现实环境温度超过了铝原子有序到无序排布的转化温度。由于含钒云母中钒原子可能存在于八面体当中，体系能量受上下两层四面体铝原子排布的影响较大，而且固定的铝原子坐标是结构模拟计算的基础，所以建立的云母模型忽略温度的影响，使铝原子能够满足三维有序排布。

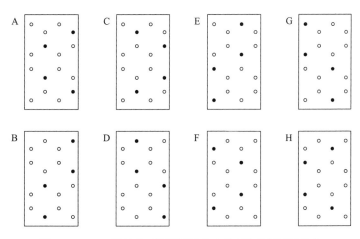

图 1-11　TOT 层的上下两四面体层八种可能的铝原子排布

上层（A, C, E, G）下层（B, D, F, H）

采用单胞考察铝原子在短程内的三维有序排布，在研究钒原子取代时通过扩胞来强化四面体层铝原子排布的影响。为保证云母体系的均一性，则需指定每一 TOT 层都具有相同的铝浓度，即单胞的每个 T 层都只有一个硅原子被铝原子取代。白云母单胞中有两

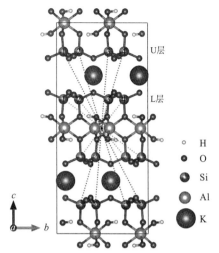

图 1-12　白云母铝原子取代位的简化模型

○ H
● O
◐ Si
◑ Al
● K

层 TOT 层，四面体铝原子分布遵守晶体空间的结构对称性，即中心对称分布，此时铝原子的分布特点体现在层与层间的排列。而金云母单胞中只有一层 TOT 层，四面体铝原子的分布不能保证中心对称性，此时铝原子的分布特点体现在层内的排列。根据 Catti 等（1994）和 Collins 等（1992）的云母结构参数数据，白云母为单斜晶系，空间群 $C2/c$，其晶格参数 a=5.21 Å[*]，b=9.04 Å，c=20.02 Å，α=γ=90.00°，β=95.76°。金云母为单斜晶系，空间群 $C2/m$，其晶格参数 a=5.39 Å，b=9.32 Å，c=10.05 Å，α=γ=90.00°，β=97.03°。

对于白云母各层之间铝原子的分布，上下表面各有 4 个取代位，分别标为 1~4，见图 1-12。考虑上下各面被一个铝原子取代，总共 16 种取代组合，用 U_mL_n 表示。所有组合下的白云母模型经过结构优化后的晶格参数和体系相对能量列于表 1-9 中。

表 1-9　白云母中铝原子取代模型的晶格参数和相对能量

模型 U_mL_n	a/Å	b/Å	c/Å	α/（°）	β/（°）	γ/（°）	体系相对能量 E/eV
实验值	5.21	9.04	20.02	90.00	95.76	90.00	—
U_1L_1	5.28	9.15	20.28	90.00	95.94	90.00	0.186
U_1L_2	5.29	9.13	20.27	90.10	95.88	89.91	0.078
U_1L_3	5.28	9.15	20.27	90.00	95.94	90.00	0.147
U_1L_4	5.28	9.14	20.27	90.05	95.88	89.91	0.091
U_2L_1	5.29	9.13	20.27	89.90	95.88	90.09	0.072
U_2L_2	5.29	9.12	20.27	90.00	95.83	90.00	0.027
U_2L_3	5.28	9.14	20.27	89.95	95.88	90.09	0.093
U_2L_4	5.29	9.12	20.26	90.00	95.83	90.00	0.000
U_3L_1	5.28	9.15	20.27	90.00	95.94	90.00	0.148
U_3L_2	5.28	9.14	20.27	90.05	95.88	89.91	0.091
U_3L_3	5.28	9.15	20.28	90.00	95.94	90.00	0.187
U_3L_4	5.29	9.13	20.27	90.10	95.88	89.91	0.077
U_4L_1	5.28	9.14	20.27	89.95	95.88	90.09	0.089
U_4L_2	5.29	9.12	20.26	90.00	95.83	90.00	0.000
U_4L_3	5.29	9.13	20.27	89.90	95.88	90.09	0.072
U_4L_4	5.29	9.12	20.27	90.00	95.83	90.00	0.025

---

[*] 1 Å=0.1 nm，后同。

这些白云母模型的结构参数与实验值接近，其中计算得到的 a，b，c 与实验值误差分别小于 1.77%，1.14%，0.95%。同时模型中 Si—O 和 Al—O 键的平均键长分别为 1.64 Å 和 1.94 Å，和实际的 Si—O 键长（1.64 Å）和 Al—O 键长（1.94 Å）相差甚小。说明第一性原理能够很好地适用于白云母结构的计算。而相对能量最低的 U_2L_4 和 U_4L_2 的铝原子取代位置在层间两侧呈现 W 型分布，这样能够保持最远的 Al—Al 间隔。最佳铝原子分布的白云母结构的晶格参数为 a=5.29 Å，b=9.12 Å，c=20.26 Å，β=95.83°。

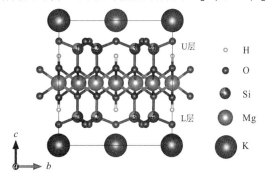

对于金云母层内铝原子的分布，上下表面同样各有 4 个取代位，共 16 种取代组合，用 U_mL_n 表示（图 1-13）。所有组合下的金云母模型经过结构优化后的晶格参数和体系相对能量列于表 1-10 中。

图 1-13　金云母铝原子取代位的简化模型

表 1-10　金云母中铝原子取代模型的晶格参数和相对能量

模型 U_mL_n	a/Å	b/Å	c/Å	α/(°)	β/(°)	γ/(°)	体系相对能量 E/eV
实验值	5.39	9.32	10.05	90.00	97.03	90.00	—
U_1L_1	5.39	9.29	10.21	90.00	101.93	90.00	0.062
U_1L_2	5.39	9.29	10.21	89.96	101.90	90.05	0.048
U_1L_3	5.39	9.30	10.21	90.00	101.91	90.00	0.000
U_1L_4	5.39	9.29	10.21	89.98	101.91	90.05	0.017
U_2L_1	5.39	9.29	10.21	90.04	101.90	89.95	0.048
U_2L_2	5.40	9.29	10.21	90.00	101.93	90.00	0.065
U_2L_3	5.40	9.29	10.21	90.02	101.91	89.95	0.016
U_2L_4	5.39	9.30	10.21	90.00	101.91	90.00	0.004
U_3L_1	5.39	9.30	10.21	90.00	101.91	90.00	0.000
U_3L_2	5.40	9.29	10.21	89.98	101.91	90.05	0.016
U_3L_3	5.39	9.29	10.21	90.00	101.92	90.00	0.064
U_3L_4	5.39	9.29	10.21	89.96	101.91	90.05	0.049
U_4L_1	5.39	9.29	10.21	90.02	101.91	89.95	0.016
U_4L_2	5.39	9.30	10.21	90.00	101.91	90.00	0.002
U_4L_3	5.39	9.29	10.21	90.04	101.90	89.95	0.049
U_4L_4	5.39	9.29	10.21	90.00	101.92	90.00	0.064

金云母模型的结构参数与实验值接近，其中计算得到的 a，b，c 与实验值误差分别小于 0.19%，0.32%，1.59%。模型中 Si—O 和 Mg—O 键的平均键长分别为 1.65 Å 和 2.09 Å，与实际的 Si—O 键长（1.67 Å）和 Mg—O 键长（2.11 Å）相差甚小，表明第一性原理同样能够很好地适用于金云母结构的计算。而相对能量最低的 U_1L_3 和 U_3L_1 的铝原子取代位置也是为了保持最远的 Al—Al 间隔使其在层内两侧呈现 W 型分布。最佳铝原子分布的金云

母结构的晶格参数为 a=5.39 Å，b=9.30 Å，c=10.21 Å，β=101.91°。

1.2.2 云母中钒的取代

采用量子化学计算方法对原子最佳占位的研究已经被广泛应用于铝硅酸盐中，尤其是对分子筛骨架中 Al、Fe 原子占位及其引起的路易斯酸性的研究。鲍莹等（2005）利用密度泛函理论计算方法研究了铝原子在 MCM-22 分子筛骨架中的分布情况，结果表明分子筛骨架中 Al 的最优落位为 T1、T4、T3 和 T8 位。袁淑萍等（2001）同样利用密度泛函理论计算方法研究铁原子在丝光沸石分子筛骨架中可能的落位情况，同时确定了与电荷平衡质子结合的氧位置，结果表明 Fe 最优落位于 T2 和 T4 位，当 Fe 在 T2 位时，质子与 O2 结合最稳定；当 Fe 在 T4 位时，质子与 O10 结合最稳定。Demuth 等（2000）采用局域密度近似和广义梯度近似的周期性计算方法研究了丝光沸石的结构和酸性性质，结果表明 Al 进入丝光沸石比较稳定的位置是 T1 位，其次是 T2，T4，T3 位，最稳定和最不稳定位置的能量差为 3 kJ/mol。Yuan 等（2004）用密度泛函计算方法研究了 Fe 进入丝光沸石的存在位置，结果表明 Fe 更容易取代 T2 和 T4 位。虽然现阶段缺少钒原子在硅铝酸盐中占位的研究，但是以上通过对比 Al、Fe 在沸石不同位置的取代后体系能量的大小能够推测 Al、Fe 最可能的落位情况（图 1-14），钒原子在云母结构中的最优占位也可以通过量子化学模拟计算的方法定性地说明。

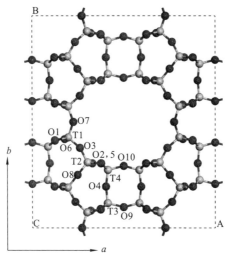

图 1-14　丝光沸石的原子结构排布及可能发生取代的取代位点

天然含钒云母中钒的含量非常低，所以采用 2×1×1 的超胞实现 V 对 Si、Al、Mg 的取代，且在一个晶胞中只考虑一个钒原子取代的情况。云母中钒原子的取代与上述沸石中的镁、铝、铁原子的取代不同的是沸石中被取代的原子只有硅原子，而云母中被取代的原子可能是铝、硅原子，所以在云母取代研究中通过对比取代后的体系能量大小来判断最佳占位是不恰当的，需要考虑被取代原子不同时原子本身具备的基态能量差异。这里采用取代能 E_{sub} 来衡量一个取代反应发生的难易程度：

$$E_{sub} = E_{T[\alpha]} - E_T + E_\alpha - E_V \tag{1-1}$$

式中：$E_{T[\alpha]}$为该类云母中 α 原子被取代后结构的总能量；E_T 为未发生取代时云母结构的总能量；E_α、E_V 分别为被取代原子 α 和取代原子钒的基态能量。取代能的数值越低表明该种取代方式越容易发生，取代后的含钒云母结构更加稳定。

钒原子在云母结构中的占位不同将导致云母结构破坏和 V—O 键断裂释放钒的难易程度不同，例如云母结构中的四面体比八面体更加稳定，更难被破坏。分别对比了五种钒取代位的能量差异，其中包括三种不同取代环境的硅氧四面体取代位$[Si_{IV}]$，一种铝氧四面体取代位$[Al_{IV}]$和一种八面体取代位（白云母取代六配位铝$[Al_{VI}]$，金云母取代六配位镁$[Mg_{VI}]$）（图 1-15）。

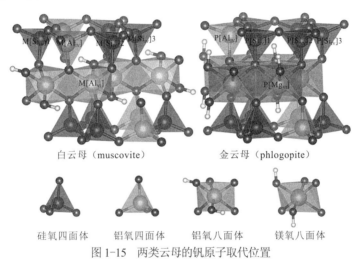

图 1-15　两类云母的钒原子取代位置

计算得到的两种类型云母不同取代位的取代能列于表 1-11 中。其中八面体取代位的取代能都远远低于四面体取代位的取代能，则两种构型云母中钒都最可能存在于八面体中。云母型页岩提钒过程中，实现云母八面体结构的有效破坏是钒原子释放的决定性因素。金云母中钒取代八面体原子的取代能又明显低于白云母中的取代能，说明钒更容易存在于金云母中。但最终钒原子所赋存的云母类型和取代位置还受页岩的成矿环境影响，在无法形成金云母而只能形成白云母的页岩中，钒原子将在白云母结构中发生取代。

表 1-11　两种类型云母不同取代位的取代能 （单位：eV）

云母类型	八面体	铝氧四面体	硅氧四面体		
	$[Al_{VI}]/[Mg_{VI}]$	$[Al_{IV}]$	$[Si_{IV}]1$	$[Si_{IV}]2$	$[Si_{IV}]3$
白云母	−1.228	−0.344	−0.340	−0.519	−0.434
金云母	−2.258	−0.557	−0.484	−0.660	−0.687

1.3　钒原子占位引起的局部结构畸变

不同原子之间具有不同的原子半径和电负性，发生取代后必然导致相邻原子之间的键长与键角发生变化，研究两种含钒云母不同取代位发生钒原子取代后引起的局部结构畸变。畸变程度越大，结构内部产生的应力越大，结构更加不稳定。

1.3.1 不同取代位的晶格变化

两种类型云母不同取代位置的晶格参数列于表 1-12 中，发现各个取代位发生钒原子取代后的云母晶胞都沿 c 轴方向有所膨胀。说明较大原子半径的钒原子取代带来的形变主要体现在 c 轴方向上，这是因为钒原子发生取代后云母结构的 a—b 轴所在平面能够通过四面体或八面体的扭转来调整膨胀形变，而 c 轴方向却不能产生形变。四面体硅的取代带来的变化最大，表明四面体硅的取代对云母晶胞结构影响最大，具有较大的结构畸变。晶格参数的变化是结构内部原子相互作用的宏观反映，可以通过分析局部结构的键长键角变化来揭示其本质原因。

表 1-12   两种云母不同取代位置发生钒取代后的晶格参数

云母类型	取代类型	取代位置	a/Å	b/Å	c/Å	α/(°)	β/(°)	γ/(°)
白云母	未取代	M	10.58	9.12	20.26	90.00	95.83	90.00
	铝氧八面体	M[Al$_{VI}$]	10.54	9.12	20.36	90.01	95.73	90.00
	铝氧四面体	M[Al$_{IV}$]	10.55	9.13	20.38	90.01	95.73	90.00
	硅氧四面体	M[Si$_{IV}$]1	10.57	9.15	20.42	89.97	95.73	90.03
		M[Si$_{IV}$]2	10.57	9.15	20.42	90.00	95.77	90.01
		M[Si$_{IV}$]3	10.58	9.14	20.42	90.00	95.74	90.00
金云母	未取代	P	10.76	9.30	10.27	90.00	101.74	90.00
	镁氧八面体	P[Mg$_{VI}$]	10.76	9.31	10.34	90.00	101.58	90.00
	铝氧四面体	P[Al$_{IV}$]	10.78	9.33	10.35	89.99	101.65	89.99
	硅氧四面体	P[Si$_{IV}$]1	10.81	9.35	10.37	90.02	101.65	90.01
		P[Si$_{IV}$]2	10.81	9.35	10.37	90.01	101.62	90.01
		P[Si$_{IV}$]3	10.81	9.35	10.37	89.98	101.62	89.99

1.3.2 不同取代位的键长键角变化

白云母结构中发生钒原子取代后的局部结构变化如图 1-16 所示，在四面体取代中，由于钒原子的原子半径较大，取代后 V—O 键比 Si—O 键长，但取代位周围四面体的 Si(Al)—O 键长的变化不超过 0.03 Å，因此，在周围稳固四面体的束缚下钒氧四面体的膨胀使得四面体间的桥接氧原子向层间排挤，从而导致 V—O—Si(Al) 键角变小，这也是整个晶胞沿着 c 轴方向膨胀的主要原因。其中硅氧四面体取代后的键长增长 0.13～0.17 Å，V—O—Si(Al) 键角变小 2.2°～8.3°；铝氧四面体取代后的键长增长 0.12～0.14 Å，V—O—Si(Al) 键角变小 3.0°～7.3°；铝氧八面体取代后键长的增长不超过 0.11 Å，V—O—Al 键角变化也小于 1.3°。在铝氧八面体取代中，取代位周围的八面体具有良好的可塑性，能够缓解较大钒原子取代带来的膨胀形变。所以铝氧八面体取代的键长键角变化最小，即白云母结构中铝氧八面体更能够兼容钒原子的存在。

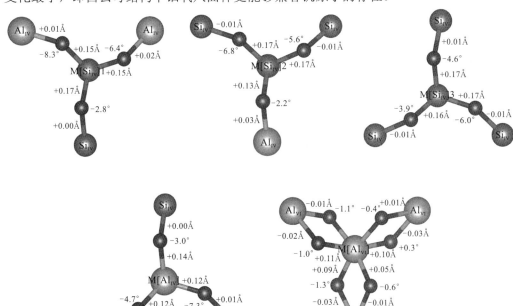

图 1-16　白云母不同钒取代位取代前后的局部结构变化

　　金云母结构中发生钒原子取代后的局部结构变化如图 1-17 所示，其变化特征和白云母相似，较大原子半径的钒的取代将会导致键长的增大以及与相邻多面体的键角变小。其中硅氧四面体取代后的键长增长 0.14～0.18 Å，V—O—Si(Al) 键角变小 2.3°～4.7°；

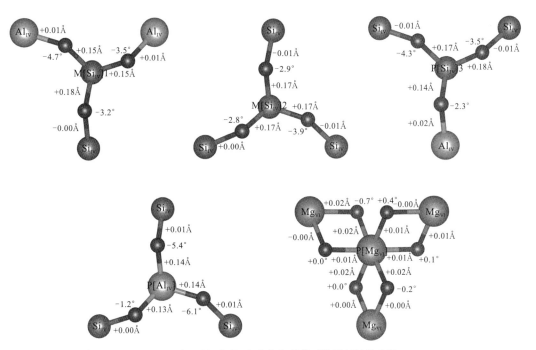

图 1-17　金云母不同钒取代位取代前后的局部结构变化

铝氧四面体取代后的键长增长 0.13～0.14 Å，V—O—Si(Al) 键角变小 1.2°～6.1°；在铝氧八面体取代后键长的增长不超过 0.02 Å，V—O—Al 键角变化也小于 0.7°。同样地，铝氧八面体取代的键长键角变化最小，即金云母结构中铝氧八面体更能够兼容钒原子的存在。从结构畸变程度的角度看，两种云母结构中钒原子都更可能存在于八面体结构中。对比白云母和金云母八面体的钒原子取代发现，三八面体的金云母局部结构形变更小，更容易发生钒原子取代。该结果与取代能大小一致，钒原子取代能的大小与钒取代后云母局部结构畸变程度密切相关。

1.4　钒氧键的价键特性

　　页岩提钒过程的关键在于含钒云母中钒氧键的断裂，从而实现钒的释放，钒氧键的性质决定了钒原子释放的难易程度，一般情况下共价键相对于离子键更难破坏断裂，但是相似的键性由于键长的差异也能导致其断裂的难易程度不同，对比两种类型含钒云母中钒氧键的价键性质能够为钒原子从云母结构中释放建立理论基础，同时为实际提钒工艺提供指导。选取钒最优占位的云母结构（即发生八面体原子取代的结构）进行研究。

　　纯净的云母是无磁性的良好绝缘体，其上下自旋电子态密度是完全对称的，且费米能级位于价带与导带之间的空白区域。计算得到的能隙一般要比实验测得的略小，这主要是由于密度泛函理论计算方法的局限性。分析两种含钒云母的态密度分布图（图 1-18），发现两种含钒云母的费米能级附近都存在上下自旋不对称的态密度，所以钒的存在使得云母具有了磁性，且能隙缩小。进一步分析含钒云母的费米能级附近的分波态密度发现钒原子的电子态密度与氧原子的电子态密度具有一定的重叠，说明钒氧原子成键并具有一定共价性。而白云母的杂质能级位于带隙中间，金云母的杂质能级更靠近导带底。

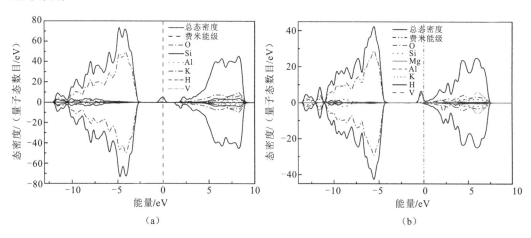

图 1-18　云母八面体发生钒取代后的态密度分布图

（a）白云母；（b）金云母

费米能级处的电子态密度反应杂质态的成键特性

　　两种含钒云母中钒原子周围的键长及电子局域分布（图 1-19）对比发现，两种含钒云母中钒原子与周围的氧原子间未出现明显的局域电子，即电子呈离域态，说明两种含钒云母的 V—O 键都呈现较强的离子键性。因此，含钒云母中的 V—O 键是具有一定共价性的离子键，V—O 键比具有较强共价性的 Si—O 和 Al—O 键更容易发生断裂，更易实现钒从矿物结构中释放。然而实际页岩提钒过程中钒从云母晶格中释放的难度仍然较大，主要是由于云母独特的 TOT 层状结构束缚所导致的。对比两种含钒云母的钒氧键键长，发现含钒白云母的 V—O 键长为 1.96～2.06 Å，而含钒金云母的 V—O 键长为 2.06～2.15 Å，键长越长代表着原子之间的键能越弱，因此含钒金云母 V—O 键较含钒白云母的 V—O 键更容易断裂，钒原子更容易释放。这也解释了在相同提钒条件下，江西修水地区矿样（以含钒金云母为主）的钒浸出率比湖北通山地区矿样（以含钒白云母为主）的高。

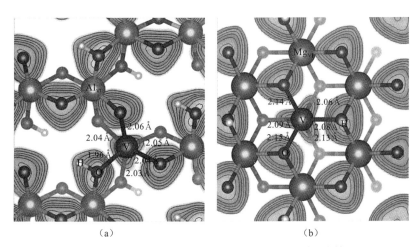

图 1-19　含钒云母中钒原子周围的键长及电子局域分布情况

（a）白云母；（b）金云母

背底电子局域分布中线的疏密代表局域电子的密集程度

1.5　云母的晶格瓦解

实际页岩提钒过程中钒原子的释放多发生在浸出阶段，其溶出速率主要受酸浓度与温度的影响。当酸浓度和温度高时，氢离子的活性较强，能够有效地破坏目的矿物的晶体结构，实现钒原子的释放。其次含氟助浸剂的加入能够大大地强化钒的浸出过程。研究发现（Zheng et al.，2018），矿物溶解是氢离子和溶液阴根离子共同作用的结果。在云母型含钒页岩提钒过程中，云母晶体结构的瓦解至关重要。云母由于其特殊的层状结构特点，在酸浸过程中裸露大量的四面体层六元网状端面，这些具有良好稳定性的四面体层阻碍了云母结构的进一步溶解。为实现钒原子从云母晶格中释放，首先应破坏四面体结构层。本节分析了云母结构瓦解过程，基于实验现象搭建合理的结构模型，对各阶段的反应过程进行模拟，讨论白云母四面体层在氢离子和氟离子作用下的原子迁移过程，从原子层面揭示云母结构破坏的本质和关键因素，用以指导实际提钒过程。

1.5.1 云母的溶解破坏规律

云母层状结构的溶解特征主要体现在云母（001）面的侵蚀。Kurganskaya 等（2013）对白云母侵蚀后的表面进行原子力显微镜扫描，发现表面蚀坑呈细长状且沿着相交 120°的两个方向生长[图 1-20（a）]。这两个方向是云母结构的快速溶解方向，体现了晶体溶解的各向异性。对单层云母表面溶解模型进行蒙特卡罗模拟[图 1-20（b）]，发现在云母结构偶数层中蚀坑沿着（110）方向发展，而云母奇数层中蚀坑发展方向与偶数层相差 120°，这与实验结果一致。这种层与层的差异侵蚀是由 $2M_1$ 型白云母结构中相邻层间的旋转错位引起的，主要体现在八面体桥接羟基排列方向不同[图 1-20（c）]。

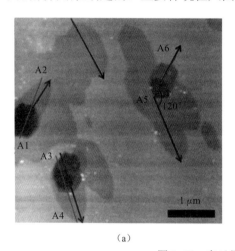
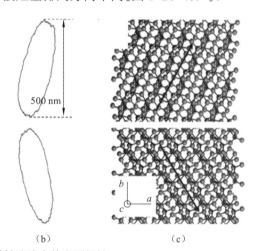

(a) (b) (c)

图 1-20 白云母在酸性溶液中的表面侵蚀

(a) 白云母侵蚀后的表面原子力显微镜扫描图；(b) ～ (c) 相邻两层的动力学蒙特卡罗模拟蚀坑轮廓与各层原子排布关系

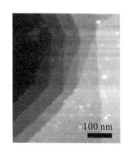

图 1-21 白云母侵蚀孔洞
边缘的 z 形分布

同时，在多层蚀坑叠加所形成的侵蚀孔洞边缘呈现规则的 z 形分布（图 1-21），该现象在多种具有层间旋转错位结构的层状硅铝酸盐的溶解中得到印证，其可能的原因是上下两层首先沿着 120° 相交的方向溶解，但是上层蚀坑较慢溶解方向的边界阻断了下层蚀坑较快溶解方向的溶解，层层的定向溶解束缚使得孔洞边界呈 z 形。

从元素溶出速率的角度，云母结构中由于各元素的价键性质不同以及所处的原子环境不同而导致在酸浸过程中的溶解速率不同，例如四面体较八面体更稳固而难以断裂溶出，所以有必要详细地研究云母各元素的溶出规律和溶解相关性。白云母的酸浸实验发现 K 溶出最快，其次是 Al，而 Si 基本不溶出（图 1-22）。该过程中对云母结构起到破坏作用的是溶液中的氢离子，实验现象说明氢离子最先与钾离子进行离子交换而释钾。

溶液中各元素溶出比例与矿物化学计量数之比的差异能够反映各元素溶解的相关性，定义元素溶解相关系数

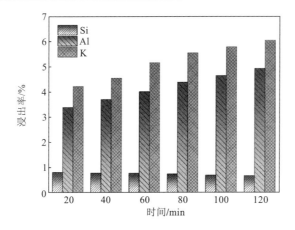

图 1-22　白云母酸浸过程中各元素浸出率与时间的关系

$$\gamma = \lg\left(\frac{c_j' / c_j'}{c_j / c_i}\right) \tag{1-2}$$

式中：c_j、c_i 表示固体矿物中元素 j、i 的含量；c_j'、c_i' 表示溶液中元素 j、i 的溶出量。γ 越接近 0，说明两元素溶解具有相关性。

图 1-23 中 K 与 Al 的溶出相关性较好，铝原子的释放与氢离子的释钾作用有着密切关系。矿物溶解机理可以看作质子交换反应实现矿物中的金属原子与氧原子键的连续断裂过程，而分析矿物的溶解速率的限制因素能够推测出矿物结构破坏的先后顺序。根据 Gautier 等（1994）推导的硅铝酸盐类矿物的溶解速率方程：

$$r_+ = k_+ \prod_{i=1}\left[K_i\left(\frac{a_{H^+}^{z_i}}{a_{M_i^{z_{i+}}}}\right)^{n_i} \middle/ \left(1 + K_i\left(\frac{a_{H^+}^{z_i}}{a_{M_i^{z_{i+}}}}\right)^{n_i}\right)\right] \tag{1-3}$$

式中：k_+ 为速率常数；M_i 为 Z_i+价的金属元素 i 从矿物中溶出到溶液中；n_i 为金属 i 需要溶出的化学计量数；K_i 为 i 原子与质子交换反应的平衡常数。Oelkers 等（2008）结合实验数据对白云母的溶解速率进行了详细求解，分别得到酸性环境溶解的速率方程（pH<7）：

$$r_+ = \left[10^{-6.53} - \exp\left(\frac{-58.2}{RT}\right)\right]\left(\frac{a_{H^+}^3}{a_{Al^{3+}}}\right)^{0.50} \tag{1-4}$$

以及碱性环境溶解的速率方程（8.5<pH<10.5）：

$$r_+ = \left[10^{-9.195} - \exp\left(\frac{-89.1}{RT}\right)\right]\left(\frac{a_{H^+}^3}{a_{Al^{3+}}}\right)^{0.50}\left(a_{SiO_2}\right)^{-1} \tag{1-5}$$

综上，在酸性环境下白云母的溶解速率受四面体中硅氧键的断裂控制，而此时相邻的四面体铝氧键容易发生质子交换反应而溶出；在碱性环境下白云母的溶解速率受八面体中铝氧键的断裂控制，此时四面体层中的硅、铝原子较容易从矿物表面溶解。因此在页岩酸浸提钒过程中，铝氧四面体先于硅氧四面体溶解破坏，四面体层的网状结构断裂促进八面体层中钒的释放。

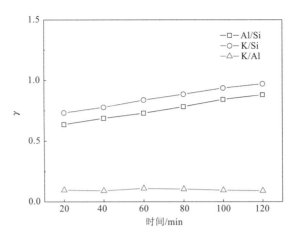

图 1-23　白云母各元素溶出的相关性

1.5.2　四面体结构氧的脱除

云母结构的四面体依靠相互桥接的结构氧原子形成稳固的四面体层,而结构氧原子的脱除是四面体层网状结构断裂的前提,在这个过程中溶液中的氢离子起着至关重要的作用。四面体层结构中由 Al 取代 Si 导致的铝氧四面体氧原子呈现负电的未饱和态成为氢离子攻击的优先位点。

氢离子吸附到四面体层表面的过程是放热反应,计算吸附能为 6.61 eV,说明氢离子的吸附极容易发生。氢离子与未饱和结构氧原子作用前后的局部结构(图 1-24)显示与未饱和结构氧原子成键的 Si—O 键、Al—O 键的键长由原来的 1.61 Å、1.77 Å 分别增大到 1.70 Å、1.90 Å,Si—O—Al 键角也由原来的 126.49° 减小到 125.15°。该现象表示未饱和结构氧原子在氢离子的作用下向外拉伸。

H	○
O	
Si	
Al	

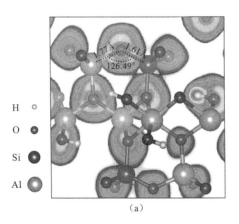

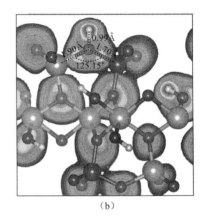

(a)　　　　　　　　　　　　　(b)

图 1-24　氢离子与未饱和结构氧原子作用前后的局部结构及其周围电子局域分布

(a) 吸附前;(b) 吸附后

氢离子与未饱和结构氧原子相互作用的过程中,Si—O 键之间和 Al—O 键之间的电子局域程度减弱,而氢离子与未饱和结构氧原子间的局域电子显著(图1-24),说明氢离子与未饱和结构氧原子成键，且大大地减弱了相邻的 Si(Al)—O 键的键能，从而为脱羟基反应过程中 Si(Al)—O 键的断裂提供可能。氢离子作用前后局部原子的电子分波态密度分布（图 1-25）也准确地反映了原子间的成键过程，氢离子的 1s 轨道电子与结构氧原子的 $2p_z$ 轨道电子具有相同的能级，说明氢离子是以 1s 轨道沿着 z 轴方向与结构氧原子的 $2p_z$ 轨道结合形成具有较强共价键性的结构羟基。

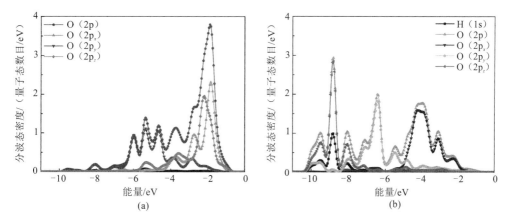

图 1-25　氢离子作用前后局部原子的电子分波态密度（PDOS）分布情况

（a）吸附前；（b）吸附后

结构羟基的脱除即为结构氧原子的脱除，假设两个氢离子首先吸附在未饱和结构氧原子上形成结构羟基，脱羟基过程是这两个结构羟基脱水缩合的结果，即一个羟基为另一个羟基提供氢离子。在忽略较远距离结构羟基反应的前提下，未饱和铝氧四面体附近可能出现六种结构羟基分布情况（如图 1-26 中的 IS$_{12}$、IS$_{23}$、IS$_{24}$、IS$_{34}$、IS$_{45}$、IS$_{46}$）。其中 IS$_{24}$ 构型的相对能量最低，并以此为计算脱羟基反应过程的初始结构。

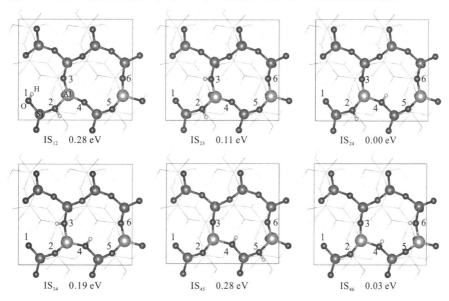

图 1-26　未饱和铝氧四面体附近可能出现的六种结构羟基分布情况及体系的相对能量

　　整个脱羟基反应可分为两个阶段：①两个结构羟基发生脱水缩合形成一个水分子；②水分子从四面体层表面脱除。但在第一阶段反应过程中作为氢离子施体和受体的羟基所处的位置必须分开考虑，可能的两种反应路径是：①左侧羟基断裂释放的氢离子直接迁移至右侧羟基反应生成水分子（直接反应路径 st，图 1-27）；②两个羟基先发生反转，然后右侧羟基断裂释放氢离子与左侧羟基反应生成水分子（反转反应路径 re，图 1-28）。

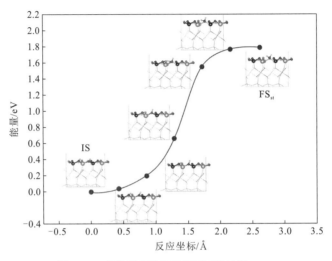

图 1-27　直接反应路径的原子迁移过程

　　研究两种路径下原子迁移过程和能量变化，发现直接反应路径中并没有搜索到过渡态（TS），而最终形成的水分子垂直于（001）面且两个氢原子向上，整个过程是连续吸热反应（图 1-27）。在反转反应路径中却搜索到了稳定的过渡态，此时左侧羟基相连的 Si—O 键已然断裂，右侧羟基上的氢离子尚未完全脱离且与左侧羟基已有相互作用，正处于新键刚形成而旧键尚未断裂的中间状态，而末态（FS）形成的水分子却平行于（001）面且两个氢原子指向硅氧四面体的两个结构氧原子，整个反应过程先吸热后放热，但总体是吸热反应（图 1-28）。

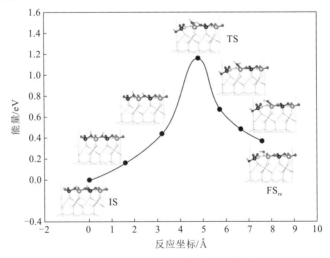

图 1-28　反转反应路径的原子迁移过程

无论是直接反应路径还是反转反应路径，其形成的水分子从表面脱除过程都是吸热反应，但是反转反应路径形成的水分子脱除所需要的能量更高，这主要是因为反转反应路径形成的水分子与相邻的铝原子和硅氧四面体结构氧原子之间具有静电和氢键作用，虽然能够降低整个体系的能量，但是也增大了水分子脱除的难度。而两种反应路径得到的最终水分子脱除结构中由于结构氧原子的脱除都导致了相连的硅氧四面体结构向层内塌陷，其中硅原子捕获层内八面体的羟基从而形成新的稳定四面体结构。从整个脱羟基过程看（图 1-29），反转反应路径在水分子形成阶段所需的活化能更低，形成了更为稳定的水分子-表面的结构体系，虽然在脱水阶段需要的活化能较高，但是其最终形成的表面脱水结构的体系能量更低，所以反转反应路径较直接反应路径更容易发生。结构氧原子的脱除将使得四面体结构失稳，裸露出更多的结构缺陷，为进一步破坏提供离子攻击位点，促进云母结构的瓦解，从而释放赋存于云母晶格中的钒原子。

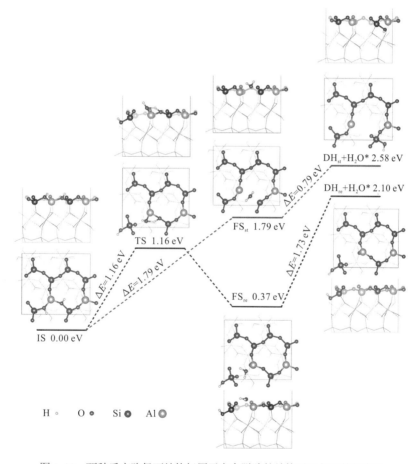

图 1-29　两种反应路径下结构氧原子完全脱除的结构以及相对势能变化

1.5.3　四面体结构铝的脱除

结构氧原子脱除以后，裸露出的电荷不平衡的四面体中心原子会受到溶液中阴离子的攻击，在含氟浸出体系下含氟离子起主要作用。现有研究表明，铝氧四面体在氟浓度小于 1 mol/L 的酸浸液中优先溶解，其中氟主要以 F^- 和 HF 形式存在。在页岩酸浸工艺中氟离子浓度远小于 1 mol/L，所以云母结构中铝氧四面体优先于硅氧四面体溶出，主要作用离子为 F^-。束缚铝原子的三个表面结构氧原子的脱除都需要氟离子来平衡电荷，当这三个结构氧原子脱除以后，结构铝原子的脱除需要依靠更多的氟离子作用。整个铝氧四面体的脱除过程可分为以下 14 个步骤，初始结构和每步反应后的稳定结构分别是 M_0，$M_1\sim M_{14}$，过程如图 1-30 所示。

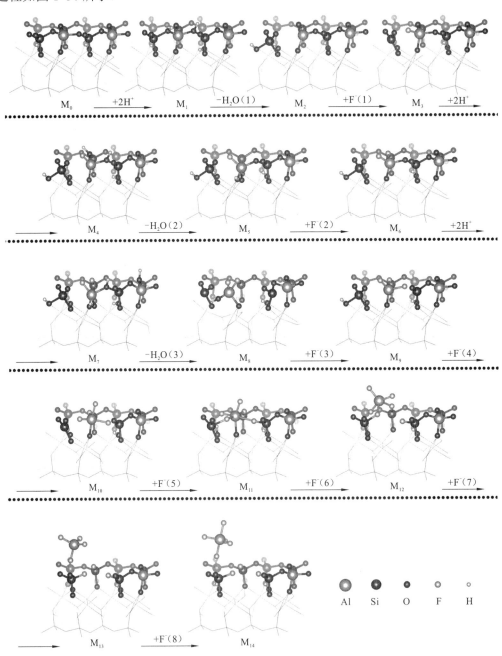

图 1-30　初始结构和各步反应后的稳定结构

图 1-30 所显示的步骤也可以分为 5 个阶段：①第一个结构氧原子脱除（$M_0 \sim M_3$）；②第二个结构氧原子脱除（$M_3 \sim M_6$）；③第三个结构氧原子脱除（$M_6 \sim M_9$）；④结构铝原子在氟离子作用下向外迁移（$M_9 \sim M_{12}$）；⑤ 铝原子从表面脱离并进一步与氟离子结合形成稳定配位结构（$M_{12} \sim M_{14}$）。

根据式（1-6）计算得到各步反应相对初始结构的体系势能。

$$E_{p,n} = E_{M_n} - E_{M_0} + iE_{H_2O} - 2iE_H - jE_F \tag{1-6}$$

式中：$E_{p,n}$ 为第 n 步反应的相对势能；E_{M_n} 为第 n 步反应后体系能量；E_{M_0} 为初始体系能量；E_{H_2O} 为水分子的能量；E_H、E_F 分别为氢、氟原子的基态能量；i 为结构氧原子以水分子形式脱除的数量；j 为参与反应的氟离子数量。

体系势能的计算结果如图 1-31 所示，氢离子的吸附成键过程显著降低了体系的势能，主要是氢离子平衡了铝氧四面体带来的电荷缺陷所致。

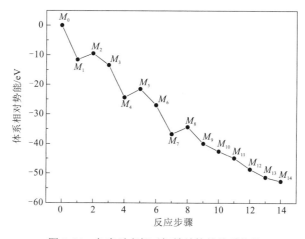

图 1-31　各步反应相对初始结构的体系势能

氟离子的吸附成键一方面补偿了结构氧原子脱除带来的电荷不平衡，另一方面优化原子排布获得更为稳定的表面结构，从而降低了体系的势能。而整个过程中只有结构氧原子以羟基形式脱除时才需要能量输入，说明云母四面体结构瓦解过程中结构氧原子的脱除是制约反应进行的关键步骤。当三个结构氧原子脱除以后，仅剩的连接内层八面体的 Al—O 键在氟离子的作用下从 1.69 Å 变长到 1.97 Å（$M_9 \rightarrow M_{11}$），在第六个氟离子的作用下，仅剩的 Al—O 键发生断裂，但是铝原子仍以 Al—F—Si 键的形式与相邻的硅原子连接而未完全脱离云母表面（M_{12}）。当第七个氟离子作用时，铝原子已经完全脱离了云母四面体层的结构，并以 $[AlF_4]^-$ 的形式存在。继续增加氟离子，使 $[AlF_4]^-$ 转变为 $[AlF_5]^{2-}$，且该体系的相对势能降低，这一现象说明铝原子在酸浸过程中可能先以 $[AlF_4]^-$ 的形式从云母结构中溶出，然后再与溶液中的氟离子配位生成更为稳定的 $[AlF_5]^{2-}$。Al—F 键的键能 664 kJ/mol 比 Al—O 键的键能 585 kJ/mol 强（Wang Fet al.，2015），所以溶液环境中铝离子主要以与氟离子络合的形式存在，对页岩提钒酸浸液中铝离子存在状态进行 ^{19}F 谱核磁共振（^{19}F-NMR）测试后（图 1-32），溶液中铝离子以 $[AlF_5]^{2-}$ 的形式存在也得到了进一步证实。

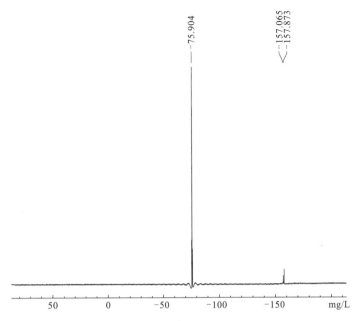

图 1-32　钒页岩酸浸后的浸出液的 $^{19}F\text{-}NMR$ 谱图（三氟乙酸作为内标）

　　模拟无氟浸出体系中硫酸根离子对四面体结构破坏的过程，发现其与含氟浸出体系不同，当第三个硫酸根离子作用在已脱去三个结构氧原子的云母表面结构上时，由于已经成键的前两个硫酸根离子占据了铝氧四面体上方的大部分空间，导致第三个硫酸根无法落位于结构缺陷处而不能完成反应过程。而含氟酸浸体系中的氟离子却未出现该模拟现象，这说明氟离子的强化浸出效果本质是因为其具有较小的原子半径以及较强的电负性，能够更好地作用于结构缺陷处并与四面体中心原子成键，从而加快反应的进行，促进云母结构的破坏而提高钒的浸出速率。

参 考 文 献

鲍莹，周丹红，杨明媚，等，2005. MCM-22 分子筛酸性的 DFT 理论计算研究[J].无机化学学报，21（7）：971-976.

李远虑，1982. 中国南方石煤资源综合考察报告[M].西安：煤炭科学院地质勘探分院地质研究所.

刘连池，傅嘉，孙淮，2008. 应用基于第一性原理的分子模拟方法预测小分子在多孔材料中的吸附[J].中国科学 B 辑：化学，38（4）：331-339.

许国镇，1984. 我国南方石煤中钒价态研究的概况及其意义[J].矿产综合利用，3：21-29.

袁淑萍，王建国，李永旺，等，2001. Fe 在丝光沸石骨架中取代位置的 DFT 研究[J].燃料化学学报，29：252-254.

ALDUSHIN K，JORDAN G，SCHMAHL W W，2006. Kinematics of apophyllite leaching-A terrace-ledge-kink process within phyllosilicate interlayers [J].Journal of Crystal Growth，297：161-168.

CATTI M，FERRARIS G，HULL S, et al，1994. Powder neutron diffraction study of 2M1 muscovite at room pressure and at 2 GPa [J].European Journal of Mineralogy，6：171-178.

COLLINS D，CATLOW C，1992. Computer simulation of structures and cohesive properties of micas [J].American Mineralogist，77（11）：1172-1181.

DEMUTH T，HAFNER J，BENCO L，et al，2000. Structural and acidic properties of mordenite.An ab initio density-functional study [J].Journal of Physical Chemistry B，104（19）：4593-4607.

GAUTIER J M，OELKERS E H，SCHOTT J，1994. Experimental study of K-feldspar dissolution rates as a function of chemical affinity at 150℃ and pH 9 [J].Geochimica et Cosmochimica Acta，58（21）：4549-4560.

KURGANSKAYA I，LUTTGE A，2013. A comprehensive stochastic model of phyllosilicate dissolution：Structure and kinematics of etch pits formed on muscovite basal face [J].Geochimica et Cosmochimica Acta，120：545-560.

KALITA J，WARY G，2016. Estimation of band gap of muscovite mineral using thermoluminescence（TL）analysis [J].Physica B：Condensed Matter，485：53-59.

OELKERS E H，SCHOTT J，DEVIDAL J L，1994. The effect of aluminum，pH，and chemical affinity on the rates of aluminosilicate dissolution reactions [J].Geochimica et Cosmochimica Acta，58（9）：2011-2024.

OELKERS E H，SCHOTT J，GAUTHIER J M，et al，2008. An experimental study of the dissolution mechanism and rates of muscovite [J].Geochimica et Cosmochimica Acta，72（20）：4948-4961.

PALIN E J，DOVE M T，REDFERN S A T，et al，2001. Computational study of tetrahedral Al-Si ordering in muscovite [J].Physics and Chemistry of Minerals，28（8）：534-544.

ULIAN G，VALDRÈ G，2015. Density functional investigation of the thermo-physical and thermo-chemical properties of 2M1 muscovite [J].American Mineralogist，100：935-944.

WANG F，ZHANG Y，LIU T，et al，2015. A mechanism of calcium fluoride-enhanced vanadium leaching from stone coal [J].International Journal of Mineral Processing，145：87-93.

YU C，CHOE S，JANG Y，et al，2016. First-principles study of organically modified muscovite mica with ammonium（NH_4^+）or methylammonium（$CH_3NH_3^+$）ion [J].Journal of Materials Science，51（24）：10806-10818.

YUAN S P，WANGA J G，LI Y W，et al，2004. Density functional investigations into the siting of Fe and the acidic properties of isomorphously substituted mordenite by B，Al，Ga and Fe [J].Journal of Molecular Structure，674（1-3）：267-274.

ZHENG Q S，ZHANG Y M，LIU T，et al，2017. Optimal location of vanadium in muscovite and its geometrical and electronic properties by DFT calculation [J].Minerals，7（3）：32.

ZHENG Q S，ZHANG Y M，LIU T，et al，2018. Removal process of structural oxygen from tetrahedrons in muscovite during acid leaching of vanadium-bearing shale [J].Minerals，8（5）：208.

ZHOU X，LI C，LI J，et al，2009. Leaching of vanadium from carbonaceous shale [J].Hydrometallurgy，99（1-2）：97-99.

第 2 章　钒页岩高温固相反应

钒页岩中以类质同相存在的 V（III）受到云母类矿物的晶格束缚，脱碳和焙烧是解除钒晶格束缚的有效手段。在高温和焙烧介质的作用下，通过去除还原性矿物，破坏矿物晶格，使低价钒转变为易浸出的高价钒化合物而得到释放。这个过程中，钒页岩的各矿物将发生一系列的复杂高温固相反应。近年来，有关钒页岩高温固相反应过程的基础理论逐步得到完善，其内容涉及硅束缚的形成、钒的转化-迁移、矿物间固相反应热力学及动力学等多方面。本章将对脱碳和焙烧过程中钒页岩的高温固相反应理论进行介绍。

2.1　低温玻璃相硅束缚

2.1.1　硅束缚的成因

在无介质参与焙烧的情况下，硅束缚的形成应归因于高温下钒页岩中各矿物间的相互反应。硅束缚的发生会导致钒被包裹，阻碍钒的浸出。钒页岩硅束缚是固相反应过程中阻碍钒解离的重要因素。本节以典型云母型钒页岩为研究对象，系统阐述各矿物相互反应状态下硅束缚的形成机制。

1. 硅束缚的形成温度

通常情况下，焙烧样钒浸出率的下降及松装密度的升高是硅束缚产生的两个主要结果。钒浸出率下降过程分为两个阶段（图 2-1）：当焙烧温度为 850～950 ℃时，钒浸出率缓慢降低；当焙烧温度大于 950 ℃时，钒浸出率快速降低。

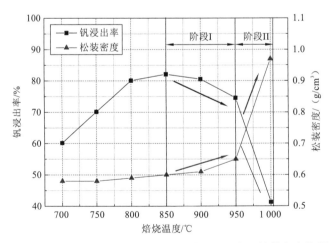

图 2-1　无介质参与条件下温度对焙烧样钒浸出率及松装密度的影响

850 ℃、900 ℃、950 ℃以及 1 000 ℃条件下焙烧样微观形貌见图 2-2，当焙烧温度小于 950 ℃时，焙烧样颗粒的表面轮廓依然较清晰，可见明显孔隙；当温度超过 950 ℃时，焙烧样颗粒轮廓逐渐模糊，表面软熔现象明显。钒页岩硅束缚多发生在温度 850 ℃以上，可分为两个阶段：第一阶段，温度为 850～950 ℃，钒浸出率小幅下降，松装密度小幅上升；第二阶段，温度大于 950 ℃，钒浸出率急剧下降，松装密度快速攀升，此时颗粒出现明显软熔现象，硅束缚出现。

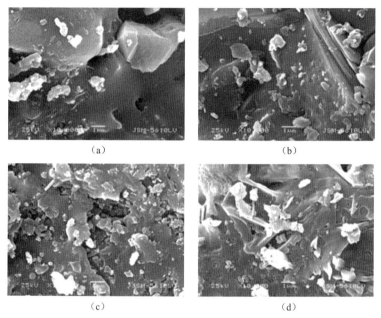

图 2-2　不同温度条件下焙烧样的 SEM*图

(a) 850 ℃；(b) 900 ℃；(c) 950 ℃；(d) 1 000 ℃

2. 硅束缚形成的第一阶段

1）钒页岩矿物的物相变化

在温度为 850～950 ℃时，焙烧样颗粒未发生软熔，钒浸出率的小幅下降并非源于矿物的熔融包裹，900 ℃钒页岩焙烧样中除含有 SiO_2、CaO、Fe_2O_3、$CaSO_4$ 以及 $KAl_3Si_3O_{11}$（脱羟基云母）外，出现新生硅酸盐相如 $NaAlSi_2O_6$ 及 $Na_4Al_2Si_2O_9$，见图 2-3。元素 V 和 Na、Mg、O、Si、Al 及 Ca 的分布具有高度相关性。焙烧样酸浸后渣中残留的主要物相除 SiO_2、Fe_2O_3 及 $CaSO_4$ 之外，难溶的 $NaAlSiO_6$ 和 $Na_4Al_2Si_2O_9$ 等硅酸盐相仍然存在。

钒页岩中的 V 主要赋存于云母类矿物中，Na 主要赋存于长石类矿物中。云母类矿物及长石类矿物发生固相反应，生成含钒的难溶性新生硅酸盐矿物，致使此阶段钒的浸出率小幅降低。由于云母中 V 与 Al 发生类质同象取代，该含钒新生硅酸盐相的基本形式可写成 $Na_4(Al, V)_2Si_2O_9$ 以及 $Na(Al, V)Si_2O_6$。

研究发现，在钒页岩的高温固相反应中，Ca 物相能加速硅束缚的形成，可通过调整焙烧气氛，改变钒页岩中 Ca 的存在形式。

---

* SEM 为扫描电子显微镜（scanning electron microscope）的英文缩写，后同。

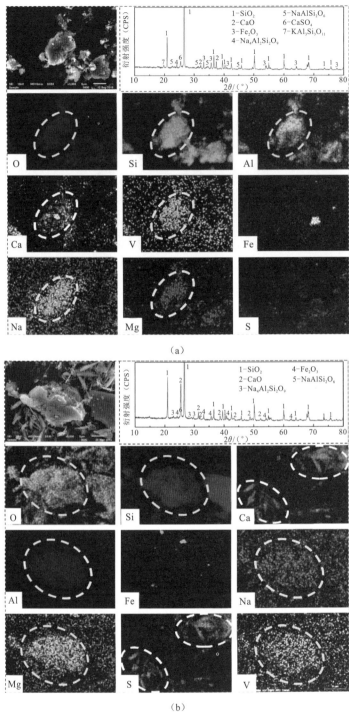

图 2-3 900 ℃钒页岩焙烧样及其浸出渣的 XRD 及 SEM-EDS*分析

（a）焙烧样；（b）浸出渣

---

* EDS 为能量色散谱仪（energy dispersive spectrometer）的英文缩写，后同。

图 2-4 示出了氮气气氛下焙烧温度对钒浸出率及松装密度的影响。氮气气氛下，钒浸出率下降及松装密度升高的节点温度为 900 ℃。

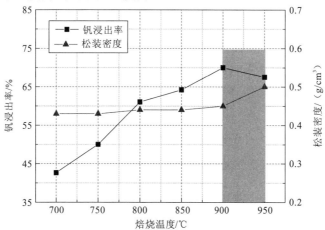

图 2-4　氮气气氛下焙烧温度对钒浸出率及松装密度的影响

图 2-5 示出，与非氮气气氛相比较，氮气焙烧样在 800~850 ℃出现了新物相 Fe_7S_8。在 850~900 ℃时，非氮气气氛下生成的 CaO 被 CaS 取代，直至 950 ℃才出现微弱的 CaO 衍射峰。难溶性的新生硅酸盐矿物 $NaAlSi_2O_6$ 开始出现在 950 ℃，相比非氮气气氛，初始形成温度更高。氮气气氛中 800~850 ℃出现的中间产物 Fe_7S_8 直至温度达到 900 ℃才分解完全。黄铁矿在分解过程中产生气态单质硫，其在高温下与方解石分解产生的 CaO 极易反应生成 CaS。当黄铁矿分解完后，CaO 残留于焙烧样中。

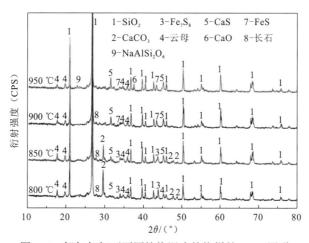

图 2-5　氮气气氛下不同焙烧温度焙烧样的 XRD 图谱

长石类矿物及云母类矿物在氮气气氛 900 ℃时未发生固相反应，图 2-6 示出 Na 与 V 无相关性，硅束缚未发生。氮气气氛中 CaS 的存在延缓了硅束缚的形成，非氮气气氛中，由于 CaO 的形成，导致长石类矿物与云母类矿物的固相反应温度降低，在 850 ℃左右即可生成含钒的难溶性硅酸盐物相，抑制钒的溶出。

2）固相反应的多组分相图及纯矿物的物相变化

基于钒页岩中云母、长石以及方解石的含量关系，利用 FactSage 软件中的

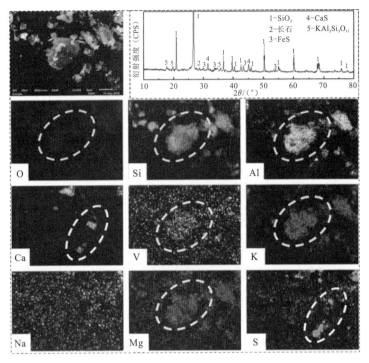

图 2-6　氮气气氛 900 ℃焙烧样的 SEM-EDS 分析

Phase Diagram 模块计算得到的 $KAl_3Si_3O_{11}$-$NaAlSi_3O_8$（脱羟基云母-钠长石）及 $KAl_3Si_3O_{11}$-$NaAlSi_3O_8$-CaO（脱羟基云母-钠长石-氧化钙）两种体系在 850~1 000 ℃ 内的物相，结果如图 2-7 所示。两种纯矿物体系不同温度下的物相变化，如图 2-8 所示。

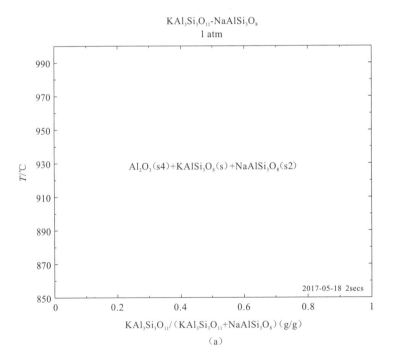

（a）

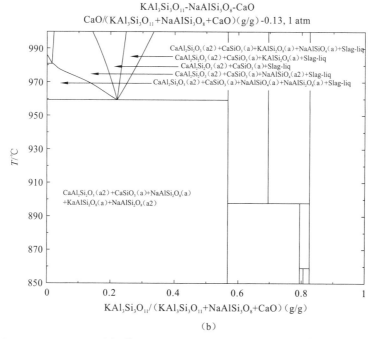

KAl₃Si₃O₁₁-NaAlSi₃O₈ (a) 及 KAl₃Si₃O₁₁-NaAlSi₃O₈-CaO (b) 体系的 FactSage 相图计算

图 2-7

CaO 对 $KAl_3Si_3O_{11}$-$NaAlSi_3O_8$ 体系在 850~1 000 ℃内的物相组成具有显著影响，硅束缚第一阶段的新生硅酸盐产物主要以 $NaAlSi_2O_6$ 与 $Na_4Al_2Si_2O_9$ 形式存在。据图 2-7，当体系中不含 CaO 时，在 850~1 000 ℃内，体系中的主要物相为 Al_2O_3+$KAlSi_3O_8$+$NaAlSi_3O_8$，其中 Al_2O_3 与 $KAlSi_3O_8$ 为 $KAl_3Si_3O_{11}$ 的分解产物。当体系中含有 CaO 时，计算结果显示体系中存在多种复杂物相，在 $KAl_3Si_3O_{11}$ 质量分数约为 46%（实际矿物云母-钠长石-氧化钙体系中云母的质量分数）时，体系中主要含有 $CaAl_2Si_2O_8$、$CaSiO_3$、$NaAlSi_2O_6$、$KAlSi_2O_6$ 及 $NaAlSi_3O_8$ 等物相。在图 2-8 中，当体系不含 CaO 时，焙烧样中实际存在

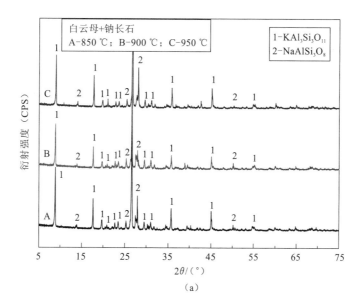

（a）

钒页岩分离化学冶金

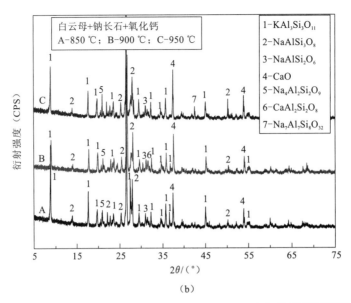

图 2-8 $KAl_3Si_3O_{11}$-$NaAlSi_3O_8$（a）及 $KAl_3Si_3O_{11}$-$NaAlSi_3O_8$-CaO（b）体系不同温度焙烧样 XRD 分析

$KAl_3Si_3O_{11}$ 与 $NaAlSi_3O_8$ 两种物相，此时云母与钠长石未发生反应。当体系含有 CaO 时，焙烧样中同样生成与热力学计算结果相一致的新生硅酸盐相 $NaAlSi_2O_6$ 和 $Na_4Al_2Si_2O_9$。

3. 硅束缚形成的第二阶段

在钒页岩硅束缚形成的第二阶段，即温度大于 950 ℃时，钒浸出率的急剧下降主要是由于焙烧样中矿物的软熔所致。表 2-1 是钒页岩焙烧样中主要矿物的软熔温度区间，钒页岩焙烧样中的任何单一物相软熔温度区间均远高于 950 ℃，因此最初引起焙烧样发生软熔的物相并非钒页岩中的原有单一物相。

表 2-1 钒页岩及焙烧样中主要矿物的软熔温度区间

矿物	软熔温度/℃
SiO_2	>1 600
CaO	2 570
Fe_2O_3	1 538
云母类矿物	1 145~1 395
长石类矿物	1 100~1 200

1 000 ℃钒页岩焙烧样中出现明显软熔区域（图 2-9），该软熔区域内主要的元素为 O、Na、Mg、Al、Si、K、Ca 和 V，该元素组成与第一阶段中新生的硅酸盐固相产物相同。

950~1 100 ℃焙烧样物相由图 2-10 所示，首先新生的硅酸盐相 $NaAlSi_2O_6$ 和 $Na_4Al_2Si_2O_9$ 衍射峰消失，随后 SiO_2、CaO 等物相的衍射峰强度开始减弱。此时该温度范围依然低于这些矿物自身的软熔温度范围，但新生的难溶性硅酸盐优先发生软熔，促进了焙烧样中 SiO_2 及 CaO 等其他矿物的软熔，致使焙烧样钒浸出率急剧下降。

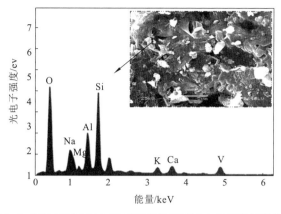

图 2-9　空气气氛 1 000 ℃焙烧样软熔区域电子探针显微分析

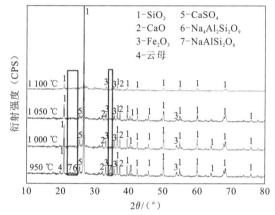

图 2-10　950～1 100 ℃钒页岩焙烧样 XRD 图谱

基于 FactSage 热力学软件的 Equilib 模块得到 $KAl_3Si_3O_{11}$-$NaAlSi_3O_8$-CaO 体系950～1 000 ℃各物相的平衡组成，如图 2-11 所示，体系的液相形成温度为 945 ℃，接近于钒页岩硅束缚形成的第二阶段开始温度（950 ℃）。

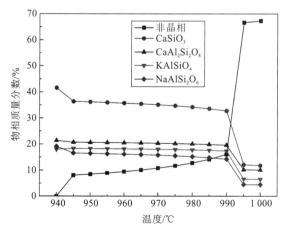

图 2-11　$KAl_3Si_3O_{11}$-$NaAlSi_3O_8$-CaO 体系物相平衡组成

随着温度的升高，体系中的液相含量逐渐增加，其他各物相含量逐渐减少。当温度超过 990 ℃时，液相含量曲线发生突跃，体系中的液相含量大幅增加，此时大部分物相已呈软熔状态。在 940~945 ℃的温度范围内，当体系中产生液相时，$CaSiO_3$ 及 $NaAlSi_2O_6$ 的含量降幅较其他物相明显，此时促使液相产生的主要物相为 $CaSiO_3$ 及 $NaAlSi_2O_6$，其中 $NaAlSi_2O_6$ 是第一阶段固相反应生成的新生硅酸盐相。因此，$NaAlSi_2O_6$ 具有较低的软熔温度，在第二阶段优先发生软熔，诱导体系中其他物相结构的大面积软熔。

2.1.2　反应组分体系对硅束缚形成的影响

当焙烧过程中引入焙烧介质来解除云母的晶格束缚时，由于大多数钒页岩对温度较为敏感，在焙烧介质参与其焙烧反应后，固相反应组分及其含量改变，可能导致硅束缚形成的不同。此外，由于不同地区钒页岩的化学组分不尽相同，其固相反应组分体系存在差异，也将影响硅束缚行为。因此，焙烧过程中固相反应组分体系对硅束缚的形成和控制至关重要，不同反应组分体系反映出的表观现象及形成机制与钒页岩自身矿物间的相互作用机制存在显著区别。

1.　不同反应组分体系的物相和液相生成温度

在焙烧过程中，物料松装密度的剧烈上升表明矿物软熔及液相生成。液相生成温度被认为是硅束缚发生的重要参数之一。

FactSage 能够作为一种计算钒页岩不同化学组成体系下物相和液相生成温度的有效手段，为焙烧过程硅束缚行为的研究提供理论依据。计算过程中，大气压强设定为 1 atm[*]，含量小于 0.001%的物相忽略不计。

钒页岩的主要化学成分为 SiO_2、Al_2O_3、CaO 和 Fe_2O_3，利用 SiO_2-CaO-Al_2O_3 三元相图模拟焙烧介质（$NaCl$-Na_2SO_4）参与情况下，不同 CaO、SiO_2、Al_2O_3 组成体系在焙烧温度为 850℃时的物相，结果见图 2-12。

SiO_2-CaO-Al_2O_3-Fe_2O_3-$NaCl$-Na_2SO_4 体系在 850℃下焙烧的主要物相是石英、赤铁矿、钠长石和芒硝。当反应组分体系中 CaO 增加时，芒硝逐渐消失，硅灰石生成，进一步增加 CaO 含量，钠长石逐渐消失，钙黄长石生成。SiO_2 含量变化对该反应组分体系的物相影响不大，Al_2O_3 含量的增加使钙长石生成，当 Al_2O_3 含量继续增加时，霞石和刚玉生成。

图 2-13 示出了不同反应组分体系的液相生成温度。随着焙烧体系中 CaO 含量的增加，液相生成温度先减小后增大。当 CaO 质量分数由 0 增加至 3%时，液相生成温度由 800~850 ℃降至 700~750 ℃，进一步增加 CaO 至 18%时，液相生成温度升至 900 ℃，当焙烧组分体系的 SiO_2 和 Al_2O_3 增加时，液相生成温度均有所增加。

---

[*] 1 atm=1.013×10⁵ Pa，后同。

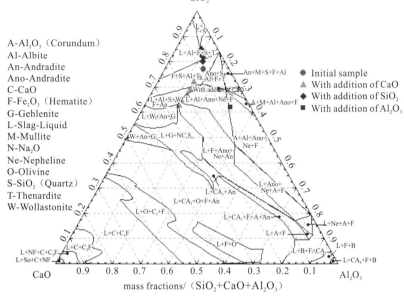

图 2-12 SiO$_2$-CaO-Al$_2$O$_3$-Fe$_2$O$_3$-NaCl-Na$_2$SO$_4$ 体系下不同 CaO、SiO$_2$、Al$_2$O$_3$ 组成在
焙烧温度为 850 ℃时的 FactSage 物相计算结果

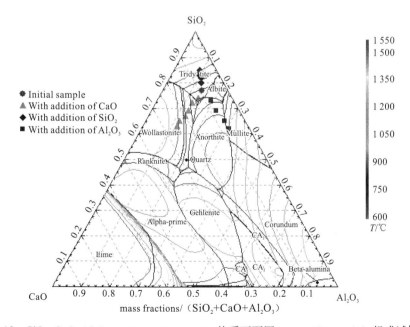

图 2-13 SiO$_2$-CaO-Al$_2$O$_3$-Fe$_2$O$_3$-NaCl-Na$_2$SO$_4$ 体系下不同 CaO、SiO$_2$、Al$_2$O$_3$ 组成试样液相
生成温度的 FactSage 计算结果

2. 不同组分对硅束缚形成的影响

1）CaO 对硅束缚的影响

当温度达到反应体系的硅束缚起始温度（sintering beginning temperature，SBT）时，体系松装密度会显著增大。图 2-14 示出，当 CaO 掺入量分别为 3%、6%、9%、12%、15% 和 18% 时，反应体系的硅束缚起始温度分别为 800 ℃、800 ℃、825 ℃、850 ℃、900 ℃ 和 925 ℃。

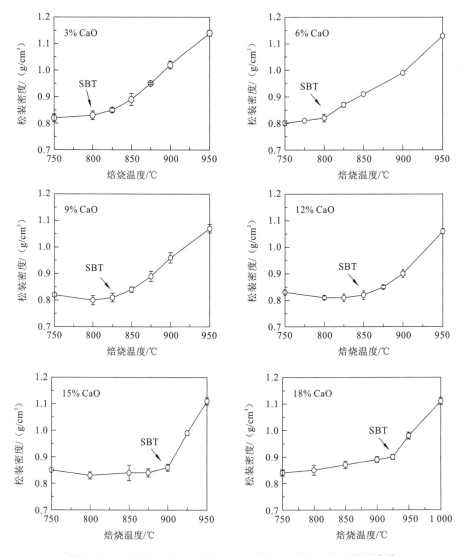

图 2-14　不同 CaO 掺入量下反应体系松装密度随焙烧温度的变化

随着体系中 CaO 的增多，硅束缚起始温度逐渐升高，在 CaO 掺入量为 6% 时出现上升拐点（图 2-15）。体系中 CaO 掺入量增加，变形温度、软化温度、半球温度和流动温度也呈现相似的变化规律（图 2-16）。

最易生成非晶相的反应体系 CaO 质量分数为 10.5%～21.4%[图 2-17（a）]，此区间内反应体系容易发生硅束缚，具有最低的硅束缚起始温度和灰熔点。随着体系 CaO 质量

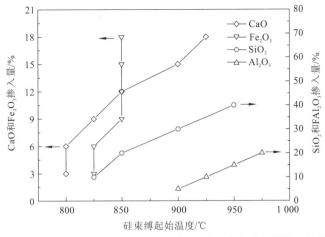

图 2-15　CaO、Fe₂O₃、SiO₂ 和 Al₂O₃ 掺入量对硅束缚起始温度的影响

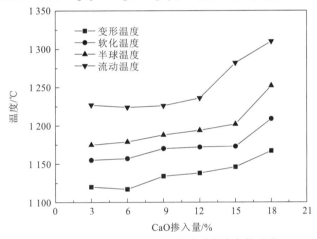

图 2-16　CaO 掺入量对反应体系灰熔点的影响

分数的增大，钠长石、石英和白榴石减少，非晶相显著增加[图 2-17（b）]，非晶相由钠长石、石英和白榴石转化而成，CaO 可参与非晶相的生成反应。但是当体系 CaO 质量分数超过 15%时[图 2-17（c）]，非晶相减少，白榴石和 $Na_2Ca_3Si_6O_{16}$ 开始增多，此时 CaO 也参与了非晶相的分解反应。

　　图 2-17（d）同时示出，在 CaO 质量分数未超过 24%的区间内，赤铁矿逐渐减少，钙铁榴石增加，CaO 也可参与赤铁矿向钙铁榴石的转化反应。实际上，对于 CaO 含量低的钒页岩，CaO 与钠长石、白榴石和石英反应生成非晶相，加速了焙烧过程中硅束缚的形成，而对于 CaO 含量高的钒页岩，钙则可抑制非晶相的生成，并参与形成钙铁榴石和 $Na_2Ca_3Si_6O_{16}$ 的反应。

　　2）Fe_2O_3 对硅束缚的影响

　　图 2-18 示出了不同 Fe_2O_3 掺入量下反应体系的松装密度随温度的变化。当 Fe_2O_3 掺入量为 3%、6%、9%、12%、15%和 18%时，反应体系的硅束缚起始温度分别为 825 ℃、825 ℃、850 ℃、850 ℃、850 ℃和 850 ℃。随着体系中 Fe_2O_3 的增多，体系的硅束缚起始温度仅增加 25 ℃（图 2-15），其变形温度、软化温度、半球温度和流动温度也小幅升高（图 2-19），Fe_2O_3 对硅束缚起始温度和灰熔点的影响有限。

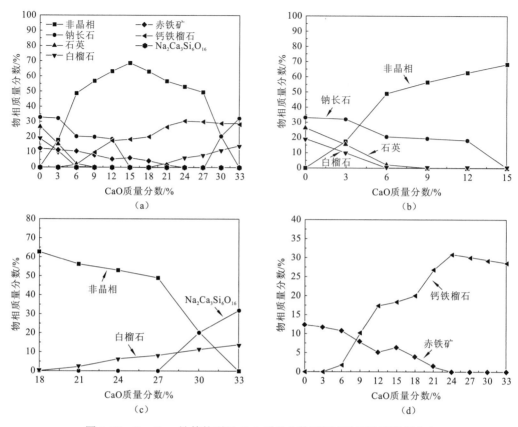

图 2-17 FactSage 计算的不同 CaO 质量分数下反应体系的平衡相分布

（a）反应体系的平衡相组成；（b）非晶相的形成；（c）非晶相的分解；（d）钙铁榴石的形成

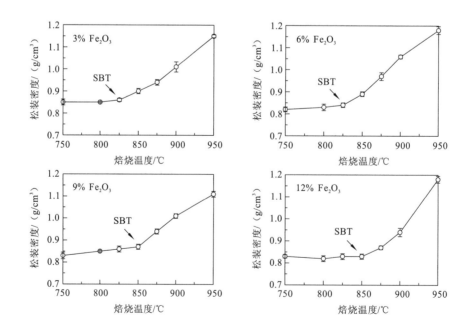

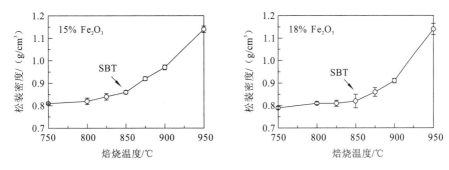

图 2-18　不同 Fe_2O_3 掺入量下反应体系的松装密度随温度的变化

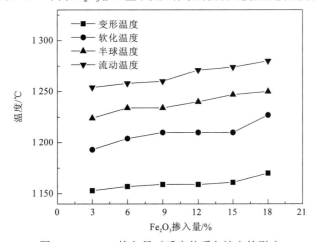

图 2-19　Fe_2O_3 掺入量对反应体系灰熔点的影响

依据不同 Fe_2O_3 含量影响下反应体系的平衡组分图（图 2-20），Fe_2O_3 含量的增多，使体系平衡组分中赤铁矿逐渐增多，非晶相缓慢减少，其余物相钙长石、石膏、钠长石和钙铁榴石等平衡含量保持稳定。Fe_2O_3 未参与反应体系中各物相间的固相反应，其含量变化几乎不影响硅束缚起始温度和灰熔点。在钒页岩焙烧体系中，所含元素 Fe 转化后以赤铁矿形式存在，不会促进硅束缚的形成。

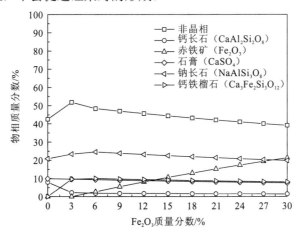

图 2-20　FactSage 计算的不同 Fe_2O_3 含量下反应体系的平衡相分布

3）SiO₂ 对硅束缚的影响

SiO₂ 的存在有利于抑制反应体系硅束缚现象的发生。当体系 SiO₂ 掺入量为 10%、20%、30% 和 40% 时（图 2-21），其硅束缚起始温度分别为 825 ℃、850 ℃、900 ℃和 950 ℃。随着 SiO₂ 掺入量的增加，体系的硅束缚起始温度不断升高（图 2-15），灰熔点也随之升高（图 2-22）。

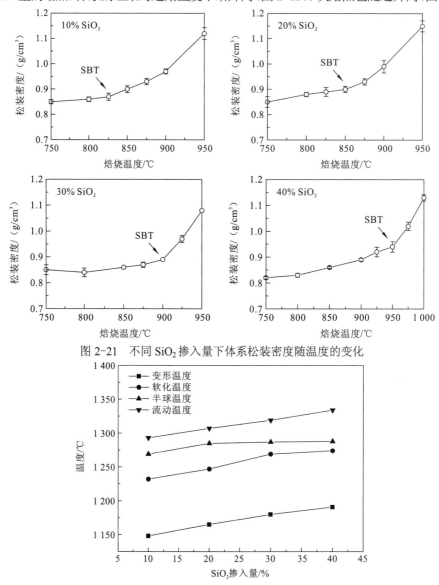

图 2-21　不同 SiO₂ 掺入量下体系松装密度随温度的变化

图 2-22　SiO₂ 掺入量对反应体系灰熔点的影响

针对不同 SiO₂ 含量下反应体系平衡相分布的研究发现，当 SiO₂ 质量分数为 58.6%～67.4% 时［图 2-23（a）］，体系中石英的含量增加，其余物相的含量减小。加入的 SiO₂ 未与体系其他物相发生反应，过量的高熔点石英使反应体系的硅束缚起始温度和灰熔点显著升高。当 SiO₂ 质量分数为 20%～35% 时［图 2-23（b）］，随着体系中 SiO₂ 的增多，钙长石、钙铁榴石和白榴石的含量降低，非晶相的含量显著增加。该非晶相是由钙长石、钙铁榴石和白榴石转化生成，在该含量范围内石英可参与非晶相的生成。但是，当 SiO_2 质量分数为 35%～40%时［图 2-23（c）］，非晶相含量降低，而钠长石、钙铁榴石含量增加，在该含量范围内，非晶相与石英反应生成了钠长石和钙铁榴石。因此，焙烧体系下，低 SiO_2 含量（<35%）的钒页岩中石英与钙长石、钙铁榴石、白榴石反应生成非晶相，导致钒页岩产生硅束缚现象；高 SiO_2 含量（>40%）的钒页岩中，过量的高熔点石英，使体系具有较高的硅束缚起始温度和灰熔点，此时硅束缚不易发生。大多数情况下，钒页岩中的 SiO_2 质量分数会高于 40%，SiO_2 的存在有利于避免焙烧过程中硅束缚现象的发生。

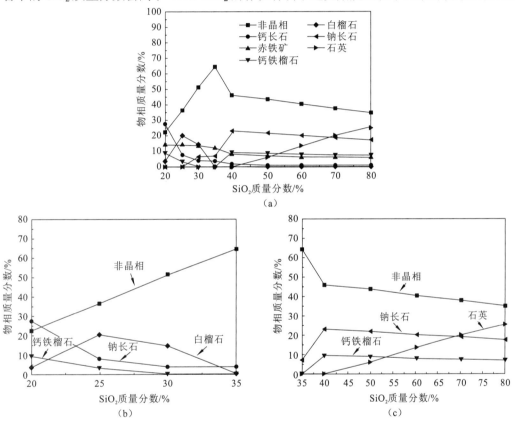

图 2-23　FactSage 计算的不同 SiO_2 含量焙烧样的平衡相分布

（a）焙烧样的平衡相组成；（b）非晶相的形成；（c）非晶相的分解

4）Al_2O_3 对硅束缚的影响

Al_2O_3 的存在同样也有利于抑制反应体系硅束缚现象的发生。当体系 Al_2O_3 掺入量为 5%、10%、15%和 20%时（图 2-24），其硅束缚起始温度分别为 900 ℃、925 ℃、950 ℃ 和 975 ℃。随着 Al_2O_3 掺入量的增加，体系的硅束缚起始温度呈现线性升高（图 2-15），其灰熔点变化趋势与硅束缚起始温度的变化趋势相一致（图 2-25）。

在研究不同 Al_2O_3 含量下反应体系平衡相分布的过程中发现，当体系 Al_2O_3 质量分数为 14.8%～25.0%时［图 2-26（a）］，非晶相迅速减少直至消失。图 2-26（c）示出，在该含量范围内，随着非晶相的分解，钠长石和白榴石伴随增多，非晶相可转化生成钠长石和白榴石，显著提高硅束缚起始温度和灰熔点。Al_2O_3 含量越高，越有助于非晶相向钠长石和白榴石的转化。在体系 Al_2O_3 质量分数为 22.5%～30%时［图 2-26（b）］，高

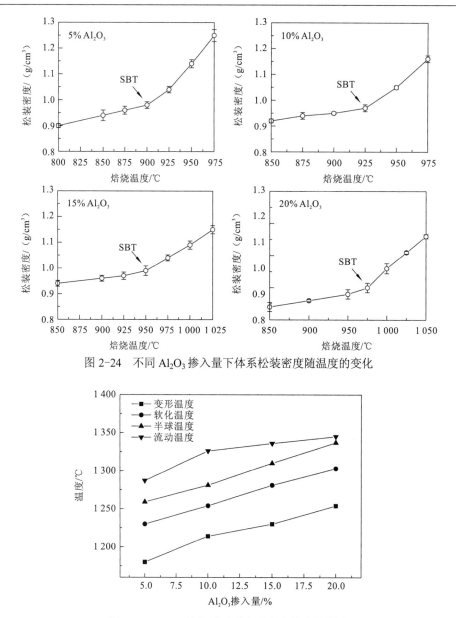

图 2-24 不同 Al_2O_3 掺入量下体系松装密度随温度的变化

图 2-25 Al_2O_3 掺入量对反应体系灰熔点的影响

熔点的莫来石出现，直接引发反应体系硅束缚起始温度的大幅升高。对于高 Al_2O_3 含量的钒页岩，焙烧过程中莫来石的生成有利于避免硅束缚现象的发生。

3. 硅束缚下钒的存在形式

1）钒以化学结合形式存在

SiO_2-Fe_2O_3-Al_2O_3-V_2O_5 组分体系在复合添加剂为 6% NaCl 和 10% Na_2SO_4、温度为 900 ℃和时间为 2 h 的条件下高温反应后，钒的总浸出率（即水浸率与酸浸率之和）约为 90%，浸出渣中仍有 10%的钒未被浸出（图 2-27）。同一组分体系在 800 ℃（温度未

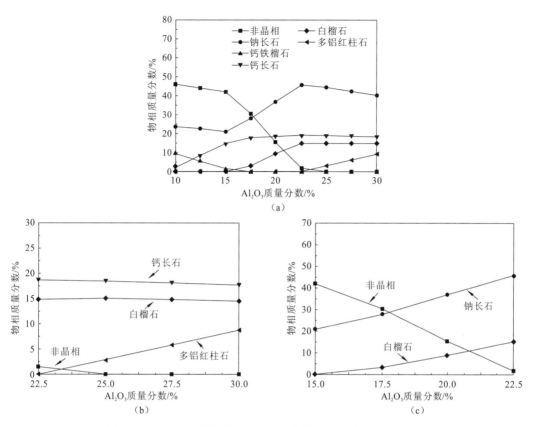

图 2-26　FactSage 计算的不同 Al_2O_3 含量下反应体系平衡相分布

(a) 焙烧样的平衡相组成；(b) 多铝红柱石的形成；(c) 非晶相的形成

达到硅束缚起始温度）反应后，钒的总浸出率升至约 98%，钒已基本被完全溶出。体系在 900 ℃时已发生硅束缚，浸出渣中约 10%的难溶性钒则是以化学结合形式存在，图 2-28 示出在浸出渣中存在 O、Al、V 元素分布相关性极强的区域。该区域内 O、Al、V 元素之间的这种化学结合使 V 既不溶于水也不溶于稀酸。

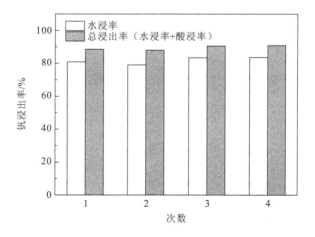

图 2-27　$SiO_2-Fe_2O_3-Al_2O_3-V_2O_5$ 体系钒的浸出率（900 ℃）

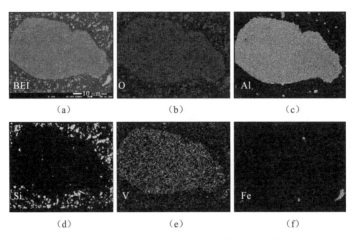

图 2-28 浸出渣的背散射电子像和面分析

（a）背散射电子像；（b）O 分布；（c）Al 分布；（d）Si 分布；（e）V 分布；（f）Fe 分布

2）钒以机械包裹形式存在

钒页岩发生硅束缚后，其焙烧样中的难溶性钒除了以 O、Al、V 元素之间化学结合的形式存在外，还可以机械包裹形式被束缚。这部分被机械包裹的钒通常能够通过细磨暴露在浸出液中而得到释放。将钒页岩在 1 000 ℃下进行复合氧化焙烧，此时焙烧样发生硅束缚。由图 2-29 可知，1 000 ℃焙烧样经磨矿后，钒水浸率由 24.41%增加至 29.05%，钒总浸出率由 49.44%增加至 58.83%，细磨能够使被机械包裹的钒得到解离释放。

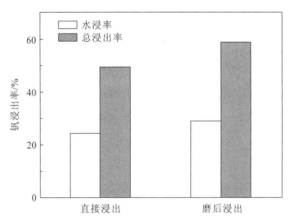

图 2-29　细磨后 1 000 ℃ 焙烧样钒浸出率的变化

在焙烧介质诱导下，钒页岩更容易形成硅束缚，导致钒以化学结合和机械包裹两种形式共存，其中化学结合方式为 O—Al—V 的化合，这种化学结合使得 V 既不溶于水，也不溶于稀酸，阻碍钒的解离释放。

2.2　钒云母长石化相变

钒页岩固相反应通常发生在强氧化环境下，焙烧过程的物相和钒的动态变化规律是含钒页岩焙烧过程理论研究的重要内容之一。本节重点讨论氧化焙烧过程中含钒云母的高温晶相重构、钒的迁移规律及其解离—氧化—转化过程。

2.2.1　含钒云母的高温晶相重构

含钒云母的高温晶相重构一般发生在以下氧化焙烧阶段，升温阶段 I（25～600 ℃）、升温阶段 II（600～850 ℃）、恒温阶段（850 ℃）和降温阶段（850 ℃降至 25 ℃）。

在升温阶段 I（图 2-30），方解石发生分解，焙烧介质 NaCl 和 Na_2SO_4 的特征衍射峰消失。在升温阶段 II（图 2-31），云母的特征衍射峰逐渐消失，与此同时长石类矿物的特征衍射峰出现。在恒温阶段（图 2-32）和降温阶段（图 2-33），焙烧样的物相种类未发生明显变化。

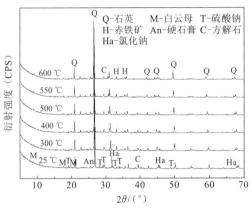

图 2-30　升温阶段 I 试样的高温原位 XRD 图谱

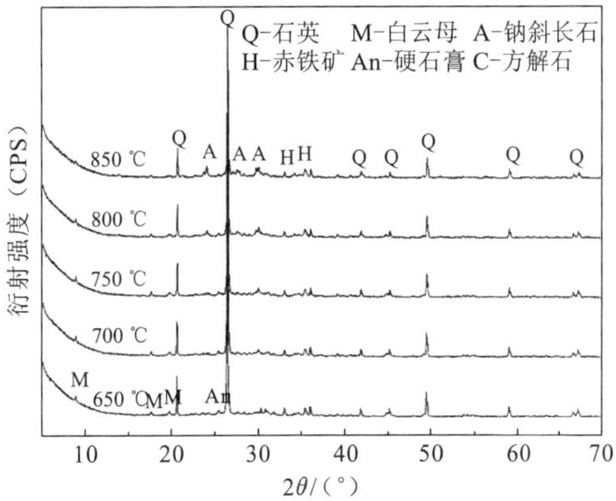

图 2-31　升温阶段 II 试样的高温原位 XRD 图谱

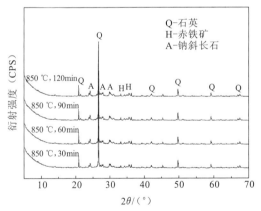

图 2-32　恒温阶段试样的高温原位 XRD 图谱

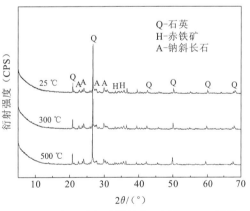

图 2-33　降温阶段试样的高温原位 XRD 图谱

基于高温原位 XRD 的实时监测，焙烧过程的实质是含钒云母长石化的过程。图 2-34 为复合氧化焙烧过程白云母长石化的示意图。

钒页岩中的云母矿物主要为白云母、金云母、绢云母等，长石矿物为钠长石、钙长石和钾长石的固熔体，以钠长石为主。白云母为层状硅酸盐矿物，单斜晶系，晶胞参数 $a=0.519$ nm，$b=0.900$ nm，$c=0.201$ nm，$\alpha=\gamma=90°$，$\beta=95.18°$。钠长石为架状硅酸盐矿物，三斜晶系，晶胞参数 $a=0.814$ nm，$b=1.279$ nm，$c=0.715$ nm，$\alpha=94.22°$，$\gamma=116.80°$，$\beta=87.71°$。

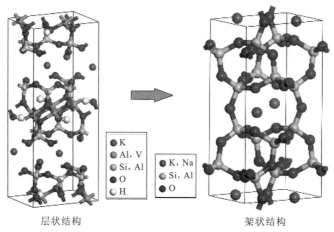

层状结构　　　　　　　　　　　　　　　架状结构

图 2-34　复合氧化焙烧过程白云母长石化示意图

物相的多晶转变可分为位移型转变和重建式转变，位移型转变不需要断开和重建化学键，仅晶胞参数发生变化；重建式转变是化学键发生大面积断裂，并重新构建新的结构。由于白云母和钠长石结构的显著差异，焙烧过程白云母长石化的转变应该为重建式转变，且在重建式转变时钒从结构中解离。长石化转变的反应式可表示为式（2-1）。

$$K(Al, V)_2(AlSi_3O_{10})(OH)_2 + SiO_2 + NaCl + O_2 \longrightarrow (K, Na)AlSi_3O_8 + V_2O_5 + HCl \quad (2-1)$$

2.2.2　钒的迁移行为

在钒页岩高温固相反应过程中，硅束缚现象和云母长石化转变是两个截然相反的焙烧效果。硅束缚形成阻碍钒的溶出，云母长石化转变促进钒的溶出，所以硅束缚和长石化转变的程度决定焙烧样中钒的浸出效果。钒在焙烧样和浸出渣中的赋存状态能够反映钒的迁移行为。

1. 脱碳样中钒的赋存状态

脱碳样的微区背散射电子像及 O、Al、Si、K、V 元素的面扫描结果，如图 2-35 所示。图中的深灰色区域由 Si 和 O 元素组成，此处矿物为石英。浅灰色区域为富钾的铝硅酸盐矿物，主要由 O、Al、Si、K 等元素组成。浅灰色区域中点 g 的微区成分见图 2-35（g），该点 Al 的质量分数为 18.43%。接近于白云母化学成分中 Al 的理论质量分数（20.98%），该浅灰色区域的矿物为白云母。在图 2-35（c）和图 2-35（f）中，Al 和 V 的分布与背散射电子像中浅灰色区域具有良好的一致性。V（III）在脱碳样中以类质同象的形式存在。

2. 水浸渣中钒的赋存状态

水浸渣中钒的存在形式可分三种类型，第一种类型钒的存在形式如图 2-36 所示。钒页岩中存在一定量的方解石，在焙烧过程中方解石会与钒反应生成钒酸钙。图中灰色区域与 O、Ca、V 元素的分布区域相吻合，该区域中钒物相为钒酸钙，其易溶解于酸性溶液中。

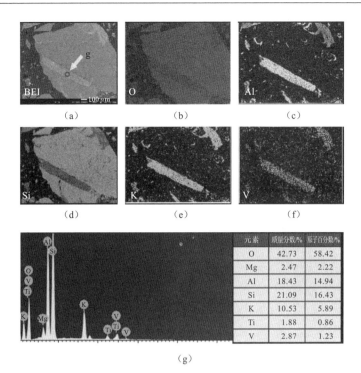

图 2-35　脱碳样的背散射电子像、面分析和点分析

（a）背散射电子像；（b）O 分布；（c）Al 分布；（d）Si 分布；（e）K 分布；（f）V 分布；（g）点分析

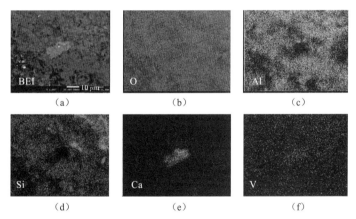

图 2-36　水浸渣中钒存在形式第一种类型的背散射电子像和面分析

（a）背散射电子像；（b）O 分布；（c）Al 分布；（d）Si 分布；（e）Ca 分布；（f）V 分布

　　水浸渣中钒存在形式的第二种类型，如图 2-37 所示。图中的椭圆形颗粒与 Na、K、V 元素的分布重叠，且均具有较明显的元素分层现象。Na 元素主要分布于椭圆形颗粒的外缘，而 K 和 V 元素主要分布于颗粒的内核。椭圆形颗粒的外缘和内部分别由钾钠长石和白云母组成，V 赋存于被钾钠长石包裹的白云母晶格中。

　　水浸渣中钒存在形式的第三种类型，如图 2-38 所示。图中发亮区域与 V 元素的分布区域相吻合，该区域中同时分布有 O 元素。水浸渣中钒存在形式为游离的含钒氧化物，这部分钒从周围云母类矿物中解离出后被夹杂包裹，可通过机械活化方式得到解离。

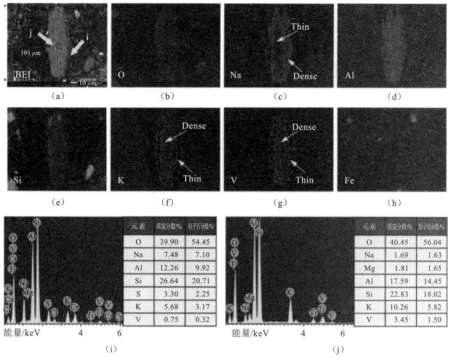

元素	质量分数/%	原子百分数/%
O	39.90	54.45
Na	7.48	7.10
Al	12.26	9.92
Si	26.64	20.71
S	3.30	2.25
K	5.68	3.17
V	0.75	0.32

元素	质量分数/%	原子百分数/%
O	40.45	56.04
Na	1.69	1.63
Mg	1.81	1.65
Al	17.59	14.45
Si	22.83	18.02
K	10.26	5.82
V	3.45	1.50

图 2-37　水浸渣中钒存在形式第二种类型的背散射电子像、面分析和点分析

（a）背散射电子像；（b）O 分布；（c）Na 分布；（d）Al 分布；（e）Si 分布；（f）K 分布；（g）V 分布；（h）Fe 分布；（i）颗粒外缘点分析；（j）颗粒内部点分析；Thin 为所指区域内某元素分布稀少，Dense 为该区域内某元素分布密集

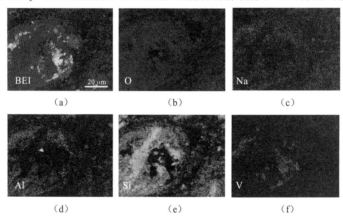

图 2-38　水浸渣中钒存在形式第三种类型的背散射电子像和面分析

（a）背散射电子像；（b）O 分布；（c）Na 分布；（d）Al 分布；（e）Si 分布；（f）V 分布

　　根据钒溶出的难易程度，上述三种钒的存在形式中，第一种类型的钒最容易被释放，其次是第三种类型的钒，最难释放的是第二种类型的钒。

3. 酸浸渣中钒的赋存状态

　　酸浸渣中钒的赋存状态由图 2-39 示出，用不规则多边形标记的颗粒中，Na、K、V 元素分布不均匀，Na 元素在颗粒的外缘密集分布，颗粒的内部主要分布有 K 和 V 元素。

颗粒外缘的元素组成见图 2-39（i），接近于钾钠长石的化学组成，外缘矿物为钾钠长石。颗粒内部矿物为白云母，其元素组成见图 2-39（j）。酸浸渣中钒赋存于被钾钠长石包裹的白云母中，这与水浸渣中钒的第二种存在形式相同。这部分钒经酸浸后也不易被溶出。

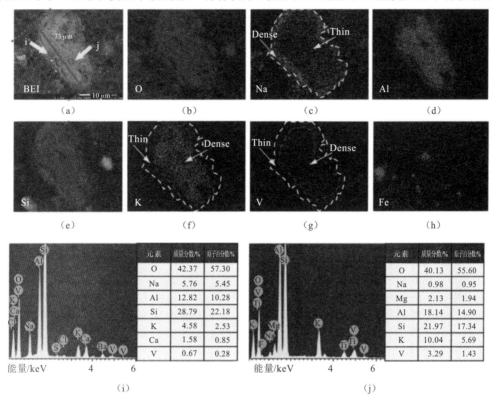

图 2-39　酸浸渣的背散射电子像、面分析和点分析

（a）背散射电子像；（b）O 分布；（c）Na 分布；（d）Al 分布；（e）Si 分布；（f）K 分布；（g）V 分布；（h）Fe 分布；

（i）颗粒外缘点分析；（j）颗粒内部点分析；Dense 为该区域内某元素分布密集，Thin 为所指区域内某元素分布稀少

4. 钒的迁移规律

钒页岩经过高温氧化焙烧后，约 60%的钒在水浸过程中释放，16%的钒在酸浸过程中进一步溶出，总浸出率可达 76%。高温下的云母长石化使大部分钒得到解离，并与钠盐反应生成水溶性钒酸钠，反应如下：

$$2V_2O_5 + 4NaCl + O_2 \Longrightarrow 4NaVO_3 + 2Cl_2 \tag{2-2}$$

部分解离的钒与方解石反应生成不溶于水的钒酸钙，反应如下：

$$CaCO_3 + V_2O_5 \Longrightarrow Ca(VO_3)_2 + CO_2 \uparrow \tag{2-3}$$

另外，少量解离的钒未参与其他物质的反应，以游离氧化物的形式存在。对于一些粒度较大的云母颗粒，长石化的反应仅能发生在颗粒外层。颗粒内部的钒未发生解离，依旧赋存于云母晶格中，并被钾钠长石包裹。

水浸渣中钒酸钙和游离钒氧化物在酸浸过程中被溶出，其反应可分别表示为式（2-4）和式（2-5）：

$$V_2O_5 + 2H^+ \Longrightarrow 2VO_2^+ + H_2O \qquad (2\text{-}4)$$

$$Ca(VO_3)_2 + 4H^+ \Longrightarrow 2VO_2^+ + Ca^{2+} + 2H_2O \qquad (2\text{-}5)$$

酸浸后，依旧有约 24% 的钒残留于渣中，主要存在于被钾钠长石包裹的云母中。在焙烧过程中，当云母颗粒较大时，云母转化为长石的反应随着产物厚度的增加，扩散阻力显著增大，颗粒内部无法完全长石化，导致这部分被包裹的钒既不能被水浸出也无法被稀酸浸出。

2.2.3　钒的解离—氧化—转化关系

在含钒云母长石化转变过程中，钒经历了自身的解离、氧化和转化，三者之间的关系反映出焙烧过程中页岩钒的相关化学行为。实际上，钒的解离—氧化—转化关系具体涉及两个主要问题：① 钒以何种价态从云母晶格中解离；② V 与 Na 结合生成钒酸钠盐的种类及反应历程。

1. 钒解离时的价态

对于晶体而言，晶体中的正、负离子总是尽可能进行紧密排列，使得自由空间最小，晶体结构最为稳定。这种离子间紧密排列的程度与正、负离子半径之比（r_+/r_-）关系密切。对于晶体中的正、负离子，通常是负离子半径大于正离子半径。因此，晶体常被认为是负离子在做紧密堆积，而正离子填充到负离子构成的多面体中心。多数情况下，钒页岩中钒以类质同象形式取代云母八面体中的铝而存在，钒的配位数为 6。当处于八面体中心的正离子配位数为 6 时，最紧密排列的方式如图 2-40（a）所示。

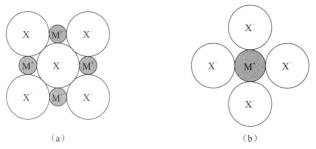

(a)　　　　　　　　　　　　　　　(b)

图 2-40　正离子配位数为 6 时晶体中正负离子的排列方式

(a) r_+/r_-=0.414；(b) r_+/r_->0.732

当正离子的配位数为 6 时，最紧密排列的方式为正、负离子相接触，且负离子也两两接触，此时正、负离子半径满足以下几何关系：

$$2\times[2(r_+ + r_-)]^2 = (4r_-)^2 \qquad (2\text{-}6)$$

由式（2-6）计算可得

$$r_+ / r_- = 0.414 \qquad (2\text{-}7)$$

不同 r_+/r_- 与配位多面体空隙类型的关系，由表 2-2 给出。当正离子的配位数为 6，正、负离子半径之比 r_+/r_-=0.414 时，晶体结构实现最紧密排列。但是随着正离子半径逐渐增大，晶体的配位数由 6 转为 8，即当 r_+/r_->0.732 时，配位数为 6 的晶体结构是不稳定的[图 2-40（b）]。正、负离子半径之比 r_+/r_- 若为 0.414～0.732 时，正离子仍可存在于配位数为 6 的八面体中。白云母结构的八面体中，正、负离子分别为 Al、V 和 O，以下仅考虑正价态 V 的情况。

表 2-2 r_+/r_- 与配位多面体空隙类型的关系

充填原子与堆积原子半径之比 r_+/r_-	配位多面体空隙类型	配位数	配位多面体体积	氧离子构成配位多面体时的体积/10^{-3} nm^3
≥0.255	四面体	4	0.1179a^3	2.169 3
≥0.414	八面体	6	0.4714a^3	8.673 6
≥0.732	立方体	8	1.0000a^3	18.399 7
≥0.909	正十二面体	12	2.1817a^3	40.142 7

V（III）、V（IV）和 V（V）离子半径与氧的负离子半径之比分别为 0.492、0.462 和 0.303，所以 V（V）在白云母的晶体结构中不能稳定存在。在云母长石化过程中，V（III）配位数会降低，同时由于 V（III）与 O 离子半径非同步线性增加，导致配位体的稳定性降低，V（III）难以充填于低配位多面体空隙形成稳定的配位多面体，发生迁移而从晶格中解离。从配位体稳定性角度看，钒以五价态从白云母中解离出来。

2. 钒转化的过程

焙烧过程中 V 与 Na 结合生成钒酸钠盐，当焙烧组分体系（V_2O_3-Na_2SO_4-NaCl 体系）中 V、Na 物质的量之比为 2∶1 时[图 2-41（a）]，随着焙烧温度的增加，NaV_3O_8、NaV_6O_{15} 的特征衍射峰逐渐减弱，$Na_5V_{12}O_{32}$ 的特征衍射峰随之增强，NaV_6O_{15} 的特征衍射峰在 750 ℃时消失，出现 $NaVO_3$ 的特征衍射峰，强度随温度逐渐增大。当 V、Na 物质的量之比为 1∶1 时[图 2-41（b）]，随着焙烧温度的增加，$Na_5V_{12}O_{32}$、NaV_6O_{15} 的特征衍射峰减弱，NaV_6O_{15} 的特征衍射峰在 650 ℃时消失，$NaVO_3$ 的特征衍射峰逐渐增强。

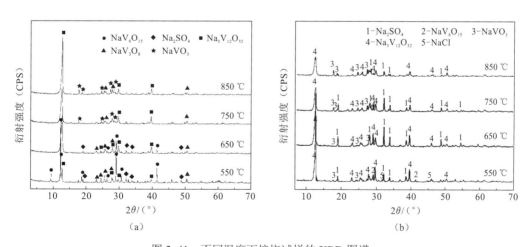

图 2-41　不同温度下焙烧试样的 XRD 图谱一

（a）V、Na 物质的量之比为 2∶1；（b）V、Na 物质的量之比为 1∶1

当 V、Na 物质的量之比为 2∶3 时[图 2-42（a）]，随着焙烧温度的增加，$Na_5V_{12}O_{32}$ 的特征衍射峰减弱，$NaVO_3$ 的特征衍射峰增强。当 V、Na 物质的量之比为 1∶2 时

[图 2-42（b）]，随着焙烧温度的增加，$NaVO_3$ 的特征衍射峰增强，$Na_5V_{12}O_{32}$ 的特征衍射峰先增大后减小。

　　随着焙烧温度的增加，钠盐分解后与钒氧化物首先在低温下生成各种钒青铜，如 NaV_6O_{15}、$Na_5V_{12}O_{32}$、NaV_3O_8，对于不同 V、Na 物质的量之比的体系，钒青铜的种类有所变化，但是最终随着温度的升高，钒青铜均逐渐向 $NaVO_3$ 转变。钒青铜是一种复盐，如 NaV_6O_{15} 为 $Na_2O \cdot xV_2O_4 \cdot (6-x)V_2O_5$ 的复盐（x 为 0.85～1.6）。

　　图 2-43 是在 V、Na 物质的量之比为 1∶1 条件下钒转化产物的 TG-DSC 图谱。图中 TG 曲线存在四个质量损失阶段，其中第三阶段（500～650 ℃）归属于 NaCl 的分解，第四阶段（700～1 000 ℃）归属于 Na_2SO_4 的分解。DSC 曲线上，温度为 650～700 ℃时，曲线存在一个比较明显的吸热谷，对应的 DTG 曲线上，该温度范围内基本无质量损失，该吸热谷由不同钒酸钠盐的相互转变所致，在 670.9 ℃时发生了 NaV_6O_{15} 与 $Na_5V_{12}O_{32}$ 等钒青铜向 $NaVO_3$ 的转变。

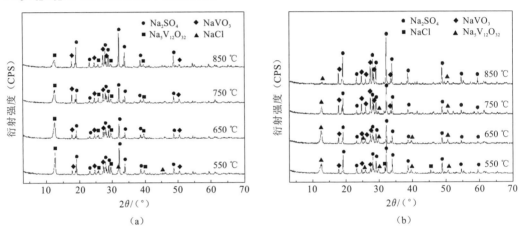

图 2-42　不同温度下焙烧试样的 XRD 图谱二

（a）V、Na 物质的量之比为 2∶3；（b）V、Na 物质的量之比为 1∶2

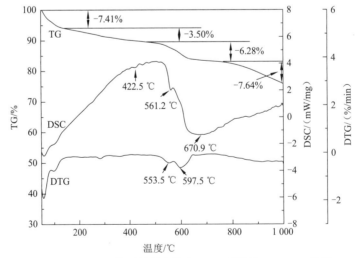

图 2-43　V、Na 物质的量之比为 1∶1 试样的 TG-DSC 分析

2.3　钒页岩高温反应热力学

2.3.1　钒的氧化与钒酸盐的生成

1. 钒的氧化

在无焙烧介质参与的钒页岩高温固相反应体系中,钒氧化反应的 $\Delta G^{\ominus}$-T 关系式如表 2-3 所示,相应钒氧化反应的 $\Delta G^{\ominus}$-T 关系图,如图 2-44 所示。

表 2-3　钒氧化反应的 $\Delta G^{\ominus}$-T 关系式

反应方程式	$\Delta G^{\ominus}$-T 关系式（T=300～1 500 K）	编号
$2V_2O_3+O_2 \Longrightarrow 4VO_2$	$\Delta G^{\ominus}=-394.2+0.13T$	(2-8)
$4VO_2+O_2 \Longrightarrow 2V_2O_5$	$\Delta G^{\ominus}=-265.83+0.21T$　（T=300～963 K）	(2-9)

注：V_2O_5 的熔点为 963 K。

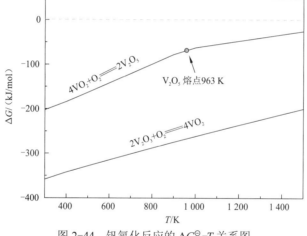

图 2-44　钒氧化反应的 $\Delta G^{\ominus}$-T 关系图

钒三价转为四价的氧化反应[式（2-8）]和四价转为五价的氧化反应[式（2-9）]$\Delta G^{\ominus}$ 值在图中温度范围内均小于零,三价转为四价的氧化反应 $\Delta G^{\ominus}$ 值低于四价转为五价的氧化反应 $\Delta G^{\ominus}$ 值。在脱碳焙烧过程中,钒的氧化反应能自发进行,三价转为四价的氧化反应比四价转为五价的氧化反应更易发生。图 2-44 中四价钒氧化反应的 $\Delta G^{\ominus}$-T 线在 963 K 处存在转折。温度 963 K 为 V_2O_5 的熔点,在该温度下 V_2O_5 由固相转变为液相,相变熵的存在使 $\Delta G^{\ominus}$-T 线出现转折。

2. 钒酸盐的生成

当焙烧介质参与钒页岩高温固相反应时,钒极易与钠盐结合生成钒酸钠。由于钒页岩中还含有 Ca、Fe 和 Mg 等其他金属元素,这些元素不同程度地与钒结合生成相应的钒酸盐。不同温度下 Na、Ca、Fe 和 Mg 元素与钒反应生成钒酸盐的 $\Delta G^{\ominus}$ 值,各反应的

$\Delta G^{\ominus}$-T 关系式见表 2-4。依据表 2-4 中 V_2O_5 与 Na_2O、CaO、Fe_2O_3 和 MgO 反应的 $\Delta G^{\ominus}$-T 关系图，见图 2-45。

表 2-4　焙烧过程钒酸盐生成反应的 $\Delta G^{\ominus}$-T 关系式

反应方程式	$\Delta G^{\ominus}$-T 关系式（T=300~1500 K）	编号
$V_2O_5+Na_2O \mathrm{==} 2NaVO_3$	$\Delta G^{\ominus}=-328.55-0.023\,4T$（$300 \leqslant T \leqslant 963$） $\Delta G^{\ominus}=-348.98-0.007\,29T$（$963 < T \leqslant 1\,500$）	(2-10)
$V_2O_5+3Na_2O \mathrm{==} 2Na_3VO_4$	$\Delta G^{\ominus}=-734.31-0.015\,0T$（$300 \leqslant T \leqslant 963$） $\Delta G^{\ominus}=-862.00+0.114T$（$963 < T \leqslant 1\,500$）	(2-11)
$V_2O_5+2Na_2O \mathrm{==} Na_4V_2O_7$	$\Delta G^{\ominus}=-546.53-0.0360T$	(2-12)
$V_2O_5+MgO \mathrm{==} Mg(VO_3)_2$	$\Delta G^{\ominus}=-162.45+0.236T$	(2-13)
$V_2O_5+3MgO \mathrm{==} Mg_3(VO_4)_2$	$\Delta G^{\ominus}=-118.54+0.023\,9T$（$300 \leqslant T \leqslant 963$） $\Delta G^{\ominus}=-241.44+0.154T$（$963 < T \leqslant 1\,500$）	(2-14)
$V_2O_5+2MgO \mathrm{==} Mg_2V_2O_7$	$\Delta G^{\ominus}=-86.01-0.020\,7T$（$300 \leqslant T \leqslant 963$） $\Delta G^{\ominus}=-153.24+0.048\,8T$（$963 < T \leqslant 1\,500$）	(2-15)
$V_2O_5+Fe_2O_3 \mathrm{==} 2FeVO_4$	$\Delta G^{\ominus}=2399.42+0.022\,9T$（$300 \leqslant T \leqslant 963$） $\Delta G^{\ominus}=2267.52+0.164T$（$963 < T \leqslant 1\,500$）	(2-16)
$V_2O_5+CaO \mathrm{==} Ca(VO_3)_2$	$\Delta G^{\ominus}=-150.76-0.007\,19T$（$300 \leqslant T \leqslant 963$） $\Delta G^{\ominus}=-205.43+0.050\,9T$（$963 < T \leqslant 1\,500$）	(2-17)
$V_2O_5+3CaO \mathrm{==} Ca_3(VO_4)_2$	$\Delta G^{\ominus}=-330.91-0.019\,4T$（$300 \leqslant T \leqslant 963$） $\Delta G^{\ominus}=-403.18+0.057\,7T$（$963 < T \leqslant 1\,500$）	(2-18)

注：V_2O_5 的熔点为 963 K

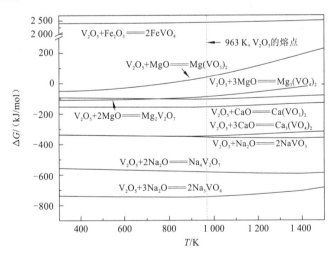

图 2-45　焙烧过程钒酸盐生成反应的 $\Delta G^{\ominus}$-T 关系图

Na_2O、CaO、Fe_2O_3 和 MgO 与 V_2O_5 反应生成钒酸盐的难易程度（由易至难）依次为：Na_2O < CaO < MgO < Fe_2O_3，V_2O_5 优先与 Na_2O 反应，其次是与 CaO 和 MgO 反应，最后是与 Fe_2O_3 反应。在 400~1 400 K 温度范围内，V_2O_5 与 Fe_2O_3 反应的 $\Delta G^{\ominus}$ 值远远大

于 0，反应无法发生；V_2O_5 与 MgO 反应的 $\Delta G^{\ominus}$ 值在 0 附近，反应在该温度范围内也较难发生；V_2O_5 与 Na_2O、CaO 反应的 $\Delta G^{\ominus}$ 值远小于 0，V_2O_5 与 Na_2O、CaO 反应均极易发生。V_2O_5 和 CaO 的化合反应与 V_2O_5 和 Na_2O 的化合反应之间存在竞争，可通过调整反应体系中 Ca 或 Na 的含量，使目标反应产物优先生成。

2.3.2 共生矿物相关反应对钒氧化转化的影响

1. 黄铁矿的氧化与碳质的燃烧

钒页岩中的黄铁矿可能发生的氧化反应及其 $\Delta G^{\ominus}$-T 关系式如表 2-5 所示，各关系式中 O_2 的化学计量数均为 1。黄铁矿氧化反应的 $\Delta G^{\ominus}$-T 关系图见图 2-46。

表 2-5 黄铁矿氧化反应的 $\Delta G^{\ominus}$-T 关系式

反应方程式	$\Delta G^{\ominus}$-T 关系式（T=300～1 500 K）	编号
$4/11FeS_2+O_2 \Longrightarrow 2/11Fe_2O_3+8/11SO_2$	$\Delta G^{\ominus}=-302.40+0.027T$	(2-19)
$3/8FeS_2+O_2 \Longrightarrow 1/8Fe_3O_4+3/4SO_2$	$\Delta G^{\ominus}=-296.67+0.019T$	(2-20)
$4Fe_3O_4+O_2 \Longrightarrow 6Fe_2O_3$	$\Delta G^{\ominus}=-487.81+0.29T$	(2-21)
$2Fe_2O_3+4SO_2+O_2 \Longrightarrow 4FeSO_4$	$\Delta G^{\ominus}=-865.32+0.85T$	(2-22)
$2/3Fe_2O_3+2SO_2+O_2 \Longrightarrow 2/3Fe_2(SO_4)_3$	$\Delta G^{\ominus}=-574.39+0.54T$	(2-23)

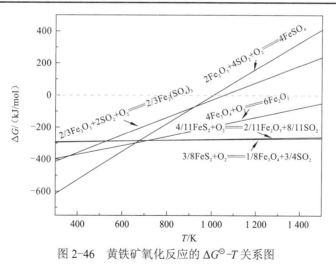

图 2-46 黄铁矿氧化反应的 $\Delta G^{\ominus}$-T 关系图

黄铁矿氧化反应[反应（2-19）和反应（2-20）]在 300～1 500 K 的温度范围内均可自发进行，黄铁矿氧化生成赤铁矿和磁铁矿的难易程度相近，其 $\Delta G^{\ominus}$-T 曲线几乎重合。磁铁矿继续氧化生成赤铁矿反应[反应（2-21）]的 $\Delta G^{\ominus}$ 值在 300～1 500 K 的温度范围内小于零，黄铁矿氧化反应的最终产物为赤铁矿。当反应体系中 SO_2 增多时，赤铁矿会与 SO_2、O_2 反应生成含铁的硫酸盐[反应（2-22）和反应（2-23）]，随着温度的升高，自发反应转变为非自发反应。

在脱碳预焙烧过程中,碳燃烧及其相关反应的 $\Delta G^{\ominus}\text{-}T$ 关系式如表 2-6 所示。对应的碳燃烧及其相关反应的 $\Delta G^{\ominus}\text{-}T$ 关系图,见图 2-47。

表 2-6　碳燃烧及其相关反应的 $\Delta G^{\ominus}\text{-}T$ 关系式

反应方程式	$\Delta G^{\ominus}\text{-}T$ 关系式($T=300\sim1\,500\,\text{K}$)	编号
$C+O_2 \!=\!\!= CO_2$	$\Delta G^{\ominus}=-394.15-0.001\,5T$	(2-24)
$2C+O_2 \!=\!\!= 2CO$	$\Delta G^{\ominus}=-222.32-0.18T$	(2-25)
$C+CO_2 \!=\!\!= 2CO$	$\Delta G^{\ominus}=171.83-0.18T$	(2-26)
$2CO+O_2 \!=\!\!= 2CO_2$	$\Delta G^{\ominus}=-565.99+0.17T$	(2-27)

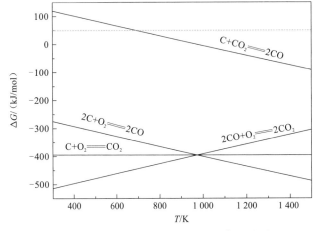

图 2-47　碳燃烧及其相关反应的 $\Delta G^{\ominus}\text{-}T$ 关系图

碳燃烧生成 CO_2 和 CO 的反应以及 CO 氧化生成 CO_2 的反应在 $300\sim1\,500\,\text{K}$ 的温度范围内均自发进行。在脱碳预焙烧过程中,当氧气充足时,碳燃烧主要生成 CO_2。

在焙烧介质参与的钒页岩氧化焙烧前,需要对钒页岩预焙烧,目的在于消除碳质和黄铁矿等还原性矿物对钒氧化的影响。预焙烧过程涉及的主要反应为黄铁矿的氧化、碳燃烧和钒的氧化(图 2-48)。碳燃烧和黄铁矿氧化反应的 $\Delta G^{\ominus}$ 值小于钒氧化反应的 $\Delta G^{\ominus}$

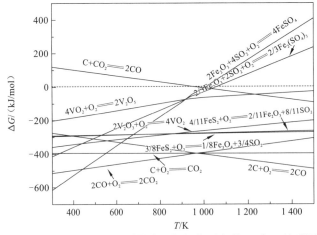

图 2-48　黄铁矿氧化、碳燃烧和钒氧化反应的 $\Delta G^{\ominus}\text{-}T$ 关系图

值，此时碳燃烧和黄铁矿的氧化相较于钒的氧化更容易进行。还原性矿物的氧化消耗了反应体系中的氧气，会抑制钒的氧化。

2. 方解石的分解及钙化反应

方解石的分解反应可表示如下：

$$CaCO_3 = CaO + CO_2 \uparrow \qquad (2\text{-}28)$$

热力学计算得到 $\Delta G^\ominus$-T 关系式为

$$\Delta G^\ominus = -0.148T + 172.3 \qquad (2\text{-}29)$$

对于分解反应

$$\Delta G^\ominus = -RT \ln K_p = -RT \ln(P_{CO_2} / P^\ominus) \qquad (2\text{-}30)$$

将式（2-29）代入式（2-30）中，可得 $\ln P_{CO_2}$-T 关系式为

$$\ln P_{CO_2} = 29.324 - 20\,724 / T \qquad (2\text{-}31)$$

大气中 CO_2 的分压为 30.39 Pa，方解石的分解温度为 799.85 K，含钒页岩焙烧过程的焙烧温度通常为 800～900 ℃，过程中方解石发生分解。分解产生的 CaO 会与 V_2O_5、SiO_2、Al_2O_3 和 Fe_2O_3 发生反应，各反应的 $\Delta G^\ominus$-T 关系式如表 2-7 所示。各反应的 $\Delta G^\ominus$-T 关系图，见图 2-49。

表 2-7 焙烧过程钙化反应的 $\Delta G^\ominus$-T 关系式

反应方程式	$\Delta G^\ominus$-T 关系式（T=300～1 500 K）	编号
$CaO+V_2O_5=CaV_2O_6$	$\Delta G^\ominus=-150.76-0.007\,2T$（$300 \leq T \leq 963$） $\Delta G^\ominus=-205.43+0.051T$（$963 < T \leq 1\,500$）	(2-32)
$2CaO+V_2O_5=Ca_2V_2O_7$	$\Delta G^\ominus=-264.71-0.007\,93T$（$300 \leq T \leq 963$） $\Delta G^\ominus=-323.86+0.055\,1T$（$963 < T \leq 1\,500$）	(2-33)
$3CaO+V_2O_5=Ca_3(VO_4)_2$	$\Delta G^\ominus=-330.90-0.019\,4T$（$300 \leq T \leq 963$） $\Delta G^\ominus=-403.18+0.057\,7T$（$963 < T \leq 1\,500$）	(2-34)
$CaO+SiO_2=CaSiO_3$	$\Delta G^\ominus=-90.05-0.000\,612T$	(2-35)
$CaO+Al_2O_3=CaAl_2O_4$	$\Delta G^\ominus=-17.72-0.021\,1T$	(2-36)
$CaO+Fe_2O_3=CaFe_2O_4$	$\Delta G^\ominus=-27.68-0.007\,69T$	(2-37)
$CaO+SiO_2+Al_2O_3=CaAl_2SiO_6$	$\Delta G^\ominus=-73.89-0.017\,5T$	(2-38)

注：V_2O_5 的熔点为 963 K

图 2-49 示出 CaO 与 V_2O_5、SiO_2、Al_2O_3 和 Fe_2O_3 反应在焙烧温度范围内的 $\Delta G^\ominus$ 值均小于 0，方解石分解而来的 CaO 在焙烧体系中性质活泼，能与焙烧体系中的其他物质充分反应。相较而言，CaO 与 V_2O_5 化合生成偏钒酸钙、焦钒酸钙和正钒酸钙反应的 $\Delta G^\ominus$ 值，均小于 CaO 与其他物质反应的 $\Delta G^\ominus$ 值，所以方解石分解后 CaO 会优先与 V_2O_5 反应生成钒酸钙，且钒酸钙生成的难易程度（由易至难）顺序为：正钒酸钙 $[Ca_3(VO_4)_2]$<焦钒酸钙（$Ca_2V_2O_7$）<偏钒酸钙（CaV_2O_6）。这三种钒酸钙盐均是不溶于水而溶于酸的化合物，在钠化焙烧过程中钒酸钙的生成会导致焙烧样水浸率的下降。

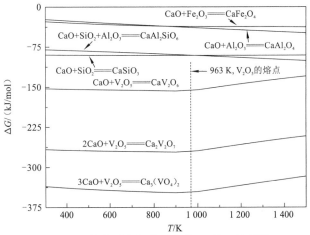

图 2-49　焙烧过程钙化反应的 $\Delta G^{\ominus}$-T 关系图

3. 焙烧介质的钠化反应

1）NaCl 在固相反应体系中的热力学行为

氧化焙烧过程中，常用的焙烧介质为 NaCl 和 Na_2SO_4。NaCl 会与 V_2O_5、SiO_2、Al_2O_3 和 Fe_2O_3 等发生反应，各反应的 $\Delta G^{\ominus}$-T 关系式如表 2-8 所示，表中各反应的 $\Delta G^{\ominus}$-T 关系图，见图 2-50。

表 2-8　焙烧过程 NaCl 有关反应的 $\Delta G^{\ominus}$-T 关系式

反应方程式	$\Delta G^{\ominus}$-T 关系式（$T=300\sim1\,500$ K）	编号
$4NaCl+O_2=2Na_2O+2Cl_2$	$\Delta G^{\ominus}=809.96-0.090\,9T$（$300\leqslant T\leqslant1\,074$） $\Delta G^{\ominus}=696.40+0.016\,4T$（$1\,074<T\leqslant1\,500$）	(2-39)
$4NaCl+2Fe_2O_3+O_2=4NaFeO_2+2Cl_2$	$\Delta G^{\ominus}=471.53-0.071\,9T$（$300\leqslant T\leqslant1\,074$） $\Delta G^{\ominus}=264.61+0.130\,1T$（$1\,074<T\leqslant1\,500$）	(2-40)
$4NaCl+2Al_2O_3+O_2=4NaAlO_2+2Cl_2$	$\Delta G^{\ominus}=439.11-0.073\,4T$（$300\leqslant T\leqslant1\,074$） $\Delta G^{\ominus}=214.38+0.144T$（$1\,074<T\leqslant1\,500$）	(2-41)
$4NaCl+SiO_2+O_2=Na_4SiO_4+2Cl_2$	$\Delta G^{\ominus}=444.85-0.082\,1T$（$300\leqslant T\leqslant1\,074$） $\Delta G^{\ominus}=306.73+0.050\,6$（$1\,074<T\leqslant1\,500$）	(2-42)
$4NaCl+2V_2O_5+O_2=4NaVO_3+2Cl_2$	$\Delta G^{\ominus}=155.45-0.143T$（$300\leqslant T\leqslant1\,074$） $\Delta G^{\ominus}=6.161-0.005\,61T$（$1\,074<T\leqslant1\,500$）	(2-43)
$6NaCl+3/2O_2+V_2O_5=2Na_3VO_4+3Cl_2$	$\Delta G^{\ominus}=478.33-0.149T$（$300\leqslant T\leqslant1\,074$） $\Delta G^{\ominus}=191.99+0.129T$（$1\,074<T\leqslant1\,500$）	(2-44)
$4NaCl+O_2+V_2O_5=Na_4V_2O_7+2Cl_2$	$\Delta G^{\ominus}=265.30-0.130T$（$300\leqslant T\leqslant1\,074$） $\Delta G^{\ominus}=128.86-0.002\,54T$（$1\,074<T\leqslant1\,500$）	(2-45)
$4NaCl+2Al_2O_3+4SiO_2+O_2=4NaAlSiO_4+2Cl_2$	$\Delta G^{\ominus}=253.03-0.164T$（$300\leqslant T\leqslant1\,074$） $\Delta G^{\ominus}=98.70-0.016\,5T$（$1\,074<T\leqslant1\,500$）	(2-46)
$4NaCl+2Al_2O_3+12SiO_2+O_2=4NaAlSi_3O_8+2Cl_2$	$\Delta G^{\ominus}=203.68-0.229T$（$300\leqslant T\leqslant1\,074$） $\Delta G^{\ominus}=50.62-0.083\,4T$（$1\,074<T\leqslant1\,500$）	(2-47)
$4NaCl+2Fe_2O_3+8SiO_2+O_2=4NaFe(SiO_3)_2+2Cl_2$	$\Delta G^{\ominus}=265.30-0.130T$（$300\leqslant T\leqslant1\,074$） $\Delta G^{\ominus}=128.86-0.002\,54T$（$1\,074<T\leqslant1\,500$）	(2-48)

注：NaCl 的熔点为 1 074 K

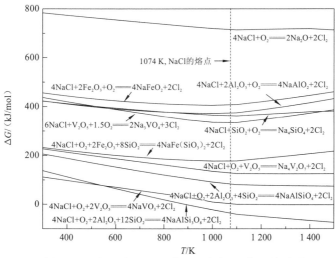

图 2-50 焙烧过程 NaCl 有关反应的 $\Delta G^{\ominus}$-T 关系图

当体系含有 V_2O_5 时，NaCl 在空气中发生分解的 $\Delta G^{\ominus}$ 值远低于 NaCl 单独在空气中分解的 $\Delta G^{\ominus}$ 值。V_2O_5 能够促进 NaCl 的分解，有利于 V_2O_5 的钠化转化的进行。不同钒酸钠盐生成的难易程度（由易至难）顺序为：偏钒酸钠（$NaVO_3$）<焦钒酸钠（$Na_4V_2O_7$）<正钒酸钠（Na_3VO_4），钠化转化时优先生成偏钒酸钠。另一方面，NaCl 与 V_2O_5 生成钒酸钠的 $\Delta G^{\ominus}$ 值均随着温度的增加而降低，偏钒酸钠生成反应在温度超过 1100 K 后 $\Delta G^{\ominus}$ 值开始小于 0，表明高温有利于 NaCl 与 V_2O_5 反应生成钒酸钠。NaCl 与 SiO_2、Al_2O_3 反应生成铝硅酸盐的 $\Delta G^{\ominus}$ 值小于 NaCl 与 V_2O_5 生成偏钒酸钠的 $\Delta G^{\ominus}$ 值，NaCl 与 SiO_2、Al_2O_3 的反应更易发生，加入的 NaCl 最主要是起破坏铝硅酸盐矿物结构的作用。

2）Na_2SO_4 在固相反应体系中的热力学行为

氧化焙烧过程中，Na_2SO_4 亦会与 V_2O_5、SiO_2、Al_2O_3 和 Fe_2O_3 等发生反应，各反应的 $\Delta G^{\ominus}$-T 关系式如表 2-9 所示，表中各反应的 $\Delta G^{\ominus}$-T 关系图见图 2-51。

表 2-9 焙烧过程 Na_2SO_4 有关反应的 $\Delta G^{\ominus}$-T 关系式

反应方程式	$\Delta G^{\ominus}$-T 关系式（T=300～1500 K）	编号
Na_2SO_4=Na_2O+SO_3	$\Delta G^{\ominus}$=558.27-0.142T	(2-49)
Na_2SO_4+Fe_2O_3=2$NaFeO_2$+SO_3	$\Delta G^{\ominus}$=377.06-0.113T	(2-50)
Na_2SO_4+Al_2O_3=2$NaAlO_2$+SO_3	$\Delta G^{\ominus}$=359.52-0.111T	(2-51)
2Na_2SO_4+SiO_2=Na_4SiO_4+2SO_3	$\Delta G^{\ominus}$=743.40-0.262T	(2-52)
Na_2SO_4+V_2O_5=2$NaVO_3$+SO_3	$\Delta G^{\ominus}$=228.46-0.164T	(2-53)
3Na_2SO_4+V_2O_5=2Na_3VO_4+3SO_3	$\Delta G^{\ominus}$=909.85-0.390T	(2-54)
2Na_2SO_4+V_2O_5=$Na_4V_2O_7$+2SO_3	$\Delta G^{\ominus}$=567.35-0.316T	(2-55)
Na_2SO_4+Al_2O_3+2SiO_2=2$NaAlSiO_4$+SO_3	$\Delta G^{\ominus}$=274.58-0.170T	(2-56)
Na_2SO_4+Al_2O_3+6SiO_2=2$NaAlSi_3O_8$+SO_3	$\Delta G^{\ominus}$=250.22-0.203T	(2-57)
Na_2SO_4+Fe_2O_3+4SiO_2=2$NaFe(SiO_3)_2$+SO_3	$\Delta G^{\ominus}$=269.52-0.121T	(2-58)
Na_2SO_4+CaO+6SiO_2+Al_2O_3=2$NaAlSi_3O_8$+$CaSO_4$	$\Delta G^{\ominus}$=-142.05-0.042 1T（300≤T≤1157） $\Delta G^{\ominus}$=-184.12-0.002 64T（1157<T≤1500）	(2-59)

注：Na_2SO_4 的熔点为 1157 K

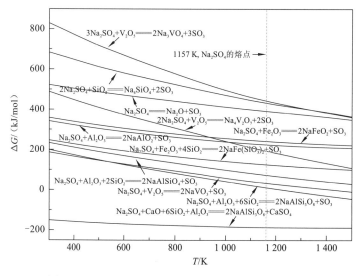

图 2-51　焙烧过程 Na_2SO_4 有关反应的 $\Delta G^{\ominus}$-T 关系图

Na_2SO_4 和 V_2O_5 反应生成不同种类钒酸钠的反应难易程度依次为偏钒酸钠（$NaVO_3$）<焦钒酸钠（$Na_4V_2O_7$）<正钒酸钠（Na_3VO_4）。Na_2SO_4 与 SiO_2、Al_2O_3 共同反应生成铝硅酸盐的 $\Delta G^{\ominus}$ 值低于 Na_2SO_4 与 V_2O_5 生成偏钒酸钠的 $\Delta G^{\ominus}$ 值，Na_2SO_4 更容易与 SiO_2 和 Al_2O_3 发生反应，Na_2SO_4 与 $NaCl$ 在高温反应中均起到破坏铝硅酸盐矿物结构的作用。另外，Na_2SO_4 与方解石分解产物 CaO 反应生成 $CaSO_4$ 的 $\Delta G^{\ominus}$ 值远小于 0，所以 Na_2SO_4 能够有效固定 CaO，防止 CaO 与 V_2O_5 反应生成不溶于水的钒酸钙，可避免水浸率的降低。

2.4　钒页岩高温反应动力学

目前，用于焙烧过程反应动力学研究的模型主要有：缩核反应模型和区域反应模型等。这些模型是在焙烧物料为球形颗粒的假设下推导建立的，但钒页岩高温固相反应体系中的含钒载体为云母类矿物，云母类矿物的基本形态为片状，在焙烧过程中矿物颗粒存在化学各向异性，传统的缩核反应模型和区域反应模型无法非常准确地对片状结构矿物焙烧过程进行描述，需要建立符合钒页岩片状含钒载体的动力学模型。基于菲克第一定律和化学反应速率的定义，能够推导出扩散控制片状结构矿物高温反应动力学方程和化学反应控制片状结构矿物高温反应动力学方程，由此建立的片状结构矿物高温反应动力学模型可用于钒页岩高温固相反应过程的动力学研究。

2.4.1　片状结构矿物高温反应动力学模型的建立

高温固相反应过程的控制类型主要包括扩散控制和化学反应控制。从菲克第一定律和化学反应速率的定义出发，分别建立扩散控制和化学反应控制的片状结构矿物高温反应动力学方程。

1. 扩散控制的片状结构矿物高温反应动力学方程

假设片状颗粒如图 2-52 所示，片状颗粒的长度、宽度和厚度分别为 a、b 和 x_0，其中 $a \gg x_0$，$b \gg x_0$。

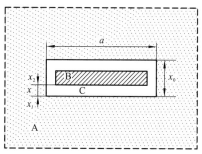

图 2-52　片状矿物焙烧反应示意图

B—反应物；C—产物；x_0—反应物初始厚度；x—产物厚度；a—反应物长度

根据菲克第一定律：

$$\frac{\mathrm{d}m}{\mathrm{d}t} = DS\frac{\mathrm{d}c}{\mathrm{d}x} \tag{2-60}$$

式中：m 为质量；t 为时间；c 为产物的浓度；D 为扩散系数；S 为反应时的接触面积，S 的表达式为

$$S = 2ab + 2a(x_0 - x) + 2b(x_0 - x) \tag{2-61}$$

因为 $a \gg x_0$，$b \gg x_0$，且 $x_0 > x$

故 $a \gg x$，$b \gg x$，则 S 可表示为

$$S = 2ab \tag{2-62}$$

由于反应为扩散控制，认为化学反应速度远远大于扩散速度，因此产物在 x_1 和 x_2 处的浓度分别为 100% 和 0。

则式（2-60）可改写为

$$\frac{\mathrm{d}m}{\mathrm{d}t} = DS\frac{1}{x} \tag{2-63}$$

又因为

$$\mathrm{d}m = \rho[2ab\mathrm{d}x + 2a(x_0 - 2\mathrm{d}x) + 2b(x_0 - 2\mathrm{d}x)] = 2ab\rho\mathrm{d}x \tag{2-64}$$

故式（2-63）可写为

$$\frac{2ab\rho\mathrm{d}x}{\mathrm{d}t} = D \cdot 2ab \cdot \frac{1}{x} \tag{2-65}$$

$$\rho x\mathrm{d}x = D\mathrm{d}t \tag{2-66}$$

初始条件为 $x=0$，$t=0$，式（2-66）两边同时积分，可得

$$\int_0^x \rho x\mathrm{d}x = \int_0^t D\mathrm{d}t \tag{2-67}$$

$$x = \sqrt{\frac{2D}{\rho}t} \tag{2-68}$$

片状矿物颗粒的初始体积为

$$V_1 = abx_0 \tag{2-69}$$

时间 t 后未反应部分的体积为

$$V_2 = (a-2x)(b-2x)(x_0-2x) = ab(x_0-2x) \tag{2-70}$$

反应部分（产物）的体积为

$$V = ab(x_0 - x_0 + 2x) = 2abx \tag{2-71}$$

转化率为

$$G = \frac{V}{V_1} = \frac{2abx}{abx_0} = \frac{2x}{x_0} \tag{2-72}$$

$$x = \frac{Gx_0}{2} \tag{2-73}$$

将式（2-68）代入式（2-73），可得

$$G^2 = \frac{8D}{\rho x_0} t \tag{2-74}$$

令 $k = \dfrac{8D}{\rho x_0}$，则扩散控制的片状结构矿物的高温反应动力学方程为

$$F(G) = G^2 = kt \tag{2-75}$$

针对钒页岩固相反应体系，可用钒的浸出率表示焙烧过程的转化率 G。此外，在某些特定情况下，当钒页岩进行了预先脱碳时，由于部分钒在预焙烧过程已经发生了转化，因此在计算焙烧过程中钒的转化率时，应将脱碳预焙烧过程钒的转化率去除，则式（2-75）应引入修正系数：

$$F(G) = (G-g)^2 = kt \tag{2-76}$$

式中：g 为脱碳预焙烧过程中钒的转化率。以某典型云母型钒页岩为例，脱碳样未焙烧直接浸出时钒的浸出率为 4.32%，即 g 的取值为 4.32%。将 g 代入式（2-76）为

$$F(G) = (G-0.043\ 2)^2 = kt \tag{2-77}$$

2. 化学反应控制的片状结构矿物高温反应动力学方程

对于一般的固相反应，其反应的速度方程可表示为

$$\frac{\mathrm{d}G}{\mathrm{d}t} = K_n S (1-G)^n \tag{2-78}$$

式中：G 为转化率；t 为时间；K_n 为速度常数；S 为接触面积；n 为反应级数。

将式（2-62）代入式（2-78）中，得

$$(1-G)^{-n} \mathrm{d}G = K_n \cdot 2ab \cdot \mathrm{d}t \tag{2-79}$$

初始条件为 $G=0$，$t=0$，式（2-79）两边同时积分，可得

$$\int_0^G (1-G)^{-n} \mathrm{d}G = \int_0^t K_n \cdot 2ab \cdot \mathrm{d}t \tag{2-80}$$

当 $n=1$ 时

$$F(G) = -\ln(1-G) = K_n \cdot 2ab \cdot t \tag{2-81}$$

当 $n \neq 1$ 时

$$F(G) = \frac{1}{1-n} - \frac{(1-G)^{1-n}}{1-n} = K_n \cdot 2ab \cdot t \tag{2-82}$$

令 $k = K_n \cdot 2ab$，则化学反应控制的片状结构矿物高温反应动力学方程为

当 $n=1$ 时

$$F(G) = -\ln(1-G) = kt \tag{2-83}$$

当 $n \neq 1$ 时

$$F(G) = \frac{1}{1-n} - \frac{(1-G)^{1-n}}{1-n} = kt \tag{2-84}$$

去除钒页岩脱碳预焙烧过程的钒转化率（以某云母型钒页岩为例，脱碳预焙烧过程钒的转化率为 4.32%），则修正后的化学反应控制的片状结构矿物高温反应动力学方程为

当 $n=1$ 时

$$F(G) = -\ln(1.043\,2 - G) = kt \tag{2-85}$$

当 $n \neq 1$ 时

$$F(G) = \frac{1}{1-n} - \frac{(1.0432 - G)^{1-n}}{1-n} = kt \tag{2-86}$$

2.4.2　无焙烧介质参与的钒页岩高温反应动力学

无介质参与的钒页岩高温反应过程的动力学曲线如图 2-53 所示，该过程可划分为反应初期和反应中后期，两个时间段中钒浸出率与焙烧时间呈现不同斜率的变化趋势。

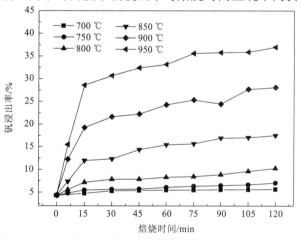

图 2-53　无介质参与的钒浸出率与焙烧温度、焙烧时间的关系

根据扩散控制的片状结构矿物高温反应动力学方程式（2-77），若焙烧过程为扩散控制，则浸出率的平方 $(G-4.32)^2$ 与反应时间 t 呈线性关系。图 2-53 中反应中后期原始数据 $(G-4.32)^2$-t 曲线的线性拟合结果列入表 2-10，$(G-4.32)^2$ 与 t 之间的关系见图 2-54。

表 2-10　无介质参与下钒页岩焙烧过程动力学研究线性拟合计算表

温度/ ℃	化学反应控制阶段					扩散控制阶段		
	t /min	n	R^2	k /min^{-1}	R^2	t /min	k /min^{-1}	R^2
700	0～30	−0.035	0.979 3	0.032 6	0.991 1	30～120	0.008 69	0.980 8
750	0～15	−0.005 8	0.980 9	0.076 9	0.999 9	15～120	0.056 1	0.972 9

温度/ ℃	化学反应控制阶段					扩散控制阶段		
	t /min	n	R^2	k /min^{-1}	R^2	t /min	k /min^{-1}	R^2
800	0～15	−0.036	0.988 7	0.189	0.999 9	15～120	0.233	0.981 3
850	0～15	−0.080	0.968 1	0.509	0.999 9	15～120	1.181	0.977 4
900	0～15	−0.033	0.984 9	0.977	0.955 3	15～120	3.117	0.957 6
950	0～15	−0.087	0.994 8	1.604	0.990 6	15～120	4.457	0.982 1

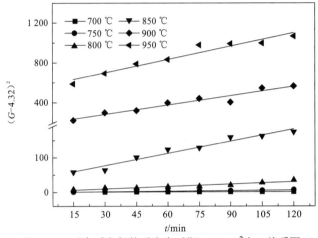

图 2-54　无介质参与的反应中后期$(G\text{-}4.32)^2$与 t 关系图

在反应中后期，$(G\text{-}4.32)^2$与 t 有较好的线性相关性，该时间段反应控制类型为扩散控制。化学反应控制的片状结构矿物高温反应动力学方程式（2-85）和（2-86），在确定反应初期是否受化学反应控制前，首先应确定反应级数 n。反应级数的确定采用微分法，式（2-78）两边同时取对数，得

$$\ln(\mathrm{d}G/\mathrm{d}t)=\ln(K_n \cdot 2ab)+n\ln(1\text{-}G) \qquad （2\text{-}87）$$

通过对 $G\text{-}t$ 曲线作切线，可以得到 $\mathrm{d}G/\mathrm{d}t$ 的值；再对 $\ln(\mathrm{d}G/\mathrm{d}t)\text{-}\ln(1\text{-}G)$ 曲线进行线性拟合，所得斜率即为反应级数 n。不同温度下无介质焙烧过程的反应级数结果见表 2-10。

700 ℃、750 ℃、800 ℃、850 ℃、900 ℃和 950 ℃焙烧温度下的反应级数分别为−0.035、−0.005 8、−0.036、−0.080、−0.033 和 0.087，此处可视为零级反应，适用于化学反应控制的片状结构矿物高温反应动力学方程式（2-86），反应级数 n 取整为 0。则化学反应控制的动力学方程式为

$$F(G)=G\text{-}4.32=kt \qquad （2\text{-}88）$$

反应初期的$(G\text{-}4.32)\text{-}t$ 曲线的线性拟合结果如表 2-10 所示，$(G\text{-}4.32)$与 t 之间的关系见图 2-55。

在反应初期，$(G\text{-}4.32)$与 t 有较好的线性相关性，该时间段的控制为化学反应控制。根据阿伦尼乌斯（Arrhenius）方程：

$$k=Ae^{-E_a/RT} \qquad （2\text{-}89）$$

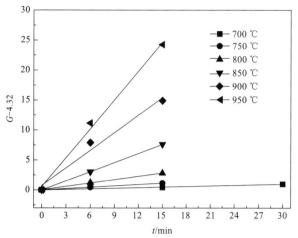

图 2-55 无介质参与的反应初期(G-4.32)与 t 关系图

式中：k 为反应速率常数；A 为指前因子；E_a 为表观活化能，kJ/mol；R 为气体常数，J/（mol·K）；T 为焙烧温度，K。

式（2-89）两边同时取对数，得

$$\ln k = -\frac{E_a}{R} \cdot \frac{1}{T} + \ln A \qquad (2\text{-}90)$$

将不同的焙烧温度及表 2-10 中对应的 k 值代入式（2-90）中，得到 $\ln k - 1/T$ 关系图（图 2-56），线性拟合得到直线的斜率，即为无添加剂焙烧过程扩散控制和化学反应控制两个阶段的表观活化能 E_a。

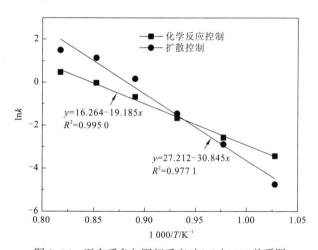

图 2-56 无介质参与固相反应时 $\ln k$ 与 $1/T$ 关系图

化学反应控制和扩散控制阶段的斜率分别为-19.185 和-30.845，根据式（2-90）计算出化学反应控制和扩散控制阶段的表观活化能分别为 159.50 kJ/mol 和 256.45 kJ/mol。扩散控制的表观活化能大于化学控制的表观活化能。对于无介质参与的高温固相反应体系，反应过程的扩散传质是影响钒转化效率的控制因素。钒的转化效果与焙烧过程的富氧环境及颗粒孔隙发达程度密切相关。

2.4.3　焙烧介质参与的钒页岩高温反应动力学

焙烧介质（NaCl 和 Na$_2$SO$_4$）参与的钒页岩高温反应动力学曲线如图 2-57 所示。

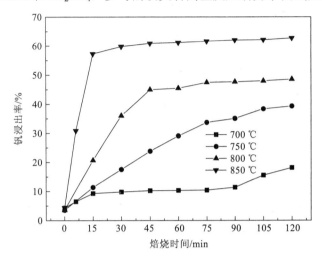

图 2-57　焙烧介质（NaCl 和 Na$_2$SO$_4$）参与的钒浸出率与焙烧温度、焙烧时间的关系

根据反应动力学方程式（2-77），若反应过程受扩散控制，则$(G-4.32)^2$ 与 t 呈线性关系。当 700 ℃焙烧时间为 15～90 min、750 ℃焙烧时间为 75～120 min、800 ℃焙烧时间为 45～120 min 和 850 ℃焙烧时间为 15～120 min 时，$(G-4.32)^2$ 与 t 具有良好的线性相关性，相关性系数 R^2 均大于 0.95，由表 2-11 和图 2-58 示出。各温度对应的时间段内反应的控制类型均为扩散控制。

表 2-11　焙烧介质参与的钒页岩焙烧过程动力学研究线性拟合计算表

温度/ ℃	化学反应控制阶段					扩散控制阶段		
	t /min	n	R^2	k /min^{-1}	R^2	t /min	k /min^{-1}	R^2
700	0～15	-0.025	0.987 8	0.329	0.996 2	15～90	0.281	0.848 2
	90～120	2.91	0.874 0	4.74×10^{-7}	0.977 7			
750	0～75	1.18	0.990 5	0.002 76	0.999 7	75～120	13.121	0.932 1
800	0～45	0.93	0.884 6	0.020 8	0.994 9	45～120	6.244	0.876 4
850	0～15	0.54	0.995 6	0.451	0.992 2	15～120	4.787	0.798 8

700 ℃时，焙烧介质参与的反应，受化学控制的两个阶段分别为 0～15 min 和 90～120 min，反应级数分别为-0.025 和 2.91（为便于计算，0～15 min 阶段的反应级数 n 取整为 0）。根据反应动力学方程式（2-86），700 ℃时化学反应控制的两个阶段动力学方程式分别为

0～15 min 反应时间段：

$$F(G) = G - 4.32 = kt \tag{2-91}$$

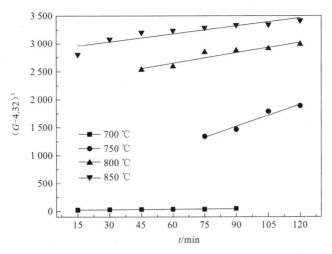

图 2-58　焙烧介质参与固相反应时 $(G-4.32)^2$ 与 t 关系图

90～120 min 反应时间段：

$$F(G) = -0.52 + 0.52(104.32 - G)^{-1.91} = kt \qquad (2-92)$$

750 ℃时的反应级数为 1.18，代入式（2-86），则其化学反应控制的动力学方程为

$$F(G) = -5.56 + 5.56(104.32 - G)^{-0.18} = kt \qquad (2-93)$$

800 ℃时的反应级数为 0.93，代入式（2-88），则其化学反应控制的动力学方程为

$$F(G) = 15.15 - 15.15(104.32 - G)^{0.066} = kt \qquad (2-94)$$

850 ℃时的反应级数为 0.54，代入式（2-86），则其化学反应控制的动力学方程为

$$F(G) = 2.17 - 2.17(104.32 - G)^{0.46} = kt \qquad (2-95)$$

各温度下的 $F(G)$-t 曲线的线性拟合结果见表 2-11，$F(G)$ 与 t 关系图如图 2-59 所示。在各反应温度下的相应焙烧时间范围内，$F(G)$ 与 t 存在良好的线性相关性，相关系数 R^2 均大于 0.99，各温度对应时间段内反应的控制均为化学反应控制。

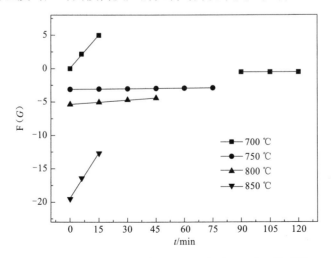

图 2-59　焙烧介质参与高温固相反应时 $F(G)$ 与 t 关系图

当反应温度为 700 ℃时，化学控制在 0~15 min 内，反应级数为 0，其反应速率不受添加剂用量的影响。随着温度的升高，初期反应级数增大（表 2-11），焙烧介质对钒页岩固相反应影响增强，在一定范围内升高温度，有利于钒的钠化转化。700 ℃化学控制在 90~120 min 内，反应级数为 2.91，表示后期反应速率逐渐降低。

图 2-60 中化学反应控制和扩散控制阶段的拟合直线斜率分别为-95.749 和 11.664，表观活化能分别为 796.06 kJ/mol 和-96.97 kJ/mol。钒页岩的高温固相反应为复杂非基元反应，其表观活化能是各基元反应的活化能的代数和。焙烧介质参与的钒页岩高温固相反应过程扩散控制阶段的表观活化能为负值，表明随着温度的升高，钒页岩的固相反应体系愈加复杂。同时，焙烧介质的引入，也容易诱导硅束缚发生，大量液相生成包裹钒页岩颗粒，阻碍反应物和产物的扩散。

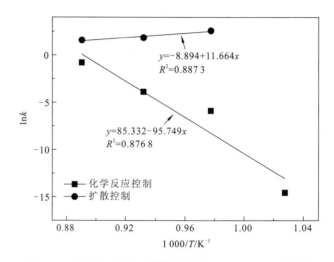

$y = -8.894 + 11.664x$
$R^2 = 0.8873$

$y = 85.332 - 95.749x$
$R^2 = 0.8768$

■ 化学反应控制
● 扩散控制

图 2-60　焙烧介质参与高温固相反应时 $\ln k$ 与 $1/T$ 关系图

参 考 文 献

韩诗华，张一敏，包申旭，等，2012. 湖北某高钙低品位含钒石煤钠化焙烧研究[J]. 金属矿山，41（9）：83-86.

胡杨甲，2012. 高钙云母型含钒页岩焙烧及浸出机理研究[D]. 武汉：武汉理工大学.

陆岷，张一敏，刘涛，等，2009. 石煤提钒钠化焙烧中烧结现象的研究[J]. 稀有金属，33（6）：894-897.

新疆非金属矿山设计院，1977. 云母[M]. 北京：中国建筑工业出版社.

袁益忠，2017. 外场微波选择性热效应下页岩钒提取工艺及机理研究[D]. 武汉：武汉科技大学.

赵杰，张一敏，黄晶，等，2013. 石煤空白焙烧-加助浸剂酸浸提钒工艺研究[J]. 稀有金属，37（3）：446-452.

赵云良，2014. 低品级云母型含钒页岩焙烧过程的理论研究[D]. 武汉：武汉理工大学.

Chemical Book，CAS 数据库列表，CAS：1309-37-1[DB/OL].[2018-07-25]http：//www.chem-icalbook.com/CAS_1309-37-1.htm.

Chemical Book，CAS 数据库列表，CAS：73018-51-6[DB/OL].[2018-07-25]http：//chem-icalbook.com/CAS_73018-51-6.htm.

Chemical Book，CAS 数据库列表，CAS：7631-86-9[DB/OL].[2018-07-25]http：//www.chem-icalbook.com/CAS_7631-86-9.htm.

DEVIA M，WILKOMIRSKY I，PARRA R，et al，2012. Roasting kinetics of high-arsenic copper concentrates：A review[J]. Minerals and Metallurgical Processing，29（2）：121-128.

DYK J，MELZER S，SOBIECKI A，2006. Mineral matter transformation during Sasol-Lurgi fixed bed dry bottom gasification-utilization of HT-XRD and FactSage modelling[J]. Minerals Engineering，19（10）：1126-1135.

FENG Y L，CAI Z L，LI H R，et al，2013. Fluidized roasting reduction kinetics of low-grade pyrolusite coupling with pretreatment of stone coal[J]. International Journal of Minerals，Metallurgy and Materials，20（3）：221-227.

HEUKELMAN S，GROOT D，2011. Fluidized bed roasting of micro pelletized zinc concentrate：Part I-pellet strength and roasting kinetics[J]. Journal of the South African Institute of Mining and Metallurgy，111（11）：759-766.

HU Y J，ZHANG Y M，BAO S X，et al，2012. Effects of the mineral phase and valence of vanadium on vanadium extraction from stone coal[J]. International Journal of Minerals，Metallurgy and Materials，19（10）：893-898.

RAFAEL P，ALVARO A，MARIA C R，2012. Reaction mechanism and kinetics of enargite oxidation at roasting temperatures[J]. Metallurgical and Materials Transactions B，43（5）：1119-1126.

SONG W，TANG L，ZHU X，et al，2010. Effect of coal ash composition on ash fusion temperatures[J]. Energy Fuels，24（1）：182-189.

ZENG L，LI Q G，XIAO L S，2009. Extraction of vanadium from the leach solution of stone coal using ion exchange resin [J]. Hydrometallurgy，97（3-4）：192-197.

ZHAO Y L，ZHANG Y M，BAO S X，et al，2014. Effect of stone coal chemical composition on sintering behavior during roasting [J]. Industrial & Engineering Chemistry Research，53（1）：157-163.

ZHAO Y L，ZHANG Y M，BAO S X，et al，2013. Calculation of mineral phase and liquid phase formation temperature during roasting of vanadium-bearing stone coal using FactSage software[J]. International Journal of Mineral Processing，124：150-153.

第3章 钒页岩的溶液化学

钒页岩浸出过程是非均相体系下的复杂溶液化学反应过程。浸出过程钒的液相迁移规律及强化溶出的机理机制是页岩钒浸出过程理论研究的重要内容。本章基于钒页岩的溶液化学反应原理,分别从钒云母溶解行为、溶液化学反应热力学和动力学及含钒云母结构弛豫等方面论述浸出过程钒的液相迁移规律与强化钒溶出的机理机制。

3.1 酸性体系钒云母溶解行为

钒页岩浸出体系可分为酸性体系、碱性体系和中性体系。酸性体系是目前页岩提钒广泛采用的浸出体系。原生型钒页岩的浸出过程不是简单的物理溶解,多伴随有复杂两相化学反应,因此通常要求一定的浸出温度、压力和酸碱度。浸出温度的高低是钒页岩中含钒云母溶解速率快慢的关键因素之一。水的沸点温度(100 ℃)是浸出过程中温度场的一个重要分界点,常压浸出体系下温度场一般处于25~100 ℃;加压浸出体系下温度场通常大于100 ℃。本节详细研究了常压浸出和加压浸出过程中酸性体系含钒云母的溶解行为和云母钒在酸性介质中的迁移规律。

3.1.1 常压酸浸体系

原生型钒页岩中的钒通常以晶格取代的形式赋存于云母类矿物中,其特征元素主要为V、Al、K和Si。此类钒受到云母结构的晶格束缚,其提取难度大,常压浸出前须对原矿进行高温焙烧,以活化云母结构。以云母型钒页岩焙烧样为研究对象(工业现场沸腾炉焙烧制度:焙烧温度750~850 ℃和焙烧时间50~60 s),详细讨论了常压酸性体系中不同浸出温度和硫酸浓度(体积分数)下V、Al、K和Si的浸出行为。

由图3-1和图3-2可以看出,浸出温度和硫酸浓度对V、Al和K的溶出行为影响较

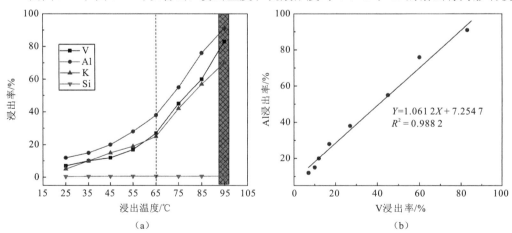

（a）   （b）

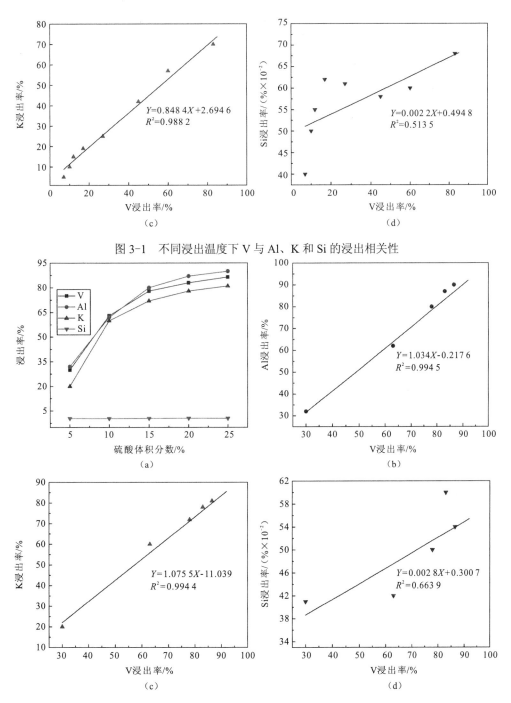

图 3-1 不同浸出温度下 V 与 Al、K 和 Si 的浸出相关性

图 3-2 不同硫酸浓度下 V 与 Al、K 和 Si 的浸出相关性

大,对 Si 的溶出影响不明显。具体表现在当温度处于 25～65 ℃时,V、Al 和 K 的浸出率平缓增长;当温度大于 65 ℃时,V、Al 和 K 浸出率的增长速率明显加快,温度为 95 ℃时,V、Al 和 K 的浸出率达到最大值。V、Al 和 K 的浸出率则随着酸浓度的增加而升高。在不同浸出温度和硫酸浓度下,V 与 Al 和 K 的浸出相关性系数均大于 0.98,V、Al 和 K 在浸

出过程具有同步性；V 与 Si 的浸出相关性系数均小于 0.70，V 与 Si 的浸出相关性较差。

钒页岩浸出前后的物相和颗粒形貌亦产生明显变化（图 3-3）。浸出渣中云母的衍射峰消失，石英衍射峰在浸出前后无变化。在酸性体系中云母结构发生溶解，而石英可以稳定存在。浸出前的云母颗粒整体表面相对平整、光滑，浸出后渣中云母颗粒表面变得凹凸不平，出现裂纹和孔隙。云母颗粒表面产生明显的腐蚀痕迹，表面裂缝和孔隙的形成能够有效改善 V、Al 和 K 特征元素的传质过程。

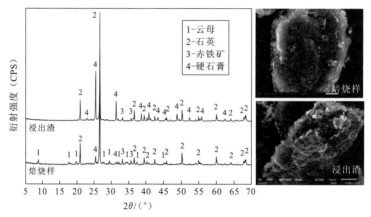

图 3-3　焙烧样和浸出渣的物相与形貌

焙烧样和酸浸渣的表面元素组成如图 3-4 所示。与焙烧样相比，浸出渣颗粒表面 Al、K 含量明显降低，而 Si 含量基本维持稳定。常压酸浸后云母颗粒表面金属元素 Al 和 K 逐渐被溶出，Si 最终残留于颗粒表面，使云母颗粒表面形成了粗糙多孔的高 Si 产物层。

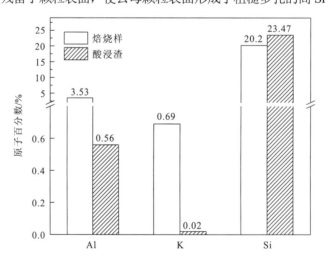

图 3-4　焙烧样和酸浸渣的表面元素组成

图 3-5 示出的钒页岩中各矿物的红外特征吸收峰主要有：462 cm^{-1}（峰 1）处吸收峰归属石英 Si—O 弯曲振动与云母 Si—O—Si 弯曲振动叠加峰，514 cm^{-1}（峰 2）处吸收峰归属 Si—O 伸缩振动峰，595 cm^{-1} 和 694 cm^{-1}（峰 3 和 4）处吸收峰归属 SO_4^{2-} 的基团自振动，778 cm^{-1} 和 798 cm^{-1}（峰 5 和 6）处吸收峰归属于 Si—O、Si—O—Si 伸缩振动峰，876 cm^{-1}（峰 7）处吸收峰归属 OH 面外摆动弱吸收峰，1 082 cm^{-1}（峰 8）及 1 152 cm^{-1}

（峰9）处吸收峰归属 Si—O—Si 伸缩振动峰，1 425 cm^{-1}（峰 10）处归属 CO_3^{2-} 的伸缩振动峰，1 622 cm^{-1}（峰 11）和 3 424 cm^{-1}（峰 12）处吸收峰归属吸附水的伸缩振动和弯曲振动，3 643 cm^{-1}（峰 13）处吸收峰归属 OH 伸缩振动，属于 Al_2OH 振动。浸出后，云母晶格中羟基在浸出过程脱除，铝氧八面体失去稳定性，结构被破坏，此时 876 cm^{-1} 和 3 643 cm^{-1} 处吸收峰消失。1 152 cm^{-1} 处吸收峰的出现在一定程度上反映云母 Si—O 四面体结构发生调整。因此，在常压酸浸体系中，云母结构发生主要的变化是羟基的脱除、八面体结构的溶解和四面体结构的变形调整。

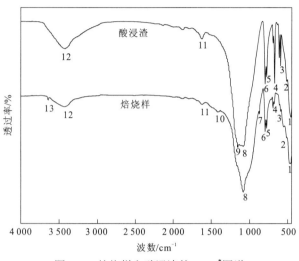

图 3-5　焙烧样和酸浸渣的 FTIR* 图谱

3.1.2　氧压酸浸体系

氧压酸浸体系中含钒云母的溶解速度受到浸出温度、硫酸浓度和氧分压等因素的控制，其特征元素 V、Al、K 和 Si 的浸出行为亦随之变化。随着浸出温度的升高（图 3-6），

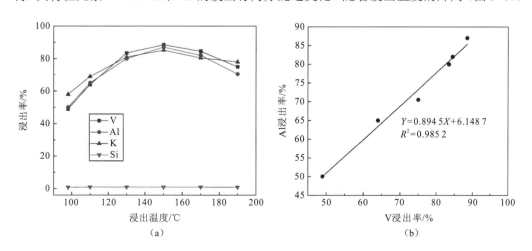

（a）　　　　　　　　　　（b）

---

* FTIR 为傅里叶变换红外光谱（Fourier transform infrared spectroscopy）的英文缩写，后同。

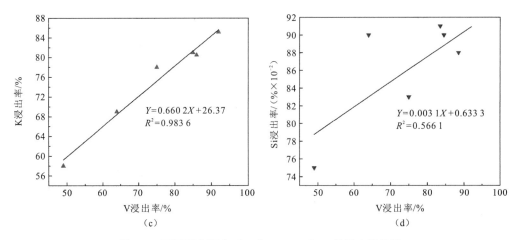

图 3-6　不同浸出温度下 V 与 Al、K 和 Si 的浸出相关性

V、Al 和 K 浸出率均呈现先增加后降低的趋势，当浸出温度为 150 ℃时，V、Al 和 K 的浸出率均达到最大值，Si 的浸出率始终维持在小于 1%的水平。V、Al 和 K 的浸出相关性良好，其浸出相关性系数均大于 0.98。V 与 Si 的浸出相关性较差，浸出相关性系数仅为 0.566 1，这是由云母类矿物在酸性溶液中异成分溶解所致。

如图 3-7 所示，随着浸出温度的增加，方解石溶解所产生的硬石膏衍射峰无明显变化，云母各晶面的衍射峰逐渐模糊，同时伴随黄铁矿的衍射峰消失，无含铁的新物相生成。当浸出温度超过 150 ℃后，明矾石$[KAl_3(SO_4)_2(OH)_6]$的特征衍射峰出现。

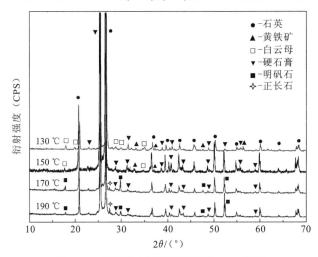

图 3-7　不同浸出温度下酸浸渣 XRD 图谱

随着云母的溶解，水溶液中 Al^{3+} 浓度升高，当浸出温度超过明矾石开始生成的温度时，Al^{3+}发生水解反应，形成明矾石$[KAl_3(SO_4)_2(OH)_6]$（式 3-1）。在浸出温度低于 150 ℃时，云母主要晶面的衍射峰仍存在，此温度范围内云母仍保持较为完整的晶体结构。

$$3Al^{3+}+6H_2O+2SO_4^{2-}+K^+ === KAl_3(SO_4)_2(OH)_6\downarrow+6H^+ \tag{3-1}$$

反应温度的升高，使云母颗粒界面破坏程度增大，颗粒孔隙和裂缝增多，并伴随有反应产物明矾石$[KAl_3(SO_4)_2(OH)_6]$的出现，见图 3-8。130 ℃酸浸渣中云母呈层状大块颗粒，表面较完整、光滑，孔洞和缝隙较少。150 ℃酸浸渣中层状的大块云母颗粒表面变得粗糙且凹凸不平，出现了许多微小孔洞，此时云母颗粒与 H^+的界面反应增强。170 ℃酸浸渣中大块云母颗粒表面产生明显裂缝，并出现了许多薄片状的碎屑，为云母层间阳离子溶出后形成的结构单元层薄片。在其附近还观察到明矾石$[KAl_3(SO_4)_2(OH)_6]$。

(a)　　　　　　　　(b)　　　　　　　　(c)

图 3-8　酸浸渣 SEM 图

(a) 130 ℃；(b) 150 ℃；(c) 170 ℃

如图 3-9 所示，随着硫酸浓度的升高，V、Al 和 K 的浸出率显著增加；当硫酸浓度大于 20%时，V、Al 和 K 的浸出率已开始趋于平衡，Si 在较高的硫酸浓度下仍几乎不被溶出，与常压酸浸体系的趋势变化类似。

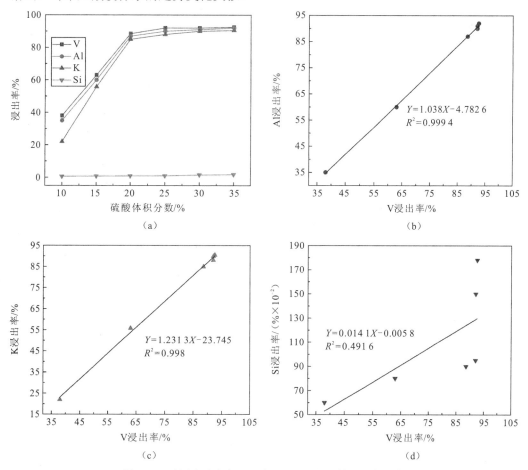

(a)

(b)

(c)

(d)

图 3-9　不同硫酸浓度下 V 与 Al、K 和 Si 的浸出相关性

不同硫酸浓度下酸浸渣的物相组成，见图 3-10。提高硫酸浓度，可加快 H^+ 交换反应速率。随着硫酸浓度的增加，云母主要晶面的衍射峰逐渐消失，当硫酸体积分数为 20 %时，酸浸渣中已不存在具有完整晶体结构的云母，云母结构基本被瓦解。

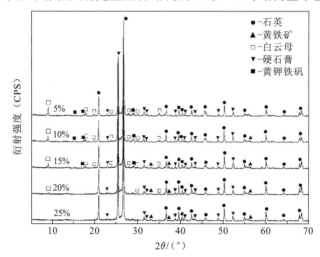

图 3-10　不同硫酸浓度下酸浸渣 XRD 图谱

酸浸渣中含铁物相也发生了一系列变化。随着硫酸浓度增加，黄铁矿衍射峰消失后再次出现。当硫酸浓度为 5%时，黄钾铁矾 $[KFe_3(SO_4)_2(OH)_6]$ 的特征衍射峰出现，此时酸浸渣中含铁物相为黄钾铁矾；提高硫酸浓度至 10%～15 %，酸浸渣中含铁物相变为黄钾铁矾和黄铁矿。当硫酸浓度超过 15 %后，黄钾铁矾相消失，此时酸浸渣中含铁物相仅为黄铁矿。

低酸度环境下 Fe^{3+} 水解生成黄钾铁矾（式 3-2），黄铁矿的氧化反应式（3-3）平衡右移，强化了黄铁矿的溶解；而高酸度环境虽然增强了黄铁矿的溶解，但由于低 pH 值下 Fe^{3+} 不易发生水解反应，在反应式（3-3）达到平衡后残余黄铁矿难以继续溶解而留在酸浸渣中。

$$3Fe^{3+}+6H_2O+2SO_4^{2-}+K^+ === KFe_3(SO_4)_2(OH)_6+6H^+ \qquad (3-2)$$

$$\begin{cases} 4FeS_2+2O_2+4H^+ === 4Fe^{3+}4S_2O_3^{2-}+2H_2O \\ S_2O_3^{2-} === S^0+SO_3^{2-} \\ SO_3^{2-}+2Fe^{3+}+H_2O === SO_4^{2-}+2Fe^{2+}+2H^+ \end{cases} \qquad (3-3)$$

硫酸浓度的升高给云母颗粒的表面腐蚀形貌带来更为直观的变化（图 3-11）。当硫酸浓度为 5%时，云母表面附着有近似八面体的晶体颗粒，该晶体物质为黄钾铁矾，这时的云母表面较平整。当硫酸浓度为 20%时，云母颗粒表面的凸起和凹角增多，局部区域发生片状脱落，表面变得粗糙。当硫酸浓度为 25 %时，云母颗粒层状结构大面积片状脱落，表面产生了明显的层状结构侵蚀。因此，随着硫酸浓度的增大，云母颗粒由表及里发生层状结构的逐层剥落，裸露出更多的新鲜表面，云母的溶解增强。

氧分压对 V、Al、K 和 Si 的浸出影响较弱，如图 3-12 所示。随着氧分压从 0 MPa 提高至 2.5 MPa，V 浸出率由 83.3%缓慢上升至 89.2%，Al 浸出率由 81.3%缓慢上升至 87.5%，K 浸出率由 80.3%缓慢上升至 86.3%，此时，Si 的浸出率保持在 0.9%左右，基本不被溶出。当氧分压超过 2.0 MPa 时，V、Al 和 K 的浸出率基本趋于稳定，在一定范围内，增大氧分压，有助于 V 的溶解。

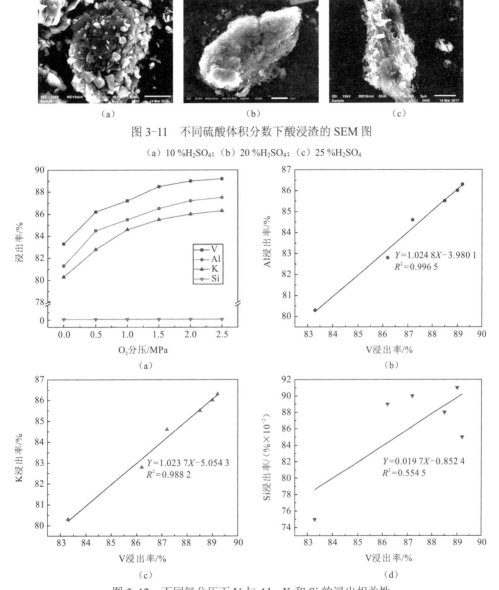

图 3-11　不同硫酸体积分数下酸浸渣的 SEM 图

（a）10 %H$_2$SO$_4$；（b）20 %H$_2$SO$_4$；（c）25 %H$_2$SO$_4$

图 3-12　不同氧分压下 V 与 Al、K 和 Si 的浸出相关性

如图 3-13 所示，随着氧分压的升高，云母的特征衍射峰未出现明显变化，但由于溶解氧可直接参与黄铁矿的溶解反应，黄铁矿的特征衍射峰逐渐消失。提高氧分压能够促进黄铁矿的溶解，但对云母结构的直接破坏作用较弱。

氧压酸浸过程涉及气、液、固之间的复杂反应，但氧气并不是以气态直接参与反应，而是溶解于溶液中形成溶解氧，溶解氧直接参加反应。根据亨利定律：

$$P_{O_2} = 0.101 \times H_{O_2} \times [O_2(aq)] \tag{3-4}$$

式中：P_{O_2} 为气相中 O$_2$ 的平衡压力，MPa；[O$_2$(aq)]为溶液中 O$_2$ 的平衡浓度，mol/L；H_{O_2}

为亨利常数，$MPa \cdot mol^{-1} \cdot L$。

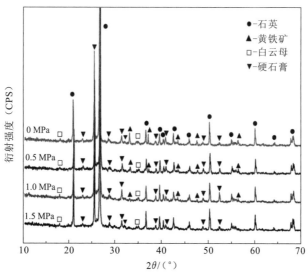

图 3-13　不同氧分压下酸浸渣 XRD 图谱

　　氧分压的增大提高了溶液中 O_2 的平衡浓度。溶解氧$[O_2(aq)]$的平衡浓度越大，体系的氧化还原电位越高，继而影响反应速率（Huggins M 等，1946）。由于黄铁矿在低 pH 下能够与 $O_2(aq)$、H^+ 反应产生 Fe^{3+}，提高 $O_2(aq)$平衡浓度能够增强 Fe 的浸出。V（III）以类质同象取代云母八面体中心原子，云母中钒的配位数为 6。当正负离子配位数为 6 时，正、负离子半径之比 $r+/r-=0.414$ 时，晶体结构实现最紧密排列；随着正离子半径的增大，当 $r+/r->0.732$ 时，晶体的配位数由 6 转为 8，即当 $r+/r->0.732$ 时，配位数为 6 的晶体结构不稳定。因此，V 离子的价态越高，其离子半径越小。随着 V 价态的升高，V 所在的八面体结构稳定性变差，V 更容易从所在的晶格点位中脱离，一定程度上促进了 V 的氧化释放。

　　图 3-14 示出了不同氧分压条件下酸浸渣的化学键键合状态,酸浸渣中含钒云母的主要红外特征吸收峰如下:归属于云母结构中 Al_2OH 振动的吸收峰位于 3 602～3 614 cm^{-1}；

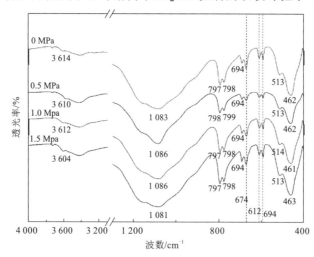

图 3-14　不同氧分压下酸浸渣 Mid-FTIR 图谱

归属于云母结构中 Si—O 键伸缩振动的吸收峰分别位于 1 081~1 086 cm^{-1} 和 694 cm^{-1}；归属于云母结构中 Si—O 键的弯曲振动的两处吸收峰分别位于 513~514 cm^{-1} 和 461~463 cm^{-1}。不同氧分压条件下，上述化学键振动的红外谱带波数位置非常相近，O_2(aq)不与云母直接发生反应，更多为 V 的浸出提供良好的氧化环境。

3.2　体系反应热力学

3.2.1　常压酸性体系反应热力学

浸出过程中硫酸电离产生的硫酸根会与钒形成新组分，从而改变各种钒溶液的热力学图谱。与其他化学反应过程类似，页岩提钒的浸出过程也可采用热力学来计算各组分间的平衡条件，获得浓度对数-pH 图、溶液离子组分图和 E_h-pH 图等热力学信息，研究 V-H_2O 和 V-S-H_2O 体系及含氟酸性体系的反应热力学。

1. V-H_2O 体系

浓度对数-pH 图是研究氧化物的溶解反应平衡、氢氧化物沉淀形成反应平衡和硫化物与酸反应等平衡问题的主要方法。在某一温度条件下，当固液两相达到平衡时，溶液中某组分的浓度也表示该组分的溶解度。如果不考虑固体与羟基络合物的一系列平衡，而只研究氧化物、氢氧化物及硫化物与溶液中金属离子的平衡，绘制的图形可以反映出部分组分的平衡情况，在热力学研究中这类图形经常使用。氧化物的溶解反应可用下列通式表示：

$$MO_{n/2}+nH^+ \Longrightarrow M^{n+}+n/2H_2O \tag{3-5}$$
$$K(MO_{n/2}) = [M^{n+}]/[H^+]^n \tag{3-6}$$

式（3-6）两边取对数，可得

$$lg[M^{n+}] = lgK(MO_{n/2})-npH \tag{3-7}$$

其中：

$$lgK(MO_{n/2}) = -\Delta G_r/2.303RT-npH \tag{3-8}$$

经计算，不同价态钒的标准吉布斯自由能见表 3-1。

表 3-1　标准状态下不同价态钒的吉布斯自由能

名称	价态	状态	$\Delta G_f^{\ominus}/$ (kJ·mol^{-1})	名称	价态	状态	$\Delta G_f^{\ominus}/$ (kJ·mol^{-1})
V	0	s	-8.619	VO_2^+	V	aq	-630.939
V^{2+}	II	aq	-174.423	VO_3^-	V	aq	-1 009.771
VO	II	s	-443.391	VO_4^{3-}	V	aq	-1 128.872
$V(OH)^+$	II	aq	-450.344	HVO_4^{2-}	V	aq	-1 188.239
V^{3+}	III	aq	-173.356	$H_2VO_4^-$	V	aq	-1 236.309
V_2O_3	III	s	-1 255.225	$V_4O_{12}^{4-}$	V	aq	-3 670.531

名称	价态	状态	$\Delta G_f^{\ominus}/(kJ \cdot mol^{-1})$	名称	价态	状态	$\Delta G_f^{\ominus}/(kJ \cdot mol^{-1})$
VO^+	III	aq	−465.315	H_3VO_4	V	aq	−1 232.473
$V(OH)_2^+$	III	aq	−762.254	$H_3V_2O_7^-$	V	aq	−2 183.873
VO^{2+}	IV	aq	−434.207	$HV_6O_{17}^{3-}$	V	aq	−5 404.201
VO_2	IV	s	−732.899	$H_2V_6O_{17}^{2-}$	V	aq	−5 410.514
$V(OH)_3^+$	IV	aq	−1 010.603	$H_2V_{10}O_{28}^{4-}$	V	aq	−8 815.374
$V(OH)^{3+}$	IV	aq	−469.453	$HV_{10}O_{28}^{3-}$	V	aq	−8 820.157

V（II）、V（III）、V（IV）和 V（V）的溶解反应热力学数据，见附表 1。据此绘制出不同价态钒的浓度与溶液 pH 之间的关系式，相应的浓度对数-pH 图如图 3-15 所示。

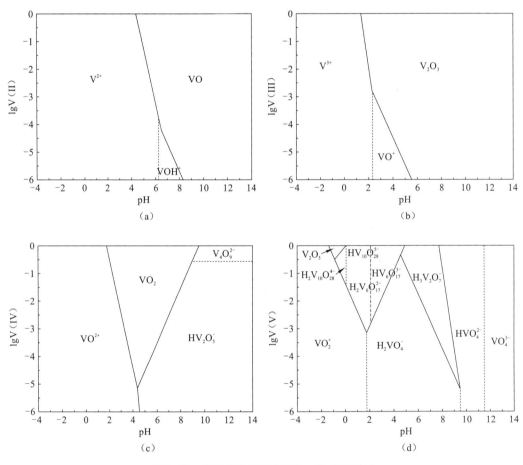

图 3-15　各价态钒的浓度对数-pH 值关系图

V（II）存在形式简单，其中 VO 是碱性氧化物，不溶于碱溶液，极易溶于酸溶液；当钒浓度低于 6 mg/L 时，在中性条件下 VO 可溶解生成 VOH^+；当钒浓度高于 6 mg/L 时，在酸性条件下 VO 可溶解生成 V^{2+}，且在强酸介质中可稳定存在[图 3-15（a）]。V_2O_3 亦是碱性氧化物，不溶于碱溶液，可溶于强酸溶液生成 V^{3+}，当钒浓度低于 102 mg/L 时，在弱

酸条件下 V_2O_3 可溶解生成 VO^+，且溶解钒浓度越低，其存在区间越大[图 3-15（b）]。VO_2 是两性氧化物，既可溶于酸溶液又可溶于碱溶液；当 pH 为 4～5 时，VO_2 的溶解度最小（0.6 mg/L）；VO_2 溶于酸溶液可生成 VO^{2+}，在酸溶液中稳定存在；在碱性条件下，当溶解钒浓度低于 13 000 mg/L 时，VO_2 以 $HV_2O_5^-$ 形式存在，但溶解钒浓度高于 13 000 mg/L 后，VO_2 以 $V_4O_9^{2-}$ 形式存在[图 3-15（c）]。

V_2O_5 为两性氧化物[图 3-15（d）]，溶解度最低为 16 000 mg/L。V_2O_5 溶解产物较为复杂，强酸性条件下溶解产物为 VO_2^+，其他条件下 V_2O_5 会溶解生成不同形式的钒氧阴离子。当溶解钒的浓度较低时，V（V）以简单的 $H_2VO_4^-$、HVO_4^{2-} 和 VO_4^{3-} 等阴离子形式存在，这是浸出液进行离子交换工艺的主要依据，阴离子交换树脂对这些钒氧阴离子具有较强的离子交换能力。当溶解的钒含量较高时，V（V）以复杂的 $V_4O_{12}^{4-}$、$H_3V_2O_7^-$、$HV_6O_{17}^{3-}$、$H_2V_6O_{17}^{2-}$ 和 $H_2V_{10}O_{28}^{4-}$ 等形式存在。在酸性条件下，这些复杂的钒氧阴离子会与铵根离子反应生成溶解度很低的各种多聚钒酸盐。

钒离子的络合性能较强，在水溶液中可以形成不同形式的酸及其盐类。当钒酸盐在水溶液中酸化时，钒酸根阴离子会发生一系列复杂的水解和聚合反应。

质子化作用：

$$VO_4^{3-} + H^+ \Longrightarrow HVO_4^{2-} \qquad (3\text{-}9)$$

聚合作用：

$$2HVO_4^{2-} \Longrightarrow V_2O_7^{4-} + H_2O \qquad (3\text{-}10)$$

钒在溶液中的聚合状态与其浓度及溶液 pH 有关。在溶液中钒的主要氧化态为 V（V）和 V（IV），溶液中钒的浓度和 pH 共同决定了钒的存在形式。V（V）的存在形式较多，其水解反应过程复杂，通常需要绘制组分图以探讨其络合物形式。V（V）与 P 的性质相似，H_3VO_4 和 H_3PO_4 均为弱三元酸，各种酸根的存在与 pH 有关。钒酸与各酸根之间有如下平衡：

$$H_3VO_4 \Longrightarrow H^+ + H_2VO_4^- \qquad (K_1 = 10^{-3.5}) \qquad (3\text{-}11)$$

$$H_2VO_4^- \Longrightarrow H^+ + HVO_4^{2-} \qquad (K_2 = 10^{-7.8}) \qquad (3\text{-}12)$$

$$HVO_4^{2-} \Longrightarrow H^+ + VO_4^{3-} \qquad (K_3 = 10^{-12.7}) \qquad (3\text{-}13)$$

采用 C_v 表示总浓度：

$$C_v = [H_3VO_4] + [H_2VO_4^-] + [HVO_4^{2-}] + [VO_4^{3-}] \qquad (3\text{-}14)$$

由上式可分别得到：$[H_3VO_4] = [VO_4^{3-}] 10^{\lg K_1 + \lg K_2 + \lg K_3 - 3pH}$，$[H_2VO_4^-] = [VO_4^{3-}] 10^{\lg K_2 + \lg K_3 - 2pH}$，$[HVO_4^{2-}] = [VO_4^{3-}] 10^{\lg K_3 - pH}$，将上式合并可得

$$C_v = [VO_4^{3-}] (1 + 10^{\lg K_1 + \lg K_2 + \lg K_3 - 3pH} + 10^{\lg K_2 + \lg K_3 - 2pH} + 10^{\lg K_3 - pH}) = [VO_4^{3-}] \Phi_{VO_4^{3-}} \qquad (3\text{-}15)$$

上式中，$\Phi_{VO_4^{3-}} = 1 + 10^{\lg K_1 + \lg K_2 + \lg K_3 - 3pH} + 10^{\lg K_2 + \lg K_3 - 2pH} + 10^{\lg K_3 - pH}$。

用上述各式计算 H_3VO_4 各组分的分布系数：

$$\delta(VO_4^{3-}) = 1/(1 + 10^{24 - 3pH} + 10^{20.3 - 2pH} + 10^{12.7 - pH}) \qquad (3\text{-}16)$$

$$\delta(HVO_4^{2-}) = (10^{12.7 - pH})/(1 + 10^{24 - 3pH} + 10^{20.3 - 2pH} + 10^{12.7 - pH}) \qquad (3\text{-}17)$$

$$\delta(H_2VO_4^-) = (10^{20.3 - 2pH})/(1 + 10^{24 - 3pH} + 10^{20.3 - 2pH} + 10^{12.7 - pH}) \qquad (3\text{-}18)$$

$$\delta(H_3VO_4) = (10^{24 - 3pH})/(1 + 10^{24 - 3pH} + 10^{20.3 - 2pH} + 10^{12.7 - pH}) \qquad (3\text{-}19)$$

其中 $\lg K_1 = 3.5$，$\lg K_2 = 7.8$，$\lg K_3 = 12.7$，$\Phi_{VO_4^{3-}} = 1 + 10^{24 - 3pH} + 10^{20.3 - 2pH} + 10^{12.7 - pH}$。

根据 $\Phi_{VO_4^{3-}}$ 计算公式得出不同 pH 下各组分的分布系数，绘制钒酸的组分分布图，结果如图 3-16 所示。含钒溶液中钒酸一般以单一或两种形式存在，而无法以两种以上形态共存。这些形态中 $H_2VO_4^-$、HVO_4^{2-} 和 VO_4^{3-} 所存在的浓度区间更宽，而 H_3VO_4 仅在溶液钒浓度较低时才存在。由 V（V）浓度-pH 关系[图 3-15（d）]可知，当溶液钒浓度较高时，强酸性条件下钒离子以 VO_2^+ 形式存在，而图 3-16 表明在溶液钒浓度较低时，强酸性条件下钒离子以 H_3VO_4 形式存在，这两者均不属于钒氧阴离子。因此采用常用的阴离子交换树脂很难对强酸性条件下的含钒溶液进行浓缩富集，一般需要保证溶液 pH 大于 2.0，才能确保 V（V）以 $H_2VO_4^-$ 形式与树脂中的阴离子基团发生交换，达到富集钒的目的。

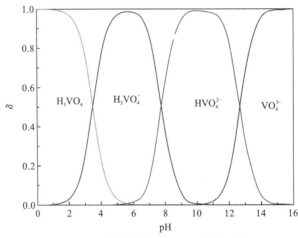

图 3-16　标准状态下 V（V）的组分图

水溶液中化学反应平衡也与反应温度、浓度、溶液 pH、氧化还原电位等参数相关，其中氧化还原电位和溶液 pH 对化学反应平衡影响最大。因此，由氧化还原电位与 pH 之间相互关系而绘制成的某一体系平衡关系图称为 E_h-pH 图。水溶液体系的平衡反应常分为有电子得失的氧化还原反应和无电子得失的非氧化还原反应，平衡状态下关系如表 3-2 所示。

表 3-2　水溶液化学反应平衡状态下关系表达式

条件	表达式
氧化还原反应	$E_h = -\dfrac{\Delta G_T^{\ominus}}{zF} - \dfrac{2.303nRT}{zF}pH - \dfrac{2.303RT}{zF}\lg\dfrac{\alpha_B^b}{\alpha_A^a}$
非氧化还原反应	$pH = -\dfrac{\Delta G_T^{\ominus}}{2.303nRT} - \dfrac{1}{n}\ln\dfrac{\alpha_B^b}{\alpha_A^a} = pH^{\ominus} - \dfrac{1}{n}\ln\dfrac{\alpha_B^b}{\alpha_A^a}$

根据表 3-2 中方程计算得到不同价态钒之间氧化还原反应化学式及 E_h-pH 关系式。V（0）-V（II）转化、V（II）-V（III）转化、V（III）-V（IV）转化和 V（IV）-V（V）转化的 E_h-pH 关系式，见附表 2。由表中的 E_h-pH 关系式可知，每一种电化学反应的电位是溶液 pH 和溶液钒浓度的函数。因此，在绘制 E_h-pH 图之前，需先确定溶解钒的浓度，由于溶液钒的浓度不同，其存在的物质种类亦有所区别。分别在溶解钒浓度为 10^{-1} 和 10^{-5} mol/L 条件下，绘制溶液 E_h-pH 图，确定各价态钒之间的氧化还原反应关系，如图 3-17 和图 3-18 所示。

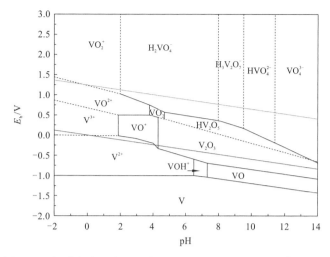

图 3-17　标准状态下含钒溶液 E_h-pH 图　（钒浓度为 10^{-5} mol/L）

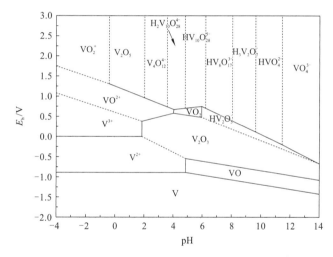

图 3-18　标准状态下含钒溶液 E_h-pH 图（钒浓度为 10^{-1} mol/L）

当溶解钒浓度较低时（图 3-17），在无 H^+ 参与的电化学反应中，通过增加其电势就可相应地氧化为高价态物质；在无电子参与的电化学反应中，通过改变溶液的 pH 也可改变同价态物质的存在形式。V（0）最容易氧化为 V（II），在酸性溶液中，通过引入介于 V（0）和 V^{2+} 电势间的物质，使其氧化成 V^{2+} 形式。在相同溶液 pH 下，通过添加合适的氧化剂，V（0）可氧化为 VOH^+ 和 VO 形式。V（II）氧化为 V（III）的过程与 V（0）氧化为 V（II）的过程相似。原生型钒页岩中钒主要以 V（III）、V（IV）和 V（V）三种价态形式存在，V（III）占 75% 以上，主要赋存于云母晶格中。采用直接酸浸，晶格中的 V（III）经过同价态之间的溶解转变，成为 VO^+ 或 V^{3+}，再在合适的氧化剂作用下氧化为 VO^{2+}。采用空白焙烧-酸浸，此时焙烧样中的钒大多以 V（IV）形式存在（非 VO_2 的形式），酸浸过程中 V（IV）可直接溶解转化为 VO^{2+}。采用复合氧化焙烧-水浸，此时焙烧样中的 V（V）占主体，以钒酸盐形式存在，经水浸转化为钒酸根离子形式。

图 3-18 可用于指导较高浓度含钒溶液的富集和沉钒过程，主要涉及 V（IV）和 V（V）。

与低浓度时的 E_h-pH 图相比，V（V）的优势区域改变，存在组分类型增多。在强酸性 pH 值条件下，钒可以通过 $V^0 \longrightarrow V^{2+} \longrightarrow V^{3+} \longrightarrow VO^{2+} \longrightarrow VO_2^+$ 的方式实现氧化过程。联合浸出（水浸-酸浸）所得浸出液 pH 约为 2，V（V）以 $V_4O_{12}^{4-}$ 形式存在，可选用离子交换树脂进行钒的富集，树脂经解吸后，解吸液 pH 大于 13，此时 V（V）以 VO_4^{3-} 形式存在。后续采用酸性铵盐沉钒时，溶液中 V（V）由 VO_4^{3-} 转变为 $V_4O_{12}^{4-}$ 形式，与铵盐反应生成低溶解度的多聚钒酸盐。强酸浸工艺所得浸出液中的钒为 V（IV），以 VO^{2+} 形式存在，通常浓度不高，适宜采用萃取工艺进行钒的富集，高浓度的反萃液中钒的价态和存在形式仍不发生改变。

2. V-S-H₂O 体系

硫酸是钒页岩酸浸过程常用的浸出介质，SO_4^{2-} 会改变溶液中钒的离子形态。通过热力学计算得出在硫酸介质中不同价态钒之间存在的化学反应平衡，见附表3。据此绘制硫酸介质中不同价态钒的浓度对数-pH图，见图3-19。

表 3-3　标准状态下硫酸介质中各物质吉布斯自由能

物种	价态	状态	$\Delta G_f^{\ominus} / (\text{kJ} \cdot \text{mol}^{-1})$
VSO_4^+	III	aq	-1 004.2
$VOSO_4$	IV	aq	-1 200.8
$VO_2SO_4^-$	V	aq	-1 337
SO_4^{2-}	—	aq	-744.63

在硫酸介质中 V（II）离子不会与 SO_4^{2-} 形成络合形式，也不会改变其在不同 pH 条件下的溶解度，也就是说采用不同类型的酸溶解 VO，其溶解条件不会改变。在硫酸介质中 V（III）、V（IV）和 V（V）均会形成新的不同形式（图 3-19），比标准状态下的组分形式具有更高的溶解度，溶解 pH 范围变宽。在硫酸介质中三种价态的钒更易溶出，其溶解平衡与溶液的 pH、阴离子 SO_4^{2-} 浓度相关，溶液中的 SO_4^{2-} 浓度越高，则钒与其形成的络合物稳定存在区间越宽，反之亦然。若含钒溶液中存在其他形式的硫酸盐，会严重影响钒的存在形式和稳定存在区间，有时甚至会导致溶液中的钒损失，例如在循环酸

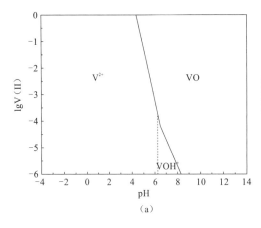

（a）

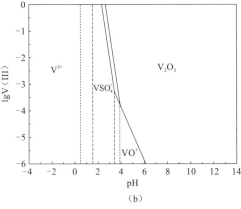

（b）

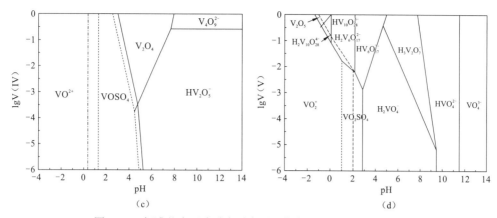

图 3-19　标准状态下硫酸介质中不同价态钒的浓度对数-pH 图

浸过程中，当达到一定的循环次数时，溶液中会有大量胶状晶体形成。该晶体为十二水合硫酸铝钾，晶体形成过程中需消耗一定量的硫酸根，而不同价态钒的硫酸络合物会混入其中参与结晶反应，最终导致溶液中的钒损失。

根据表 3-2 计算得到不同价态钒之间氧化还原反应化学式及 E_h-pH 关系。V（0）-V（II）转化、V（II）-V（III）转化、V（III）-V（IV）转化和 V（IV）-V（V）转化的 E_h-pH 关系式，见附表 4。据此绘制出钒浓度分别为 10^{-1} 和 10^{-5} mol/L 条件下各种价态钒之间的 E_h-pH 关系图，如图 3-20 和 3-21 所示。

当溶液中钒的浓度为 10^{-5} mol/L 时（图 3-20），V（III）、V（IV）和 V（V）在酸性条件下均有络合物形式存在，其稳定存在区间受溶液中硫酸根浓度的影响，通常当硫酸根浓度较高时，稳定存在区间越宽。在硫酸介质中低价钒也更易氧化成高价钒，生成溶于水溶液的硫酸氧钒类物质，因此工业生产中多采用硫酸浸出工艺。当溶液中钒的浓度为 10^{-1} mol/L 时（图 3-21），各价态钒之间的变化趋势与较低钒浓度条件下的趋势图相似，不同之处在于，V（V）的存在形式发生了明显改变。在碱性条件下，钒的存在形式与硫酸根的存在无直接关系，酸性条件下 V（V）会以 $VO_2SO_4^-$ 形式存在，其稳定存在区间随着溶液中硫酸根的浓度提高而变宽，在后续酸性铵盐沉钒中选取氯化铵而非硫酸铵沉钒，有助于提高沉钒率，缩短沉钒时间。

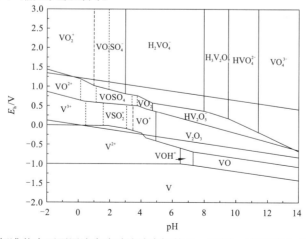

图 3-20　标准状态下不同浓度硫酸溶液中钒的 E_h-pH 图　（钒浓度为 10^{-5} mol/L）

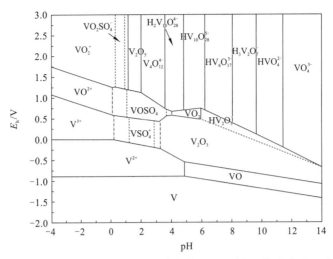

图 3-21   标准状态下不同浓度硫酸溶液中钒的 E_h–pH 图 （钒浓度为 10^{-1} mol/L）

3. 含氟酸性体系

含氟介质的引入能够改善钒的浸出效果，同时缩短浸出时间，降低酸耗。氟离子由于具有强电负性，会与钒形成更加稳定的络合离子，改变含钒云母浸出反应过程，产生一系列热力学相变。

1）实际浸出液体系中钒的离子形式

浸出液由钒页岩焙烧样在 CaF_2 质量分数 5%、硫酸浓度 20%（体积分数）、浸出温度 98 ℃、浸出时间 2 h、液固比 1.5 mL/g 的条件下浸出而得。浸出液 pH 为 0～1，其主要离子浓度如表 3-4 所示。

表 3-4   浸出液的主要离子浓度 （单位：mol/L）

Al^{3+}	Fe^{3+}	Fe^{2+}	Mg^{2+}	VO^{2+}	K^+	Na^+	SO_4^{2-}	F^-
0.465	0.03	0.039	0.13	0.03	0.145	0.008	1.37	0.411

注：后续计算过程所有离子浓度的设定均以上表为依据。

四价钒氧离子在浸出液体系下可能存在如表 3-5 中的平衡。

表 3-5   钒氧离子在浸出液中存在的平衡反应及平衡常数

平衡反应	log K
$VO^{2+} + SO_4^{2-} \Longrightarrow VOSO_4$	2.45
$VO^{2+} + F^- \Longrightarrow VOF^+$	3.34
$VO^{2+} + 2F^- \Longrightarrow VOF_2$	5.74
$VO^{2+} + 3F^- \Longrightarrow VOF_3^-$	7.3
$VO^{2+} + 4F^- \Longrightarrow VOF_4^{2-}$	8.11

首先对实际浸出液的离子组分进行简化，溶液中仅存在钒、氟、硫酸根和氢离子，其中 $c(V) = 0.03$ mol/L，$c(F^-) = 0.411$ mol/L，$c(SO_4^{2-}) = 1.37$ mol/L，对该离子组分

体系模拟计算，确定溶液组分状态，结果如图 3-22 所示。

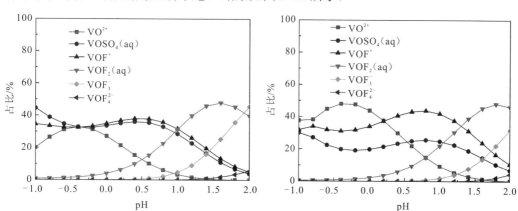

图 3-22 V（IV）在含氟离子的硫酸溶液中的组分分布图

（a）25 ℃；（b）98 ℃

由图 3-22 可知，在含氟离子的硫酸溶液中 V（IV）的主要组分是 VO^{2+}、$VOSO_4$、VOF^+、VOF_2，VOF_3^- 和 VOF_4^{2-} 组分含量极少。在研究的 pH 范围内，温度越高，$VOSO_4$ 越少，VO^{2+} 和 VOF^+ 分布向低 pH 方向偏移，VOF^+、VOF_2、VOF_3^- 和 VOF_4^{2-} 分布均向高 pH 方向偏移。当溶液 pH 为 0.6 时，常温（25 ℃）下，VOF^+ 约占 37.84%，$VOSO_4$ 约占 35.50%，VO^{2+} 约占 10.23%，VOF_2 约占 15.42%；高温（98 ℃）下，VOF^+ 约占 43.18%，$VOSO_4$ 约占 25.05%，VO^{2+} 约占 21.95%，VOF_2 约占 9.48%。

计算分析实际浸出液体系中不同价态钒的分布，浸出液中各离子浓度分别设置为 $c(V) = 0.03 \text{ mol/L}$，$c(F^-) = 0.411 \text{ mol/L}$，$c(Al^{3+}) = 0.465 \text{ mol/L}$，$c(Fe^{3+}) = 0.03 \text{ mol/L}$，$c(Fe^{2+}) = 0.039 \text{ mol/L}$，$c(K^+) = 0.145 \text{ mol/L}$，$c(Mg^{2+}) = 0.13 \text{ mol/L}$，$c(SO_4^{2-}) = 1.37 \text{ mol/L}$，结果如图 3-23 所示。

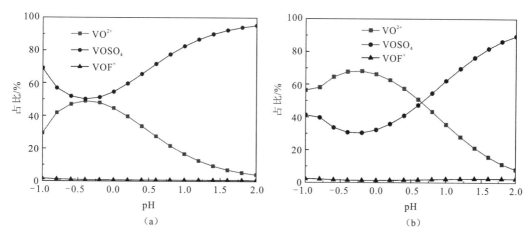

图 3-23 V（IV）在浸出液中的组分分布图

（a）25 ℃；（b）98 ℃

在浸出液中V(IV)仍以VO^{2+}、$VOSO_4$和VOF^+形式存在。主要组分是VO^{2+}和$VOSO_4$，VOF^+组分含量极少。随着pH的升高，VO^{2+}先增加后减少，$VOSO_4$先减少后增加缓慢直至趋于稳定。温度为98℃时的钒组分种类随pH的变化趋势与温度为25℃时基本一致，但其组分占比变化明显。在研究的pH范围内，温度越高，VO^{2+}占比整体增大，$VOSO_4$占比减少。当溶液pH为0.6时，常温（25℃）下，$VOSO_4$约占71.72%，VO^{2+}约占27.51%；高温（98℃）下，$VOSO_4$约占47.32%，VO^{2+}约占50.88%。在实际浸出液体系下氟离子的存在不会改变钒的存在形式。

2）含钒云母浸出过程热力学变化

钒页岩原矿中的钒主要是V（Ⅲ）和V（Ⅳ），其中以V（Ⅲ）为主，焙烧后V（Ⅳ）的含量占较大比例。焙烧样中的钒在含氟和无氟的硫酸溶液中的溶解反应可表示如下：

$$V_2O_4(s)+4H^+(aq)+2SO_4^{2-}(aq)\Longrightarrow 2VOSO_4(aq)+2H_2O(l) \qquad (3-20)$$
$$V_2O_4(s)+2HF(aq)+2H^+(aq)\Longrightarrow 2VOF^+(aq)+2H_2O(l) \qquad (3-21)$$
$$V_2O_4(s)+4HF(aq)\Longrightarrow 2VOF_2(aq)+2H_2O(l) \qquad (3-22)$$
$$V_2O_4(s)+4HF(aq)+2F^-(aq)\Longrightarrow 2VOF_3^-(aq)+H_2O(l) \qquad (3-23)$$
$$V_2O_4(s)+4HF(aq)+4F^-(aq)\Longrightarrow 2VOF_4^{2-}(aq)+H_2O(l) \qquad (3-24)$$

图3-24为反应（3-20）～（3-24）的$\Delta G_T^{\ominus}$与温度的关系，各反应在温度小于373.15 K时$\Delta G_T^{\ominus}$小于0，表明反应均能自发进行。由图可知，反应（3-21）～（3-24）在各温度下的$\Delta G_T^{\ominus}$均高于反应（3-20），且随着温度的升高，差距越发明显，相对于在含氟硫酸溶液中发生的溶解反应，V_2O_4更容易在无氟硫酸溶液中溶解，生成$VOSO_4$。

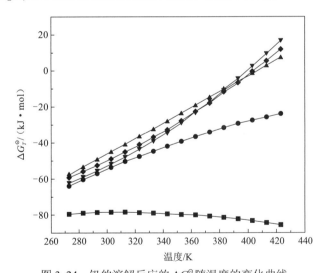

图 3-24　钒的溶解反应的$\Delta G_T^{\ominus}$随温度的变化曲线

■ -式（3-20）　● -式（3-21）　▲ -式（3-22）　▼ -式（3-23）　◆ -式（3-24）

图3-25为反应（3-20）～（3-24）的$\log K_T^{\ominus}$随温度的变化规律。由图可知，反应（3-20）～（3-24）的$\log K_T^{\ominus}$随温度的升高均呈下降趋势，但反应（3-20）的$\log K_T^{\ominus}$的下降趋势最为缓和。反应（3-20）在各温度下的$\log K_T^{\ominus}$亦大于反应（3-21）～（3-24），随着温度的升高差距越明显，所以反应（3-20）较反应（3-21）～（3-24）正向进行的程度更高。因此，V_2O_4在无氟硫酸溶液中的溶解反应进行得最完全，反应物转化率最大。

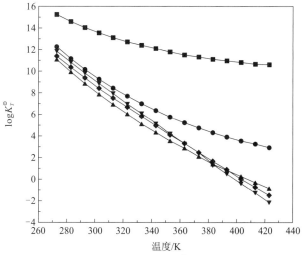

图 3-25　钒的溶解反应的 $\log K_T^{\ominus}$ 随温度的变化曲线

■ -式（3-20）　● -式（3-21）　▲ -式（3-22）　▼ -式（3-23）　◆ -式（3-24）

通过对比含氟硫酸溶液和无氟硫酸溶液中含钒云母溶解的热力学反应 $\Delta G_T^{\ominus}$，判定反应方向和程度。钒页岩中的白云母在含氟和无氟的硫酸溶液中的溶解反应可表示如下：

$$KAl_2(AlSi_3O_{10})(OH)_2(s)+10H^+(aq) = K^+(aq)+3Al^{3+}(aq)+3H_4SiO_4(aq) \qquad （3\text{-}25）$$

$$KAl_2(AlSi_3O_{10})(OH)_2(s)+12HF(aq)+10H^+(aq) = K^+(aq)+3Al^{3+}(aq)+3SiF_4(g)+12H_2O(l) \qquad （3\text{-}26）$$

$$KAl_2(AlSi_3O_{10})(OH)_2(s)+15HF(aq)+7H^+(aq) = K^+(aq)+3AlF^{2+}(aq)+3SiF_4(g)+12H_2O(l) \qquad （3\text{-}27）$$

$$KAl_2(AlSi_3O_{10})(OH)_2(s)+18HF(aq)+4H^+(aq) = K^+(aq)+3AlF_2^+(aq)+3SiF_4(g)+12H_2O(l) \qquad （3\text{-}28）$$

$$KAl_2(AlSi_3O_{10})(OH)_2(s)+21HF(aq)+H^+(aq) = K^+(aq)+3AlF_3(aq)+3SiF_4(g)+12H_2O(l) \qquad （3\text{-}29）$$

$$KAl_2(AlSi_3O_{10})(OH)_2(s)+22HF(aq)+2F^-(aq) = K^+(aq)+3AlF_4^-(aq)+3SiF_4(g)+12H_2O(l) \qquad （3\text{-}30）$$

$$KAl_2(AlSi_3O_{10})(OH)_2(s)+22HF(aq)+5F^-(aq) = K^+(aq)+3AlF_5^{2-}(aq)+3SiF_4(g)+12H_2O(l) \qquad （3\text{-}31）$$

$$KAl_2(AlSi_3O_{10})(OH)_2(s)+22HF(aq)+8F^-(aq) = K^+(aq)+3AlF_6^{3-}(aq)+3SiF_4(g)+12H_2O(l) \qquad （3\text{-}32）$$

$$KAl_2(AlSi_3O_{10})(OH)_2(s)+18HF(aq)+4H^+(aq) = K^+(aq)+3Al^{3+}(aq)+3SiF_6^{2-}(aq)+12H_2O(l) \qquad （3\text{-}33）$$

$$KAl_2(AlSi_3O_{10})(OH)_2(s)+21HF(aq)+H^+(aq) = K^+(aq)+3AlF^{2+}(aq)+3SiF_6^{2-}(aq)+12H_2O(l) \qquad （3\text{-}34）$$

$$KAl_2(AlSi_3O_{10})(OH)_2(s)+22HF(aq)+2F^-(aq) = K^+(aq)+3AlF_2^+(aq)+3SiF_6^{2-}(aq)+12H_2O(l) \qquad （3\text{-}35）$$

$$KAl_2(AlSi_3O_{10})(OH)_2(s)+22HF(aq)+5F^-(aq) = K^+(aq)+3AlF_3(aq)+3SiF_6^{2-}(aq)+12H_2O(l) \qquad （3\text{-}36）$$

$$KAl_2(AlSi_3O_{10})(OH)_2(s)+22HF(aq)+8F^-(aq) = K^+(aq)+3AlF_4^-(aq)+3SiF_6^{2-}(aq)+12H_2O(l) \qquad （3\text{-}37）$$

$$KAl_2(AlSi_3O_{10})(OH)_2(s)+22HF(aq)+11F^-(aq) = K^+(aq)+3AlF_5^{2-}(aq)+3SiF_6^{2-}(aq)+12H_2O(l) \qquad （3\text{-}38）$$

$$KAl_2(AlSi_3O_{10})(OH)_2(s)+22HF(aq)+14F^-(aq) = K^+(aq)+3AlF_6^{3-}(aq)+3SiF_6^{2-}(aq)+12H_2O(l) \qquad （3\text{-}39）$$

反应（3-25）为白云母在无氟硫酸溶液中发生的溶解反应，反应（3-26）～（3-39）为白云母在含氟硫酸溶液中可能发生的溶解反应。由反应（3-25）～（3-39）可知，含氟酸性体系与无氟酸性体系对白云母溶解影响的主要差异在 Al、Si 的反应生成物不同。白云母在不同溶液中反应后 Al 和 Si 可能的生成物见表 3-6。在反应（3-26）～（3-39）中，云母中的 Si、Al 原子在含氟硫酸溶液中均与 F$^-$ 反应生成系列配位化合物。

表 3-6 白云母在两种硫酸溶液中反应后 Al 与 Si 可能的生成物

体系	Al 的生成物	Si 的生成物
不加含氟助浸剂	Al^{3+}	H_4SiO_4
添加含氟助浸剂	Al^{3+}，AlF^{2+} (aq)，AlF_2^+ (aq)，AlF_3 (aq)，AlF_4^- (aq)，AlF_5^{2-} (aq)，AlF_6^{3-} (aq)	SiF_4 (g)，SiF_6^{2-} (aq)

图 3-26 为反应（3-25）～（3-32）的 $\Delta G_T^\ominus$、$\log K_T^\ominus$ 与温度的关系，图 3-27 为反应（3-25）及反应（3-33）～（3-39）的 $\Delta G_T^\ominus$、$\log K_T^\ominus$ 与温度的关系。

反应（3-25）～（3-39）在温度小于 373.15 K 时 $\Delta G_T^\ominus$ 均小于 0，表明反应均能自发进行。在含氟硫酸溶液中，白云母发生的溶解反应[反应（3-26）～（3-39）]的 $\Delta G_T^\ominus$ 明显下降，各温度下的 $\Delta G_T^\ominus$ 均低于在无氟硫酸溶液中发生的溶解反应（3-25）。当温度为 373.15 K 时，反应（3-25）发生的 $\Delta G_T^\ominus$ 值为-34.85 kJ/mol，而反应（3-26）～（3-32）发生的 $\Delta G_T^\ominus$ 由-100.47 kJ/mol 降到-315.12 kJ/mol，反应（3-33）～（3-39）发生的 $\Delta G_T^\ominus$ 也由-114.83 kJ/mol 降到-417.19 kJ/mol。因此，当参与反应的 F^- 量一定时，随着参与反应的 H^+ 量增大，白云母溶解反应更易发生；当参与反应的 H^+ 量一定时，增大 F^- 量也可降低白云母溶解反应的难易程度。

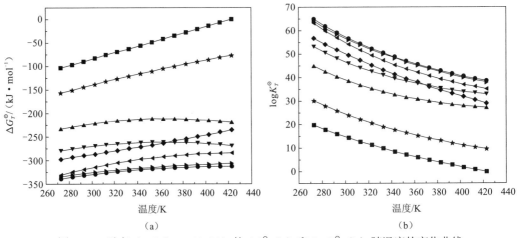

图 3-26 反应（3-25）～（3-32）的 $\Delta G_T^\ominus$（a）和 $\log K_T^\ominus$（b）随温度的变化曲线

■ -式(3-25) ★ -式(3-26) ▲ -式(3-27) ▼ -式(3-28) ◆ -式(3-29) ◀ -式(3-30) ▶ -式(3-31) ● -式(3-32)

反应（3-25）～（3-39）在温度小于 373.15 K 时 $\log K_T^\ominus$ 均大于 0。在含氟硫酸溶液中，白云母发生的溶解反应[反应（3-26）～（3-32）]的 $\log K_T^\ominus$ 明显增加，各温度下的 $\log K_T^\ominus$ 均高于在无氟硫酸溶液中发生的溶解反应[反应（3-25）]；当温度为 373.15 K 时，反应（3-25）的 $\log K_T^\ominus$ 值为 4.88，而反应（3-26）～（3-32）的 $\log K_T^\ominus$ 由 14.07 增加至 44.12，反应（3-33）～（3-39）的 $\log K_T^\ominus$ 也由 16.08 增加至 65.96。分析可知，反应（3-26）～（3-39）正向进行的程度更大，即在含氟硫酸溶液中白云母的溶解反应更完全，反应物转化率也更大，对白云母结构的破坏彻底，同时增加参与反应的 F^- 量，亦可促进白云母的溶解反应的正向进行。

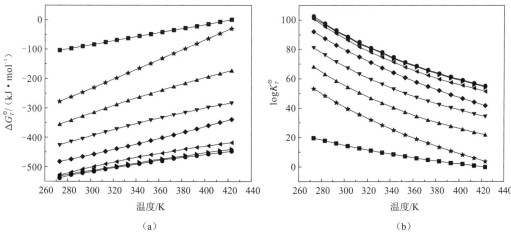

图 3-27 反应（3-25）和反应（3-33）～（3-39）的 $\Delta G_T^{\ominus}$（a）和 $\log K_T^{\ominus}$（b）随温度的变化曲线

■-式（3-25）　★-式（3-33）　▲-式（3-34）　▼-式（3-35）　◆-式（3-36）　◀-式（3-37）　▶-式（3-38）　●-式（3-39）

通过 F⁻ 的强电负性促进白云母晶体结构中的 Si—O 键及 Al—O 键的断裂来破坏其晶体结构，使白云母中的钒更易溶出。反应过程中 HF 或 HF_2^- 吸附于含钒云母表面，对 Si、Al 原子产生亲核性侵蚀，导致含钒云母中的 Si—O 和 Al—O 键的断裂，同时 H⁺ 对 O 原子的亲电性侵蚀在反应中起催化作用。该过程所反映的热力学信息表明，在含氟酸性体系中，白云母的溶解反应更容易发生，反应正向进行得更完全。

3.2.2 氧压酸性体系反应热力学

当温度升至溶液沸点以上时，酸性溶液中钒离子的存在形式将发生改变。通过热力学计算与分析，判断高温酸性溶液中主要反应进行的可能性、确定过程所需的热力学条件、不同氧化还原电位和 pH 下水溶液中钒离子的存在形式，为解释页岩钒的高温溶出机理提供热力学基础。

1. 酸性溶液的高温热力学数据计算方法

关于酸性溶液热力学数据，现有的《热力学数据手册》中常温条件的热力学数据较为完整，但高温下的酸性溶液热力学数据相对缺乏。目前普遍采用的获得高温热力学数据的方法是理论计算，其基于 Criss-Cobble 的离子熵反应原理发展而来。以下介绍该方法的计算过程。

根据热力学基本定律，在任意温度 T 时，吉布斯自由能 G_T 的方程可写为

$$G_T^{\ominus} = G_{298}^{\ominus} - (T-298)S_{298}^{\ominus} + \int_{298}^{T} C_P^{\ominus}\mathrm{d}T - T\int_{298}^{T} \frac{C_P^{\ominus}}{T}\mathrm{d}T + \int_{1}^{p} V\mathrm{d}p \qquad (3\text{-}40)$$

在 300 ℃ 以下，离子的偏摩尔体积变化很小，$\int_{1}^{p} V\mathrm{d}p$ 项可以忽略。由于粒子形态的反应组分的 $G_P^{\ominus}$ 与温度 T 的函数关系 $\varphi(T)$ 目前尚未明确。因此，不得不采用近似计算

方法。在温度相差不大时，以 298 K 与 T 温度区间的平均热熔 $\left[\overline{C}_P^{\ominus}\right]_{298}^T$ 近似代替 $G_P^{\ominus}$，再积分得到 $G_P^{\ominus}$ 计算式如下所示：

$$G_T^{\ominus} = G_{298}^{\ominus} - (T-298)S_{298}^{\ominus} + (T-298)\left[\overline{C}_P^{\ominus}\right]_{298}^T - \left(T\ln\frac{T}{298}\right)\left[\overline{C}_P^{\ominus}\right]_{298}^T \qquad (3\text{-}41)$$

对 $\int_{298}^T C_P^{\ominus}\mathrm{d}T$ 作近似计算：

$$\int_{298}^T C_P^{\ominus}\mathrm{d}T \approx \frac{(T-298)}{\ln(T/298)}\int_{298}^T\left(\frac{C_P^{\ominus}}{T}\right)\mathrm{d}T = \frac{(T-298)}{\ln(T/298)}\left(S_T^{\ominus} - S_{298}^{\ominus}\right) \qquad (3\text{-}42)$$

那么，$\left[\overline{C}_P^{\ominus}\right]_{298}^T$ 则可表示为

$$\left[\overline{C}_P^{\ominus}\right]_{298}^T \approx \frac{\int_{298}^T C_P^{\ominus}\mathrm{d}T}{\int_{298}^T\mathrm{d}T} \approx \frac{S_T^{\ominus} - S_{298}^{\ominus}}{\ln(T/298)} \qquad (3\text{-}43)$$

将式（3-43）代入式（3-41）中，可得

$$G_T^{\ominus} = G_{298}^{\ominus} - (TS_T^{\ominus} - 298S_{298}^{\ominus}) + \frac{(T-298)}{\ln(T/298)}\left(S_T^{\ominus} - S_{298}^{\ominus}\right) \qquad (3\text{-}44)$$

对于高温时的离子熵，根据 Criss 等（1964）提出的熵对应原理和易宪武（1982）研究中绝对熵的经验公式推算得出：

$$S_T^{\ominus} = \alpha_T - d_T Z + c_T S_{298}^{\ominus} \qquad (3\text{-}45)$$

式中：$\alpha_T = R_1(T-298)$；$d_T = R_2(T-298)$；$c_T = 1 - 0.002\,24(T-298)$；$S_{298}^{\ominus}$ 为绝对熵；Z 为离子电荷数的绝对值；R_1、R_2 值见表 3-7。

表 3-7　计算 $G_T^{\ominus}$ 用的系数 R_1、R_2 值

离子或化合物种类	R_1	R_2
阳离子	0.170 4	0.100 0
非含氧酸及其阴离子、溶解气体	0.170 4	0.249 6
含氧酸及其阴离子	0.268 4	0.249 6

将式（3-45）代入式（3-44）中计算可得

$$G_T^{\ominus} = G_{298}^{\ominus} + \alpha S_{298}^T - \beta + \gamma Z \qquad (3\text{-}46)$$

其中，

$$\alpha = (T-298) \times \left\{0.00224 \times \left[T - \frac{T-298}{\ln(T/298)}\right] - 1\right\} \qquad (3\text{-}47)$$

$$\beta = R_1 \times (T-298) \times \left[T - \frac{T-298}{\ln(T/298)}\right] \qquad (3\text{-}48)$$

$$\gamma = R_2 \times (T-298) \times \left[T - \frac{T-298}{\ln(T/298)}\right] \qquad (3\text{-}49)$$

根据表 3-7 数据，计算不同温度下的 α、β、γ 值，如表 3-8 所示。将查得的 25 ℃

下 $G_{298}^{\ominus}$、$S_{298}^{\ominus}$ 值，代入式（3-40）中即可算出高温条件下酸性溶液中各组分的 $S_T^{\ominus}$ 值。

表 3-8　计算 $G_T^{\ominus}$ 所用的系数 α、β、γ 值

T/K	阳离子			非含氧酸及其阴离子、溶解气体			含氧酸及其阴离子		
	α	β	γ	α	β	γ	α	β	γ
373	-68.46	497.16	291.76	-68.46	497.16	728.24	-68.46	783.09	728.24
423	-106.48	1 408.78	826.75	-106.48	1 408.78	2 063.56	-106.48	2 218.99	2 063.56
498	-151.38	3 698.28	2 170.35	-151.38	3 698.28	5 417.21	-151.38	5 825.23	5 417.21

2. V–H$_2$O 体系高温 E_h–pH 图

根据表 3-8、式（3-43），计算得到 V–H$_2$O 体系中各组分在 298 K、373 K、423 K 和 473 K 四个温度条件下的 $G_T^{\ominus}$（表 3-9）。

表 3-9　不同温度下 V–H$_2$O 体系含钒组分的 $G_T^{\ominus}$ 值

物种组分	$G_{298}^{\ominus}/(\text{kJ}\cdot\text{mol}^{-1})$	$G_{373}^{\ominus}/(\text{kJ}\cdot\text{mol}^{-1})$	$G_{423}^{\ominus}/(\text{kJ}\cdot\text{mol}^{-1})$	$G_{473}^{\ominus}/(\text{kJ}\cdot\text{mol}^{-1})$
V^{2+}	-174.422 6	-163.379 5	-158.777 3	-156.294 4
V	-8.619 0	-10.997 6	-12.811 7	-14.780 5
VO	-443.391 0	-446.286 1	-448.915 3	-451.841 3
V^{3+}	-173.355 7	-153.577 4	-143.792 0	-136.640 0
V_2O_3	-1 255.225 1	-1 262.330 7	-1 268.830 6	-1 276.032 8
VO^{2+}	-434.207 2	-422.999 3	-418.443 1	-629.403 5
VO_2^+	-630.938 8	-627.459 8	-627.606 1	-629.403 5
VO_4^{3-}	-1 128.872 5	-1 112.235 3	-1 094.654 2	-1 071.304 7
V_2O_5	-1 596.748 3	-1 606.219 3	-1 614.805 1	-1 624.318 7
VO_2	-732.898 7	-732.302 6	-735.797 0	-739.692 8
HVO_4^{2-}	-1 188.239 3	-1 182.425 9	-1 174.266 5	-1 162.073 4
$H_2VO_4^-$	-1 236.309 2	-1 242.906 3	-1 246.969 2	-1 250.133 5

根据表 3-9 中数据和 $\Delta G_T^{\ominus}=\Sigma G_{T,\text{product}}^{\ominus}-\Sigma G_{T,\text{reactant}}^{\ominus}-nG_{T,\text{e}}^{\ominus}$（$G_{T,\text{e}}^{\ominus}$ 为电子的吉布斯自由能，不同温度下 $G_{T,\text{e}}^{\ominus}$ 值见表 3-10），计算出不同温度下 V–H$_2$O 体系各反应的 $\Delta G_T^{\ominus}$，如表 3-11 所示。再根据表 3-8 和表 3-11 可推算出不同温度下 V–H$_2$O 体系中各反应 E_h–pH 表达式。假设含钒组分活度为 0.1 mol/L，则上述反应表达式对应的方程式如表 3-12 所示。最后，根据表 3-12 的 E_h–pH 表达式绘制 V–H$_2$O 体系的 E_h–pH 图，如图 3-28 所示。

表 3-10　不同温度下电子的吉布斯自由能 $G_{T,\text{e}}^{\ominus}$ 值

温度（K）	298	373	423	473
$G_{T,\text{e}}^{\ominus}/(\text{kJ}\cdot\text{mol}^{-1})$	-6.143	-7.455	-8.068	-8.294

表 3-11　不同温度下 V-H$_2$O 体系各反应的 $\Delta G_T^{\ominus}$ 值　（kcal·mol^{-1}）

体系反应	$\Delta G_{298}^{\ominus}$	$\Delta G_{373}^{\ominus}$	$\Delta G_{423}^{\ominus}$	$\Delta G_{473}^{\ominus}$	序号
$V^{2+}+2e^-\!=\!V$	217.208 2	214.765 3	213.478 6	212.365 8	(3-50)
$VO+2H^++2e^-\!=\!V+H_2O$	167.016 9	172.104 3	175.465 7	178.716 8	(3-51)
$V^{3+}+e^-\!=\!V^{2+}$	24.635 4	21.389 6	18.771 2	15.771 16	(3-52)
$V_2O_3+6H^++2e^-\!=\!2V^{2+}+3H_2O$	0.305 4	21.252 2	34.336 4	46.708 2	(3-53)
$V_2O_3+2H^++2e^-\!=\!2VO+H_2O$	−537.631 4	−544.560 9	−545.939 6	−544.385 6	(3-54)
$VO^{2+}+2H^++e^-\!=\!V^{3+}+H_2O$	−32.605 9	−24.954 0	−19.743 3	−14.412 2	(3-55)
$2VO_2^++2H^++2e^-\!=\!V_2O_3+H_2O$	−57.182 7	−60.909 8	−57.874 4	−54.991 2	(3-56)
$HV_2O_3^-+3H^++2e^-\!=\!V_2O_3+2H_2O$	−104.606 0	−126.415 0	−139.539 0	−149.961 0	(3-57)
$VO_2^++2H^++e^-\!=\!VO^{2+}+H_2O$	−96.725 7	−89.915 4	−85.231 4	−80.364 3	(3-58)
$V_2O_5+2H^++2e^-\!=\!2VO_2+H_2O$	−162.506 6	−152.761 7	−151.183 4	−148.836 8	(3-59)
$V_2O_5+6H^++2e^-\!=\!2VO^{2+}+3H_2O$	−177.740 5	−154.098 8	−139.020 8	−124.412 7	(3-60)
$2VO_4^{3-}+7H^++2e^-\!=\!HV_2O_3^-+3H_2O$	−422.670 0	−474.973 0	−517.819 0	−563.753 0	(3-61)
$2VO_4^{3-}+10H^++4e^-\!=\!V_2O_3+5H_2O$	−541.874 0	−603.315 0	−517.819 0	−563.753 0	(3-62)
$VO_4^{3-}+H^+\!=\!HVO_4^{2-}$	−65.605 1	−76.891 1	−85.401 6	−94.672 8	(3-63)
$HVO_4^{2-}+3H^++e^-\!=\!VO_2+2H_2O$	−151.038 3	−163.119 8	−178.286 5	−196.681 1	(3-64)
$2HVO_4^{2-}+5H^++2e^-\!=\!HV_2O_3^-+3H_2O$	−271.165 0	−300.694 0	−323.363 0	−354.348 0	(3-65)
$HVO_4^{2-}+H^+\!=\!H_2VO_4^-$	−54.308 3	−67.181 0	−78.492 0	−91.964 2	(3-66)
$H_2VO_4^-+2H^++e^-\!=\!VO_2+2H_2O$	−96.729 9	−95.938 8	−99.794 5	−104.716 9	(3-67)
$V_2O_3+6H^+\!=\!2V^{3+}+3H_2O$	−48.964 5	−21.527 0	−3.206 1	15.165 0	(3-68)
$V_2O_5+2H^+\!=\!2VO_2^++H_2O$	15.710 9	25.732 1	31.442 0	36.315 8	(3-69)
$VO_2^++2H^+\!=\!VO^{2+}+H_2O$	−20.468 1	−16.264 4	−10.796 9	−5.500 9	(3-70)
$VO+2H^+\!=\!V^{2+}+H_2O$	−50.191 3	−42.661 1	−38.012 9	−33.649 0	(3-71)
$2HVO_4^{2-}+4H^+\!=\!V_2O_5+3H_2O$	−165.272 2	−204.669 5	−239.146 2	−279.951 3	(3-72)
$O_2+4H^++4e^-\!=\!2H_2O$	−474.377 7	−449.673 8	−433.905 4	−418.462 3	(3-73)
$2H^++2e^-\!=\!H_2$	0	0.055 5	0.068 7	0.067 7	(3-74)

表 3-12　不同温度下 V-H$_2$O 体系 E_h-pH 方程式

序号	298 K	373 K	423 K	473 K
(3-50)	$E_h\!=\!-1.155\,0$	$E_h\!=\!-1.149\,8$	$E_h\!=\!-1.106\,1$	$E_h\!=\!-1.147\,3$
(3-51)	$E_h\!=\!-0.865\,4-0.059\,1\text{pH}$	$E_h\!=\!-0.891\,7-0.074\,0\text{pH}$	$E_h\!=\!-0.909\,1-0.083\,9\text{pH}$	$E_h\!=\!-0.926\,0-0.093\,9\text{pH}$
(3-52)	$E_h\!=\!-0.255\,3$	$E_h\!=\!-0.221\,7$	$E_h\!=\!-0.194\,5$	$E_h\!=\!-0.163\,4$
(3-53)	$E_h\!=\!0.057\,3-0.177\,4\text{pH}$	$E_h\!=\!-0.036\,1-0.222\,0\text{pH}$	$E_h\!=\!-0.094\,0-0.251\,8\text{pH}$	$E_h\!=\!-0.148\,2-0.281\,6\text{pH}$
(3-54)	$E_h\!=\!-0.521\,7-0.059\,1\text{pH}$	$E_h\!=\!-0.552\,2-0.074\,0\text{pH}$	$E_h\!=\!-0.571\,8-0.093\,8\text{pH}$	$E_h\!=\!-0.590\,7-0.093\,9\text{pH}$
(3-55)	$E_h\!=\!0.337\,9-0.118\,3\text{pH}$	$E_h\!=\!0.258\,6-0.148\,0\text{pH}$	$E_h\!=\!0.204\,6-0.167\,9\text{pH}$	$E_h\!=\!0.149\,3-0.187\,7\text{pH}$
(3-56)	$E_h\!=\!0.296\,3-0.059\,1\text{pH}$	$E_h\!=\!0.315\,6-0.074\,0\text{pH}$	$E_h\!=\!0.299\,9-0.083\,9\text{pH}$	$E_h\!=\!0.284\,9-0.093\,9\text{pH}$
(3-57)	$E_h\!=\!0.512\,4-0.088\,7\text{pH}$	$E_h\!=\!0.618\,0-0.111\,0\text{pH}$	$E_h\!=\!0.681\,0-0.125\,9\text{pH}$	$E_h\!=\!0.730\,1-0.140\,8\text{pH}$

序号	298 K	373 K	423 K	473 K
（3-58）	$E_h=1.002\ 3-0.118\ 3\ \text{pH}$	$E_h=0.931\ 8-0.148\ 0\text{pH}$	$E_h=0.883\ 2-0.167\ 9\text{pH}$	$E_h=0.832\ 8-0.187\ 7\text{pH}$
（3-59）	$E_h=0.708\ 8-0.059\ 1\ \text{pH}$	$E_h=0.629\ 9-0.074\ 0\text{pH}$	$E_h=0.608\ 4-0.083\ 9\text{pH}$	$E_h=0.587\ 6-0.093\ 9\text{pH}$
（3-60）	$E_h=0.980\ 1-0.177\ 4\ \text{pH}$	$E_h=0.872\ 3-0.222\ 0\text{pH}$	$E_h=0.804\ 2-0.251\ 8\text{pH}$	$E_h=0.738\ 3-0.281\ 6\text{pH}$
（3-61）	$E_h=2.160\ 4-0.207\ 0\ \text{pH}$	$E_h=2.424\ 0-0.259\ 0\text{pH}$	$E_h=2.641\ 0-0.293\ 8\text{pH}$	$E_h=2.874\ 1-0.328\ 5\text{pH}$
（3-62）	$E_h=1.374\ 3-0.147\ 8\ \text{pH}$	$E_h=1.526\ 0-0.185\ 0\text{pH}$	$E_h=1.649\ 1-0.209\ 8\text{pH}$	$E_h=1.788\ 7-0.234\ 6\text{pH}$
（3-63）	$\text{pH}=11.497\ 2$	$\text{pH}=10.765\ 6$	$\text{pH}=10.543\ 8$	$\text{pH}=10.452\ 9$
（3-64）	$E_h=1.506\ 0-0.177\ 4\ \text{pH}$	$E_h=1.616\ 3-0.222\ 0\text{pH}$	$E_h=1.763\ 6-0.251\ 8\text{pH}$	$E_h=1.944\ 3-0.281\ 6\text{pH}$
（3-65）	$E_h=1.375\ 4-0.147\ 8\text{pH}$	$E_h=1.520\ 1-0.185\ 0\text{pH}$	$E_h=1.633\ 3-0.209\ 8\text{pH}$	$E_h=1.789\ 1-0.234\ 6\text{pH}$
（3-66）	$\text{pH}=9.517\ 5$	$\text{pH}=9.406\ 1$	$\text{pH}=9.690\ 7$	$\text{pH}=10.153\ 8$
（3-67）	$E_h=0.943\ 3-0.118\ 3\ \text{pH}$	$E_h=0.920\ 2-0.148\ 0\text{pH}$	$E_h=0.866\ 3-0.167\ 9\text{pH}$	$E_h=0.991\ 3-0.187\ 7\text{pH}$
（3-68）	$\text{pH}=1.763\ 5$	$\text{pH}=0.835\ 7$	$\text{pH}=0.399\ 3$	$\text{pH}=0.054\ 3$
（3-69）	$\text{pH}=-0.376\ 7$	$\text{pH}=-0.801\ 4$	$\text{pH}=-0.940\ 9$	$\text{pH}=-1.004\ 8$
（3-70）	$\text{pH}=2.293\ 5$	$\text{pH}=1.638\ 6$	$\text{pH}=1.166\ 5$	$\text{pH}=0.803\ 7$
（3-71）	$\text{pH}=4.898\ 0$	$\text{pH}=3.486\ 5$	$\text{pH}=2.846\ 6$	$\text{pH}=2.357\ 6$
（3-72）	$\text{pH}=6.740\ 9$	$\text{pH}=6.664\ 0$	$\text{pH}=6.881\ 3$	$\text{pH}=7.227\ 4$
（3-73）	$E_h=1.229\ 0-0.059\ 1\ \text{pH}$	$E_h=1.165\ 0-0.074\ 0\text{pH}$	$E_h=1.124\ 1-0.083\ 9\text{pH}$	$E_h=1.084\ 1-0.093\ 9\text{pH}$
（3-74）	$E_h=-0.059\ 1\ \text{pH}$	$E_h=-0.000\ 3-0.074\ 0\text{pH}$	$E_h=-0.000\ 4-0.083\ 9\text{pH}$	$E_h=-0.000\ 4-0.093\ 9\text{pH}$

由图 3-28 可知，V_2O_3 的稳定区域较大，在任何 pH>0 的酸性溶液中提高氧化还原电位均能够使 V_2O_3 转变为四价和五价态。V_2O_5 的稳定区域同样大，但只能存在于 pH 为 0~8 的酸性溶液中，当 pH 超过 8 以后，V_2O_5 溶解转变为 HVO_4^{2-} 和 VO_4^{3-}。VO^{2+} 的稳定区域较小，随着温度的升高，VO^{2+} 的稳定区域所处 pH 范围向低 pH 方向移动，表明

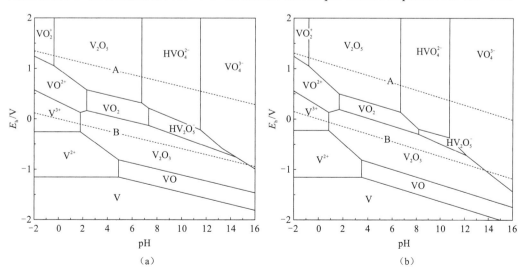

（a）　　　　　　　　　　　　　　　（b）

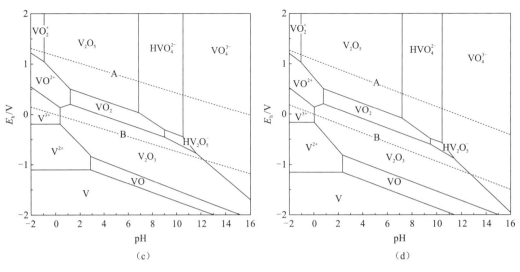

图 3-28　V–H₂O 系 E_h–pH 图

(a) 298 K；(b) 373 K；(c) 423 K；(d) 473 K

温度的升高，使 VO^{2+} 只能在更低 pH 范围内存在，高温不利于 VO^{2+} 的生成，而对于氧压酸浸，可将溶液 pH 控制在小于 1.16，以避免 VO^{2+} 向其他形态钒转变。V^{3+} 和 VO_2^+ 的稳定区域随着温度的升高也呈现了相同的变化趋势，若使溶液中钒以 V^{3+} 形式存在，溶液 pH 应控制小于 0.4，同时也要保持较低的氧化还原电位。若以 VO_2^+ 形式存在，溶液 pH 应控制小于 −1.0，并保持高的氧化还原电位。溶液的氧化还原电位也受溶解氧浓度的影响。溶解氧浓度的升高，溶液氧化还原电位也随之升高。因此，增大氧分压，将有助于提高溶液的氧化还原电位，此时 V 只能以 VO^{2+} 和 VO_2^+ 的形式存在。提高氧分压有助于 VO^{2+} 和 VO_2^+ 的生成。且钒页岩酸浸通常选用的硫酸溶液 pH 小于 0，故 V 仍能以 VO^{2+} 和 VO_2^+ 的形式存在。热力学上，通过控制 pH 和氧化还原电位，可实现钒页岩氧压酸浸过程。

3.3　介质激发下钒的溶出

3.3.1　含氟介质激发的钒低温溶出

在含氟酸性体系中，由于 HF 或 HF_2^- 对 Si、Al 原子产生亲核性侵蚀，同时 H^+ 对 O 原子产生亲电性侵蚀，两种反应极大激发了云母的溶解，使云母结构在低温溶液环境中即被完全破坏。

1. 关于云母结构瓦解的重要认识

Crundwell F K（2014）的研究表明，云母表面组分电荷[即（001）面荷电状态]主要受溶液 pH 的影响，低 pH 促进桥氧原子质子化并诱导荷正电，高 pH 促使表面组分去质子化，使其荷负电。同时表现出，随着 pH 的升高，云母的溶解速率先降低，当 pH 接近中性时溶解速率最低，然后溶解速率再次加快。因此，酸性体系下云母溶解速率制约于溶液 pH，H$^+$ 浓度越高，云母结构溶解速率越快。

云母释钾后 H$^+$ 进入层间与不饱和 O 原子（O$_{un}$）结合形成（001）面羟基，临近的 Al—O 键、Si—O 键发生极化和弱化，这一过程有利于（001）面羟基的下一步脱除。（001）面羟基脱除过程先后经历结构水的形成与游离两个阶段。对比结构水产生过程的能量值，发现相邻羟基反转结合形成结构水所需的能量最低，此反转结合路径更易发生。

由该路径中各阶段反应速率常数 k（图 3-29）可知，结构水形成反应的 k 值最小，该反应决定了此路径下（001）面羟基的脱除快慢。脱羟基后云母稳固的硅氧四面体层结构弛豫变形，Si—O 键、Al—O 键断裂，V（III）得到释放。因此，酸性溶液环境中云母结构基于桥氧原子的交换脱除而逐步发生弛豫，桥氧原子的脱除速率是云母钒释放溶出的关键步骤。

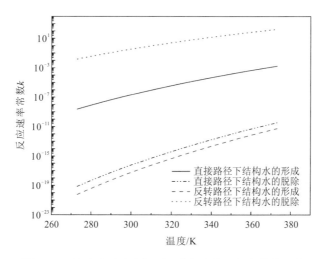

图 3-29 温度对两种路径不同阶段反应速率常数的影响

2. 氟离子的配位形态

基于上述重要认识，研究发现由于 F 原子具有较小的原子半径和较强的电负性，故与 O 原子和 Si 或 Al 原子成键相比，F 原子与 Si 或 Al 原子成键更牢固，形成的 Si—F、Al—F 键比 Si—O、Al—O 键更稳定。首先，对含氟介质体系的酸浸液采用三氟乙酸作为内标的 ^{19}F 液相 NMR[①] 分析（图 3-30），F 以两种配位形态存在。通过酸浸液负载 201×7 树脂进行 XPS[②] 分析（图 3-31）证明，酸浸液中 F 的两种配位形态分别为 $[SiF_6]^{2-}$ 和 $[AlF_5]^{2-}$。陈敬中（2010）、Berry 等（1983）学者的研究认为，铝的电负性（1.5）与硅的电负性（1.8）相近，Al（3V）和 Si（4VI）（阿拉伯数字表示氧化态，罗马数字表示配位数）的有效半径分别为 0.048 和 0.040。同时，Al—F 和 Si—F 的键能分别为 664 kJ/mol 和 552 kJ/mol，均高于 Al—O 和 Si—O 的键能（585 kJ/mol 和 460 kJ/mol）。因此，F$^-$ 与 Al^{3+}、Si^{4+} 稳定结合生成 $[SiF_6]^{2-}$ 和 $[AlF_5]^{2-}$。

① NMR 为核磁共振（nuclear magnetic resonance）的英文缩写，后同。

② XPS 为光电子能谱（X-ray photoelectron spectroscopy）的英文缩写，后同。

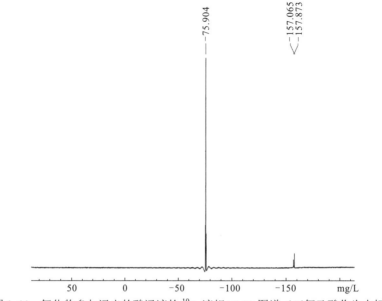

图 3-30　氟化物参与浸出的酸浸液的 ^{19}F 液相 NMR 图谱（三氟乙酸作为内标）

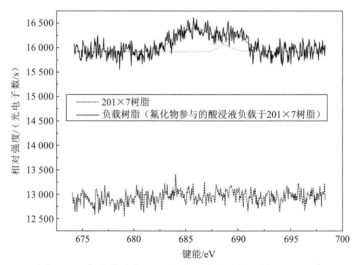

图 3-31　氟化物参与浸出的酸浸液负载树脂的 XPS 图谱

　　在 98 ℃含氟离子介质体系中［图 3-22（b）］，VO^{2+}、VOF^+ 和 $VOF_2(aq)$ 的含量分别在 pH 为 $-1\sim0.25$、$0.25\sim1.3$ 和 $1.3\sim2.0$ 占主导，$VOSO_4(aq)$ 在 pH 为 $-1\sim2.0$ 时保持 $10\%\sim30\%$ 的占比。随着浸出反应的进行，溶液 pH 由 -0.5 上升至 0.5，此过程中 V（Ⅳ）离子主要以 VO^{2+} 形式存在，其次是 VOF^+ 和 $VOSO_4(aq)$。因此，F 虽然能够与 VO^{2+} 结合形成 VOF^+，但更主要参与 Al^{3+} 和 Si^{4+} 的配位。

3. 含氟介质激发的钒云母溶解

　　含氟介质体系中钒页岩酸浸前后矿物组成的变化，如图 3-32 所示。含氟介质激发下酸浸渣中的云母衍射峰基本消失，无激发浸出得到的酸浸渣中云母衍射峰虽整体减弱但各特征晶面的衍射峰仍出现。含氟介质可有效瓦解云母晶体结构。

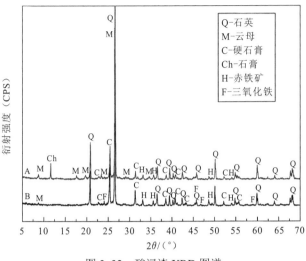

图 3-32　酸浸渣 XRD 图谱

A-无激发；B-含氟介质激发

　　分析酸浸渣的红外光谱（图 3-33）发现，谱线 A 中 3 421 cm^{-1} 和 1 622 cm^{-1} 特征峰分别对应于吸附水的伸缩振动和弯曲振动；1 155 cm^{-1} 和 1 082 cm^{-1} 处的强吸收峰对应于 Si(Al^{IV})—O—Si(Al) 和 Si—O—Si(Al^{IV}) 的伸缩振动，吸收带较宽。798 cm^{-1}，779 cm^{-1} 处分裂双峰属于 Si—O 伸缩振动，462 cm^{-1} 属于 Si—O 弯曲振动。694 cm^{-1} 处吸收峰与四面体中 Al^{IV} 有关，属于 Si—O—Al^{IV} 振动，谱带强度随 Al^{IV} 数目减少而降低，513 cm^{-1} 处的特征峰属于垂直层的 Si—O—Al^{IV} 弯曲振动。682 cm^{-1}，609 cm^{-1}，596 cm^{-1} 处吸收峰则属于 CaSO$_4$ 特征吸收峰。经过无激发浸出后，云母结构的特征吸收峰未消失，仅产生了硅氧四面体和铝氧八面体价键参数的变形调整，TOT 层状骨架仍然保持完整。

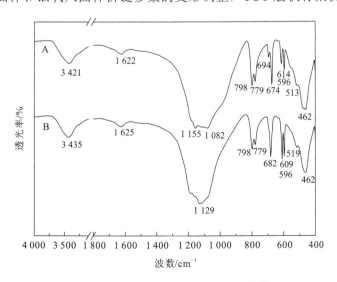

图 3-33　两种不同浸出渣的 FTIR 图谱

A-无氟介质浸出；B-含氟介质激发浸出

谱线 A 中的 1 082 cm^{-1} 处强吸收峰已经消失于谱线 B 中，1 129 cm^{-1} 处产生的强吸收峰对应 CaSO$_4$ 的特征吸收峰和石英 Si—O 收缩振动的叠加，同时 694 cm^{-1} 处弱吸收峰消失，Al^{IV} 完全溶解。因此，含氟介质可以激发 Al^{IV} 的快速溶解，云母硅氧四面体层解聚，使铝氧八面体层裸露，云母层状骨架溶解消失。图 3-34 示出无激发浸出后云母颗粒表面结构仍相对致密和完整，呈层片状，孔隙少，这种颗粒表面上钒溶出缓慢；而含氟介质激发后，云母颗粒表面变得疏松多孔，且杂乱而松散，含氟介质能够促使云母颗粒表面选择性崩解，结构强烈畸变，有利于钒的溶出。

（a）　　　　　　　　　　　　　　　　　（b）

图 3-34　酸浸渣 SEM 图

（a）无氟介质浸出；（b）含氟介质激发浸出

在酸性溶液中云母（001）晶面易发生羟基化。由于（001）晶面羟基对相邻 Si—O 键和 Al—O 键的极化与弱化作用，在 F$^-$ 的强电负性作用下，Si—O 键和 Al—O 键快速断裂，促使四面体层桥氧原子脱除加快。由于 SO$_4^{2-}$ 空间位阻较大，低位阻的 F$^-$ 在缺陷位不断与不饱和 Al、Si 原子结合，使不饱和 Al 与 Si 原子游离，形成结构更稳定的 [SiF$_6$]$^{2-}$ 和 [AlF$_5$]$^{2-}$ 释放至溶液中。含钒云母层状结构解体，释放出的 V^{3+} 被氧化为 V^{4+}，以 VO^{2+} 形式存在于酸浸体系中（Wang F 等，2014，2015）。

3.3.2　硫酸盐介质激发的钒高温溶出

钒页岩中含钒云母颗粒表面主要由元素 V、Si、Al、K、Mg 和 O 组成，其颗粒表面可分为两类：易与 H$^+$ 发生交换反应的活性区域和始终稳定存在的惰性区域。活性区域主要由 V、Al、Mg、K 和 O 组成，惰性区域主要由元素 Si 和 O 组成。钒页岩酸浸过程中云母颗粒比表面积越大，颗粒表面活性区域越大，越有助于提高 V 与 H$^+$ 间的交换反应速率。提高浸出温度也可以强化 V 与 H$^+$ 间的交换反应。常压酸浸受限于环境大气压，溶液温度难以升高至 100 ℃ 以上，氧压酸浸通过引入压力外场，使体系温度高于 100 ℃，增大了 H$^+$ 的反应活度，V 在高温溶液中得到释放。当硫酸盐介质激发氧压酸浸后，钒页岩中含钙物相转变，加速颗粒中微裂纹的形成，有效扩大钒云母的活性反应区域，提高 V 的浸出反应速率，从而缩短浸出时间，降低硫酸用量。

1. 硫酸盐激发对浸出工艺参数的影响

1) 硫酸盐的种类与用量

钒页岩氧压酸浸过程中，伴随着方解石的溶解，硬石膏作为一种稳定的新相而生成。然而，研究结果（图 3-35）显示，K_2SO_4、Na_2SO_4 和 $KAl(SO_4)_2 \cdot 12H_2O$ 分别加入氧压酸浸后，含钙物相均发生变化，并伴随不同程度的 V 浸出率升高。

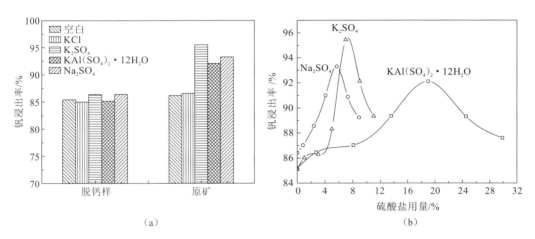

图 3-35　硫酸盐介质下钒页岩原矿和脱钙样的 V 浸出率（a）和激发剂用量对 V 浸出率的影响（b）

在相同 SO_4^{2-} 物质的量硫酸盐的条件下，随着硫酸盐用量的增加，V 浸出率均先升高后降低。当添加量（质量分数）分别为 5.7% Na_2SO_4、7% K_2SO_4 和 19% $KAl(SO_4)_2 \cdot 12H_2O$ 时，V 浸出率达到最大值 93.30%、95.45% 和 92.11%。再添加相同 K^+ 物质的量的 KCl 浸出后，钒页岩原矿的 V 浸出率仅为 86.57%。因此，SO_4^{2-} 是起激发作用的粒子。此外，脱除钒页岩中的含钙矿物后，再次添加 K_2SO_4、Na_2SO_4 和 $KAl(SO_4)_2 \cdot 12H_2O$ 浸出，V 浸出率仅保持在 85% 上下波动，所以硫酸盐对含钙矿物产生了激发效果。在上述的硫酸盐激发剂中，K_2SO_4 激发效果最好。

2) 硫酸盐激发对浸出温度、酸浓度和浸出时间的影响

K_2SO_4 激发下钒浸出率随不同影响因素的变化，如图 3-36 所示。

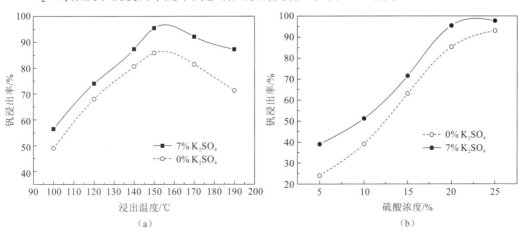

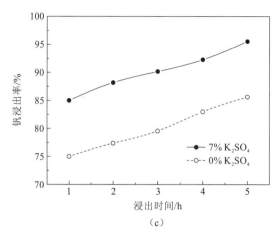

图 3-36 K₂SO₄ 激发下钒浸出率随不同影响因素的变化

（a）K2SO4 激发下 V 浸出率随浸出温度的变化（硫酸体积分数 20%，浸出时间 5 h，液固比 1.5 mL/g）；

（b）K2SO4 激发下 V 浸出率随硫酸浓度的变化（温度 150 ℃，浸出时间 5 h，液固比 1.5 mL/g）；

（c）K2SO4 激发下 V 浸出率随浸出时间的变化（温度 150 ℃，硫酸体积分数 20%，液固比 1.5 mL/g）

在图 3-36（a）中随着浸出温度的升高，K_2SO_4 激发下 V 浸出率呈先增后降的趋势，150 ℃时 V 浸出率达到最大值（95.45%）；无 K_2SO_4 激发下 V 浸出率呈现相似变化规律。K_2SO_4 激发下 V 浸出受温度影响显著。另外，当 V 浸出率相同时，K_2SO_4 激发下 V 浸出所需温度明显低于无激发下 V 浸出所需温度，表明 K_2SO_4 的介入使 V 的浸出反应跨越低能垒，V 浸出反应所需能量降低。

由于硫酸为 V 浸出反应供给 H^+，故硫酸浓度对 V 浸出率影响始终较大。在图 3-36（b）中，随着硫酸浓度的增加，K_2SO_4 激发下 V 浸出率由 39.02%增至 97.78%，无 K_2SO_4 激发下 V 浸出率从 24.33%增至 92.14%。当 V 浸出率相同时，K_2SO_4 激发下 V 浸出所需的硫酸浓度低于无激发下 V 浸出所需的硫酸浓度，说明 K_2SO_4 的介入增强了 H^+ 与 V 原子间交换反应，降低了 V 浸出的硫酸耗量。硫酸体积分数为 5%～20 %时，K_2SO_4 激发促使 V 浸出率快速增加，当硫酸体积分数超过 20%后，V 浸出率趋于平稳，而无 K_2SO_4 激发下 V 浸出率一直保持较快速的增长。因此，K_2SO_4 激发下 V 的浸出能够在更低的硫酸浓度下达到反应平衡。

K_2SO_4 激发前后 V 浸出率随时间产生较大的差异性变化。由图 3-36（c）可知，随着浸出时间的延长，K_2SO_4 激发下 V 浸出率呈线性增长趋势，当浸出时间由 1 h 增至 5 h 时 V 浸出率由 85.45%升高至 95.56%。无 K_2SO_4 激发下，虽然 V 浸出率呈现相似变化趋势，但当浸出时间为 5 h 时 V 浸出率仅达到 85.23%。因此，当 V 浸出率相同时，K_2SO_4 激发下 V 浸出所需的时间大幅低于无 K_2SO_4 激发下 V 浸出所需的时间，K_2SO_4 的介入能够加快 V 的浸出反应速率，缩短浸出时间。

2. 硫酸盐激发的云母结构瓦解

K_2SO_4 激发前后浸出所得酸浸渣的 Mid-FTIR 与 Far-FTIR 图谱，如图 3-37 和图 3-38 所示。在图 3-37 中，白云母结构的 Al_2OH 振动位于 3 604 cm^{-1}，694 cm^{-1} 处吸收峰与四面体中 Al^{IV} 有关，属于 Si—O—Al^{IV} 面内振动。519 cm^{-1} 处吸收峰归属于垂直层的

Si—O—Al^{IV} 弯曲振动。在图 3-38 中，194 cm^{-1}、175 cm^{-1} 处的分裂双峰标志着无激发氧压酸浸后云母的 TOT 层状结构仍存在。K$_2$SO$_4$ 激发下，3 604 cm^{-1} 处吸收峰消失，云母的八面体层中的羟基和（001）面的羟基已基本完全脱除，表明云母 TOT 层状结构瓦解。694 cm^{-1} 和 519 cm^{-1} 处吸收峰的消失标志着云母四面体层中 Al^{IV} 已基本被 H$^+$ 交换出来。194 cm^{-1}、175 cm^{-1} 处吸收峰分裂消失，同样证明云母 TOT 层状结构瓦解。上述云母结构中化学键键合状态表明，K$_2$SO$_4$ 的介入能够瓦解云母的晶格结构。

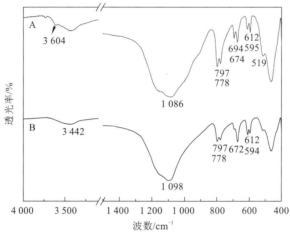

图 3-37 酸浸渣 Mid-FTIR 图谱

A-无激发；B-K$_2$SO$_4$ 激发

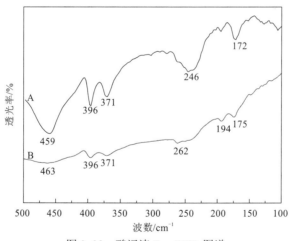

图 3-38 酸浸渣 Far-FTIR 图谱

A-K$_2$SO$_4$ 激发；B-无激发

此外，1 086 cm^{-1} 处吸收峰归属于石英的 Si—O 非对称伸缩振动，797 cm^{-1} 和 778 cm^{-1} 处锐双峰归属于石英的 Si—O—Si 对称伸缩振动。396 cm^{-1}、371 cm^{-1} 处吸收峰归属于 Si—O 弯曲振动。K$_2$SO$_4$ 激发后，1 086 cm^{-1} 处吸收峰移至 1 098 cm^{-1}，Si—O 非对称伸缩振动增强。797 cm^{-1} 和 778 cm^{-1} 处锐双峰发生宽化，Si—O 对称伸缩振动减弱。396 cm^{-1}、371 cm^{-1} 处双峰分裂加深，Si—O 弯曲振动增强。与此同时，石英结构中 Si—O 键振动的吸收峰变化表明，K$_2$SO$_4$ 的激发虽然未破坏石英结构，但也使其产生一定程度的结构弛豫。

3. 硫酸盐激发的含钙物相转化

K_2SO_4 激发下，钒页岩中的含钙矿物在氧压酸浸过程的不同温度阶段发生了物相转变，其激发前后浸出所得酸浸渣的物相组成，如图 3-39 所示。

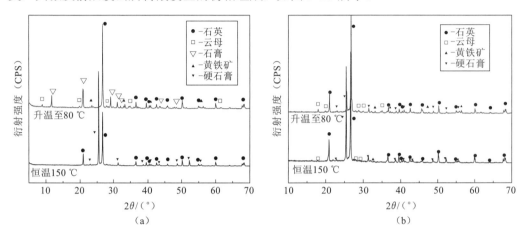

图 3-39　氧压酸浸渣 XRD 谱图

（a）K_2SO_4 激发；（b）无激发

将氧压酸浸过程分为升温阶段和恒温阶段，在 K_2SO_4 激发的升温阶段（$T<T_{set}$），当温度低于 100 ℃，随着温度的升高，方解石（$CaCO_3$）衍射峰消失，$CaSO_4 \cdot 2H_2O$（CSD）的衍射峰出现，云母和黄铁矿的衍射峰未发生变化；当温度高于 100 ℃时，CSD 衍射峰逐渐减弱消失，钙物相溶解进入液相。在 K_2SO_4 激发的恒温阶段（$T=T_{set}$），$CaSO_4$（CSA）的衍射峰出现，恒温 1 h 后云母和黄铁矿的衍射峰随之消失。研究发现［图 3-39（b）］，无激发的氧压酸浸过程中，随着温度的不断升高，仅 CSA 的衍射峰出现，恒温 1 h 后云母和黄铁矿的衍射峰仍继续存在。上述含钙物相变化表明，K_2SO_4 激发的氧压酸浸过程中发生了石膏相向硬石膏相的转变，并伴随含 Al、Fe 物相（白云母和黄铁矿）的消失。

钒页岩中方解石常与白云母、石英交互生长。方解石易溶于硫酸溶液［反应（3-75）］。在硫酸盐水溶液中，CSA 与 CSD 均存在沉淀-溶解平衡［反应（3-76）和反应（3-77）］。利用 FactSage 热力学软件计算得出不同温度下反应（3-76）和反应（3-77）的 ΔG_T 值，结果如图 3-40 所示。反应（3-76）的 ΔG_T 值均大于反应（3-77）的 ΔG_T 值，反应（3-76）比反应（3-77）更容易自发反应，且随着温度的升高，反应（3-76）和反应（3-77）的 ΔG_T 差值增大，表明温度越高，$CaSO_4$ 越容易生成。

$$2H^+(aq)+ CaCO_3(s) \longrightarrow Ca^{2+}(aq)+ CO_2(g) + H_2O(l) \tag{3-75}$$
$$SO_4^{2-}(aq)+Ca^{2+}(aq)== CaSO_4(s) \tag{3-76}$$
$$SO_4^{2-}(aq)+Ca^{2+}(aq)+2H_2O== CaSO_4 \cdot 2H_2O(s) \tag{3-77}$$

液相 Ca^{2+} 浓度和过饱和度是影响 CSD 析晶的主要因素。CSD 的过饱和度可以由公式（3-78）表示。

$$S=\frac{\alpha_{H_2O}^2 \alpha_{SO_4^{2-}} \alpha_{Ca^{2+}}}{K_{sp}} \tag{3-78}$$

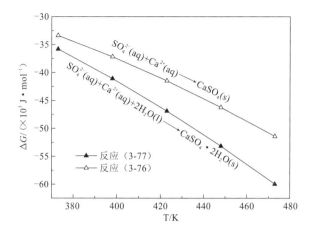

图 3-40　不同温度下反应（3-76）和反应（3-77）的 $\Delta G_T^{\ominus}$ 变化

式中：K_{sp} 为 CSD 的溶度积，与温度有关；α_i 为对应组分的活度；S 为 CSD 的过饱和度，当温度一定时，S 值由液相中 $\alpha_{SO_4^{2-}}$ 和 $\alpha_{Ca^{2+}}$ 所决定。

无激发的氧压酸浸过程中，K_2SO_4、Na_2SO_4 和 $Al_2(SO_4)_3$ 等金属硫酸盐缓慢生成，CSD 沉淀析晶的瞬时过饱和度低，其自发沉淀能力较差。当外加 K_2SO_4 时，相对较高的 SO_4^{2-} 浓度诱发了同离子效应，降低 CSD 溶解度。K_2SO_4 激发 CSD 的高瞬时过饱和度，加快了 CSD 自发成核速率。与此同时，CSD 的快速析晶消耗 Ca^{2+} 和 SO_4^{2-}，为保持溶液中 Ca^{2+} 和 SO_4^{2-} 浓度的平衡，CSA 溶解加强。研究发现，温度低于 100 ℃时，CSD 能够稳定存在，而温度超过 100 ℃时，CSA 成为稳定相，其溶解度随着温度的升高而降低。因此，CSD 的沉淀析晶发生在氧压酸浸过程的升温阶段，一旦温度超过 100 ℃，CSD 脱水转变为 CSA。由于液相中 Ca^{2+} 和 SO_4^{2-} 的结合而形成了中性 $CaSO_4(aq)$，当硫酸盐浓度不低于 0.2 mol/kg 时，硫酸盐的加入会导致 CSA 溶解度的增大，但当硫酸盐浓度超过 1.5 mol/kg 时，由于盐析效应的影响，硫酸盐的加入则使 CSA 的溶解度降低。前述 K_2SO_4 用量试验结果表明，K_2SO_4 用量为 6%～9%（质量分数），即 0.34～0.51 mol/kg，恰处于有益的硫酸盐浓度范围。

K_2SO_4 用量对钙物相的影响研究（图 3-41）显示，K_2SO_4 参与 CSD 和 CSA 间的转化反应。随着 K_2SO_4 用量的增多，云母和黄铁矿的晶面衍射峰消失，同时出现的 $K_3Ca_2(SO_4)_3F$ 晶面衍射峰逐渐增强。$K_3Ca_2(SO_4)_3F$ 衍射峰的出现说明 $CaSO_4$ 水化过程符合布德尼柯夫的负盐理论。Singh M 等（1995）的研究已证明在 $CaSO_4$ 水化过程中 $K_2Ca(SO_4)_2 \cdot H_2O$ 作为中间产物出现［反应（3-79）］。CSD 是 $K_2Ca(SO_4)_2 \cdot H_2O$ 的分解产物［反应（3-80）］。$K_2Ca(SO_4)_2 \cdot H_2O$ 在 150 ℃分解产生 $K_2Ca(SO_4)_2$［反应（3-81）］。钒页岩中 F 可能存在于白云母和磷灰石中。云母和磷灰石溶解后，F 被释放进入溶液中。由于其具有强电负性，F 极易参与 $K_2Ca(SO_4)_2$ 的分解反应［反应（3-82）］，进而形成 $K_3Ca_2(SO_4)_3F$。因此，当 K_2SO_4 用量低于 7%时，随着用量的增加，反应（3-76）和反应（3-77）的反应平衡右移，CSD 增多，有利于下一步 CSD 向 CSA 转化，进而加快 CSA 界面生长。

$$CaSO_4(aq)+K_2SO_4(aq)+H_2O(l) \rightleftharpoons K_2Ca(SO_4)_2 \cdot H_2O(s) \tag{3-79}$$

$$K_2Ca(SO_4)_2 \cdot H_2O(s) + H_2O(l) \rightleftharpoons CaSO_4 \cdot 2H_2O(s)+K_2SO_4(aq) \tag{3-80}$$

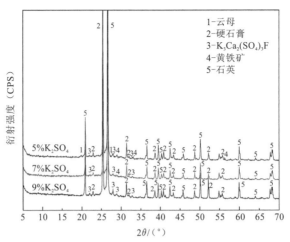

图 3-41　不同 K_2SO_4 用量下酸浸渣的 XRD 谱图

$$K_2Ca(SO_4)_2 \cdot H_2O(s) \longrightarrow K_2Ca(SO_4)_2(s) + H_2O(l) \tag{3-81}$$

$$2K_2Ca(SO_4)_2(s) \longrightarrow K_2Ca_2(SO_4)_3(s) + K_2SO_4(aq) \tag{3-82}$$

当 K_2SO_4 过量后，V 浸出率开始下降。由于盐析效应，$CaSO_4$ 溶解度降低，导致反应（3-79）和反应（3-80）的反应平衡左移，使 CSD 向 CSA 转化不充分，CSA 界面生长缓慢，从而减弱了云母基体的开裂。此外，采用 TEM* 观察 K_2SO_4 过量时浸出所得的酸浸渣，还发现由元素 K、Al、S、V、Ti 和 O 组成的非晶态（图 3-42）。被浸出的 V 离子主要以 VO^{2+} 和 VO_2^+ 的形式存在于溶液中，而 SO_4^{2-} 是一种能与金属阳离子发生离子缔合的络阴离子。K_2SO_4 用量过多时，SO_4^{2-} 与 VO^{2+}、VO_2^+ 以及其他金属阳离子发生了离子缔合反应，形成离子缔合物，也可能造成 V 浸出率的下降。

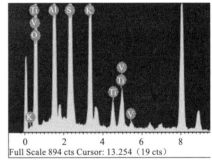

图 3-42　K_2SO_4 过量时酸浸渣中非晶相的 TEM-EDS 图

4. 钒云母颗粒应力裂解

钒云母颗粒应力裂解过程可简单表述为：硫酸盐介质激发下 CSD 向 CSA 的固相转化对云母颗粒表面产生局部应力作用，使颗粒内部微裂纹加速形成，新反应界面增大，云母颗粒溶解增强。下面重点从颗粒孔隙分布和表观形貌、CSA 与云母基体的界面结合

* TEM 为透射电子显微镜（transmission electron microscope）的英文缩写，后同。

三方面，揭示颗粒应力裂解机制。

1）云母颗粒裂隙分布

钒页岩中云母颗粒的孔隙结构是在高温硫酸侵蚀下某些组分溶解后形成的多孔骨架。这类固体的孔结构至少与两个变量有关：①反应动力学因素（如浓度、温度、反应时间和速率常数）；②母体的物理结构。化学反应处理固体产生的孔结构主要取决于母体物料的结构。N_2吸附-脱附后不同时间（升温 40 min、恒温 1 h 和恒温 5 h）下酸浸渣颗粒孔隙类型与孔径分布变化，结果见图 3-43 和图 3-44。

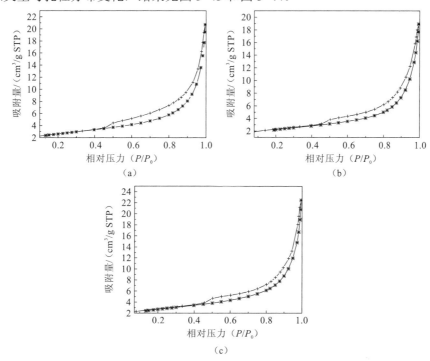

图 3-43　不同浸出时间点的酸浸渣吸附-脱附曲线

（a）升温 40 min；（b）恒温 1 h；（c）恒温 5 h

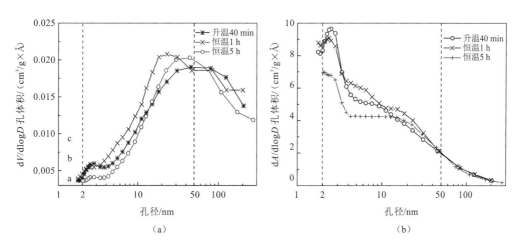

图 3-44　不同时间点下酸浸渣的孔径和孔表面积的区间分布曲线

（a）孔径分布；（b）孔表面积分布

由图 3-43 可知，在相对压力大于 0.45 的高压区，滞后环出现，发生了毛细聚凝现象，表明酸浸渣颗粒的孔结构中介孔占主导。观察吸附与脱附曲线的斜率变化发现，在较高的相对压力区域内，吸附曲线的斜率显著增加，未表现出任何吸附限制，所以酸浸渣颗粒中所形成的孔为楔状的狭缝孔，即一端宽一端窄的狭缝。狭缝孔的出现表明母体具有层状结构，狭缝孔产生于云母颗粒中。随着浸出时间的延长，滞后环的形状未发生明显改变，整个浸出过程中孔隙在云母颗粒中增殖。

由图 3-44（a）可知，K_2SO_4 激发所得的酸浸渣既有介孔结构也有大孔结构，孔径分布较宽。当升温 40 min 时，孔径多数分布在 50 nm 附近，少量分布于 1.8～4 nm。恒温 1 h 后，孔径集中分布于 20 nm 附近，少量分布于 1.8～3 nm。恒温 5 h 后，孔径主要分布于 50～80 nm 附近，小孔径已基本消失。因此，K_2SO_4 激发过程中介孔比例先升高后降低，大孔比例呈相反方向变化。此外，由图 3-44（b）可知，恒温 1 h 所得酸浸渣中孔径为 3.5～50 nm 的孔表面积大于升温 40 min 所得酸浸渣中同孔径范围的孔表面积，CSD 向 CSA 的固相转化增加了云母颗粒内孔隙。在相同孔径范围内，恒温 5 h 后该孔径范围的孔表面积小于恒温 1 h 后该孔径范围的孔表面积，表明 CSA 界面生长使颗粒中孔隙聚合增大。K_2SO_4 的激发使孔隙在云母颗粒中快速增殖，增大云母颗粒内部结构与硫酸的反应界面。

2）　云母颗粒表观形貌

K_2SO_4 激发前后所得酸浸渣的镜下颗粒形貌，如图 3-45 所示。

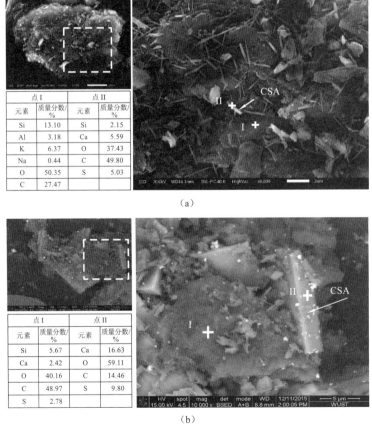

点 I		点 II	
元素	质量分数/%	元素	质量分数/%
Si	13.10	Si	2.15
Al	3.18	Ca	5.59
K	6.37	O	37.43
Na	0.44	C	49.80
O	50.35	S	5.03
C	27.47		

（a）

点 I		点 II	
元素	质量分数/%	元素	质量分数/%
Si	5.67	Ca	16.63
Ca	2.42	O	59.11
O	40.16	C	14.46
C	48.97	S	9.80
S	2.78		

（b）

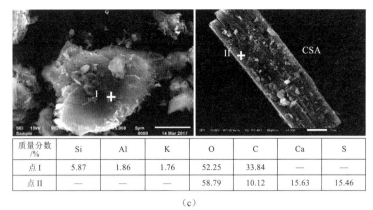

质量分数/%	Si	Al	K	O	C	Ca	S
点 I	5.87	1.86	1.76	52.25	33.84	—	—
点 II	—	—	—	58.79	10.12	15.63	15.46

（c）

图 3-45　酸浸渣颗粒微观形貌

（a）K_2SO_4 激发下升温至 150 ℃；（b）K_2SO_4 激发下 150 ℃浸出 5 h；（c）无激发 150 ℃浸出 5 h

对比无激发下酸浸渣颗粒形貌发现，K_2SO_4 激发下浸出所得酸浸渣的颗粒形貌具有明显差异。在图 3-45（a）中，针状 CSA 晶体密集分布在白云母颗粒表面上凹角处。在图 3-45（b）中，长条状 CSA 晶体彼此搭接形成整体，由絮状的无定形物包裹，经微区探针分析，该絮状物主要由元素 Si 和 O 组成，为无定型的硅氧化物。而在图 3-45（c）中，云母颗粒保持完整形态，表面仅存在一些微小缝隙和孔洞，长条状 CSA 晶体独立分布。K_2SO_4 激发下 CSA 晶体发生界面生长，使云母颗粒开裂后被溶解。同时发现，无激发所形成的 CSA 晶体具有不规则晶型，独立分布，晶格缺陷明显。而 K_2SO_4 激发所形成的 CSA 晶体的晶型发育良好，晶内缺陷减少。晶格缺陷数量的减少，使 CSA 具有更好的塑性和韧性。

K_2SO_4 激发下受不同温度影响的 CSD 与 CSA 晶体形貌特征由图 3-46 所示。在升温阶段，细小的针棒状 CSD 晶体出现并附着在大块颗粒表面，随着温度的升高，CSD 长径比增大，部分 CSD 晶体搭接生长，当温度超过 100 ℃，CSD 溶解再结晶，形成了具有一定长径比的 CSA 晶体。在恒温阶段，随着恒温时间的增加，CSA 侧向尺寸显著变大，彼此搭接生长，但仍保持一定速率的 c 轴取向生长。Ernst Michael S 等（2001）的研究发现，CSD 沿 c 轴方向的生长速率远高于其侧向的生长速率，在水热条件下 CSD 向 CSA 的转化能够使 CSA 继续保持沿 c 轴方向的生长。因此，温度超过 100 ℃后，CSD 发生溶解再结晶，重结晶使新生 CSA 晶内缺陷减少，增强了 CSA 晶体的强度。同时，随着恒温时间的延长，CSA 晶体侧向生长明显增强，并彼此搭接，但仍沿 c 轴方向取向生长。

3）CSA 与云母基体的界面结合

由于 CSA 晶体在云母颗粒表面生长，CSA 晶体与云母颗粒之间产生了相界面。当界面 CSA 晶体产生的应力载荷通过结合相界面传递到云母颗粒上，云母颗粒开始承受载荷，连续的应力作用会造成颗粒开裂。而当应力载荷反向传递时，则云母颗粒得到应力释放，延缓颗粒原有裂纹的扩展。

晶须作为复合材料的增强体，其增强机理是通过界面附近的应力分布变化，使载荷从基体传递到晶须，所以晶须与基体界面的结合状态是晶须能否对基体材料起到增强作用的一个关键因素。只有当界面结合力适当时，才能有效地将载荷由基体传递给晶须，

图 3-46　CSD—→CSA 晶体形貌转变

（a）升温至 40 ℃；（b）升温至 95 ℃；（c）150 ℃恒温 1 h；（d）150 ℃恒温 5 h

同时界面处还可以发生解离和滑动，此时晶须增强效果明显。若界面结合力使载荷从晶须传递给基体，此时晶须就增强了对基体结构的破坏作用，而 CSA 界面生长引起的云母颗粒裂解恰与晶须引发的基体破坏产生了相同的应力作用效果。

　　界面结合力有物理结合力和化学结合力之分。当晶须与基体物理结合时，晶须与基体的弹性模量和膨胀系数应接近，如果二者严重失配，在界面处会产生很大的剪应力，造成基体的宏观裂纹。由于 CSA 晶体与白云母均为稳定矿物，彼此之间无法发生化学反应，CSA 晶体与白云母之间的结合方式应为物理结合。

　　增强复合材料的弹性模量（李武，2005）可表示为

$$E^{\mathrm{C}} = E^{\mathrm{m}} + \left(E^{\mathrm{W}} - E^{\mathrm{m}}\right)V_{\mathrm{w}} \tag{3-83}$$

式中：E^{c} 为复合材料的弹性模量，GPa；E^{m} 为基体的弹性模量，GPa；E^{w} 为晶须的弹性模量，GPa；V_{w} 为添加晶须的体积分数，%。从式（3-83）可知，当添加的晶须弹性模量比基体的低时，晶须的加入起到破坏基体的作用。

　　由于晶须和基体一般是两种不同的物质，存在形态差异或各向异性等，晶须和基体在热膨胀上不可能是一致的。基体中形成的残余应力（李武，2005）可表示为

$$\sigma_{\mathrm{m}} = \left(\alpha_{\mathrm{m}} - \alpha_{\mathrm{w}}\right)E^{\mathrm{w}}V_{\mathrm{w}}\Delta T + V_{\mathrm{w}}\left(E^{\mathrm{w}}/E^{\mathrm{m}} - 1\right) \tag{3-84}$$

式中：σ_{m} 为基体残余应力，N；α_{m} 为基体的热膨胀系数；α_{w} 为晶须的热膨胀系数；E^{m} 为基体的弹性模量，GPa；E^{w} 为晶须的弹性模量，GPa；V_{w} 为添加晶须的体积分数，%；ΔT 为热应力的温差，K。根据式（3-84）判断，可能存在两种情况：①$\alpha_{\mathrm{w}} > \alpha_{\mathrm{m}}$，此时基

体承受压应力，晶须受拉应力，可导致基体强度增大。复合材料的最大强度依赖于晶须的断裂强度，所以若晶须所受的拉应力超过其本身的强度极限，晶须会发生断裂。②$\alpha_m > \alpha_w$，此时基体承受拉应力，晶须受压应力，此应力如果超过基体的抗拉极限时，会在垂直方向产生微细裂纹。

在 CSA 界面生长过程中，云母基体会受到 CSA 晶体尖端的应力作用。随着 CSA 晶体的长大，晶体长径比降低，横向尺寸增大，其侧向生长速率加快。重结晶使 CSA 晶体的晶内缺陷减少，晶体强度增大，其弹性模量增强。云母具有较高的弹性模量，但随着 H^+ 交换反应的不断进行，云母结构的点阵畸变程度增大，当云母结构中空位受到 CSA 晶体的应力作用时，其弹性模量减弱。当云母的弹性模量大于 CSA 晶体的弹性模量时，根据式（3-83）可知，CSA 晶体在云母表面的生长会使载荷传递给云母基体，CSA 晶体对云母基体产生破坏作用。

矿物的结构、成分、化学键、配位数对矿物的热膨胀系数产生较大的影响。化学键强度越高，矿物的热膨胀系数越小。云母层状结构由于具有强电负性，其热膨胀系数较低。随着云母的不断溶解，晶格中各种热缺陷的形成会造成局部点阵的畸变和膨胀，且云母结构中化学键强度逐渐减弱，导致热膨胀系数增大。而硫酸钙具有较低的热膨胀系数，再结晶所形成的 CSA 由于晶内缺陷减少，键强增大，热膨胀系数降低。当云母基体的膨胀性高于 CSA 的膨胀性，根据式（3-84），CSA 晶体尖端局部附近的云母基体承受拉应力，当此拉应力超过基体的抗拉极限后，就会在基体表面产生微细裂纹，随着 CSA 晶体的不断长大，微细裂纹扩展、增大。

由于云母与 CSA 晶体之间为物理结合，此时界面的黏结强度低于界面层的内聚强度，界面损伤的主要原因是界面黏结被破坏。在界面及其附近，微细裂纹扩展造成能量耗散，引起界面处脱黏，这个过程界面逐渐破坏，有 CSA 晶体脱黏后留下的孔洞。因此，基于 Gurson-Tvergaard 模型和酸浸渣的孔结构分析结果，基体损伤可能涉及两级孔洞的演化。据此推断，云母基体上大孔洞由 CSA 晶体的脱黏产生，大孔洞或 CSA 晶体之间基体中的变形局部化带分布有小一级的孔洞，小一级孔洞增殖、长大，最后聚合形成裂纹。

3.4　介质激发下钒浸出的表观活化能

根据钒页岩酸浸过程的特征分析，钒页岩中 V 浸出反应是典型的固液两相反应，反应速率主要由化学反应、反应物的扩散等步骤控制。收缩核模型是目前最常用的固液反应动力学模型。基于云母的异成分溶解特性，酸浸渣表面的主要元素应为 Si，浸出后钒页岩颗粒表面形成了高 Si 产物层。钒页岩氧压酸浸过程的动力学与收缩核模型的适用条件较为接近。假设 V 浸出反应符合收缩核模型。

当反应速率受化学反应控制时，其动力学方程表示为

$$k_C t = 1 - (1-x)^{1/3} \tag{3-85}$$

式中：x 为浸出率；k_C 为化学反应速率常数；t 为浸出时间。

当反应速率受固膜扩散控制时，其动力学方程表示为

$$k_D t = 1 - 3(1-x)^{2/3} + 2(1-x) \tag{3-86}$$

式中：k_D 为扩散速率常数。

当反应速率受混合控制（同时受界面化学反应和固膜扩散控制）时，其动力学方程表示为

$$kt = 1/3\ln(1-x) - 1 + (1-x)^{-1/3} \qquad (3\text{-}87)$$

式中：k 为表观速率常数。

上述方程的使用条件是要求 x-t 曲线通过原点。实际上，物料放入反应釜中要经历升温阶段，升温过程中浸出反应也会发生，而浸出时间是从温度升至设定温度开始计时，故浸出时间为 0 时，浸出率并不为 0，导致 x-t 曲线不通过原点。由于边界条件的差异，上述方程并不适用于 V 浸出率数据。因此，上述方程需要进行边界条件修正。将浸出时间为 0 时的浸出率 x_1 作为边界条件，对上述方程重新积分整理，得到如下动力学方程。

采用 Aarabi-Karasgani M 等（2010）修正后的动力学方程，当浸出反应受固膜扩散控制时，其动力学方程为

$$k_D(t-t_1) = 1 - 3\left(\frac{1-x}{1-x_1}\right)^{2/3} + 2\left[1 - (1-x_1)^{-2/3}(x-x_1)\right] \qquad (3\text{-}88)$$

当浸出反应受化学反应控制时，其动力学方程为

$$k_C(t-t_1) = 1 - \left(\frac{1-x}{1-x_1}\right)^{1/3} \qquad (3\text{-}89)$$

当浸出反应受混合控制时，其动力学方程为

$$k(t-t_1) = 1/3(1-x_1)^{1/3}\ln\left(\frac{1-x}{1-x_1}\right) - 1 + \left(\frac{1-x}{1-x_1}\right)^{-1/3} \qquad (3\text{-}90)$$

3.4.1 含氟介质浸出体系

含氟介质体系中，含钒云母浸出过程的内扩散控制和化学反应控制主要表现为 H^+ 或 HF 通过含钒云母颗粒表层扩散至未反应矿粒核和生成的 VO^{2+} 等穿过已反应的固体产物层，以及 H^+ 或 HF 与含钒云母界面反应生成 VO^{2+}、$[SiF_6]^{2-}$ 和 $[AlF_5]^{2-}$ 等离子的释放过程。

钒浸出率随时间的变化关系按式（3-88）、（3-89）和（3-90）分别拟合与计算，拟合结果见图 3-47。无氟化物参与的钒浸出过程受化学反应控制，氟化物参与浸出后整个浸出过程不再受单一步骤控制，随时间的变化，其控制步骤发生改变。

将含氟介质浸出过程（0～4 h）分成两个相对较短的时间段（0～1 h 和 1～4 h）分别进行拟合计算。在 0～1 h 时间段内（图 3-48），式（3-85）和式（3-86）的拟合曲线 R^2 大于 0.99 且通过原点，钒浸出过程更符合固膜扩散控制和混合控制；在 1～4 h 时间段内（图 3-49），式（3-86）的拟合曲线 R^2 大于 0.99 且通过原点，钒浸出过程更符合化学反应和固膜扩散的共同控制。根据阿伦尼乌斯（Arrhenius）方程，将表 3-13 中 k 值带入方程 $\ln k = \ln A - E_a/RT$ 中，以 $\ln k$ 对 $1/T$ 作图，结果见图 3-50，由图中直线斜率求得反应的表观活化能 E_a。

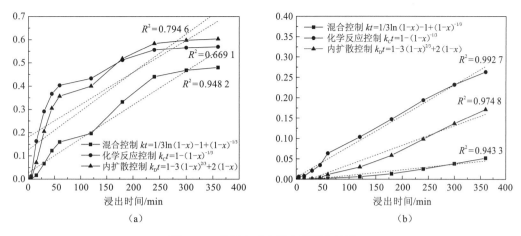

图 3-47 钒浸出动力学方程拟合结果

（a）含氟介质体系；（b）无氟介质体系

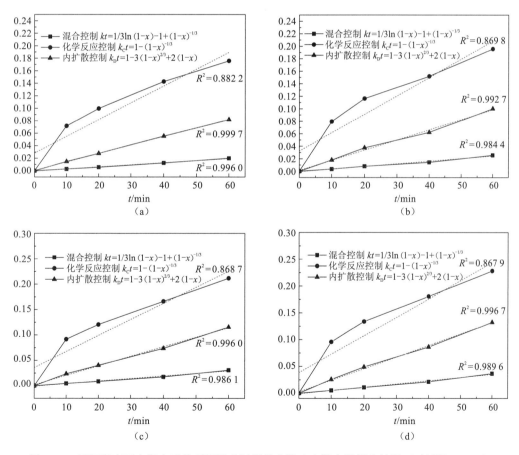

图 3-48 不同温度下含氟介质体系钒浸出过程的分段动力学方程拟合结果（时间段 0～1 h）

（a）65 ℃；（b）75 ℃；（c）85 ℃；（d）95 ℃

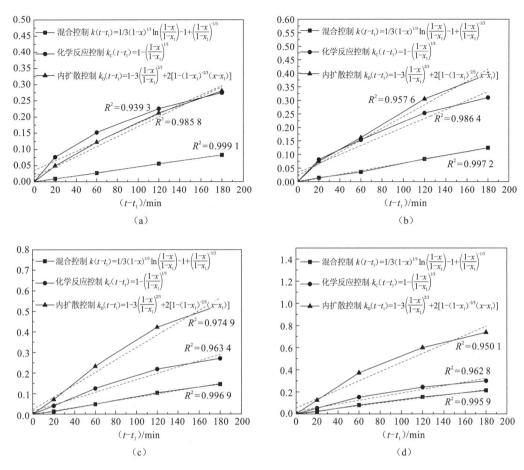

图 3-49　不同温度下含氟介质体系钒浸出过程的分段动力学方程拟合结果（时间段 1～4 h）
(a) 65 ℃；(b) 75 ℃；(c) 85 ℃；(d) 95 ℃

表 3-13　含氟介质体系 V 浸出动力学的表观速率常数 k_i

体系温度/℃	时间段 0～1 h			时间段 1～4 h		
	k_D	k_C	k	k_D	k_C	k
65	0.001 5	0.002 9	0.000 4	0.001 5	0.001 5	0.000 5
75	0.001 6	0.003 0	0.000 4	0.001 7	0.002 2	0.000 7
85	0.001 8	0.003 1	0.000 5	0.003 0	0.001 5	0.000 9
95	0.002 0	0.003 5	0.000 6	0.004 1	0.001 7	0.001 2

通常认为，受固膜扩散控制的反应表观活化能小于 12 kJ/mol，受化学反应控制的反应表观活化能大于 41.8 kJ/mol，表观活化能处于 12～41.8 kJ/mol 的反应既受化学反应控制，又受固膜扩散控制。根据图 3-50 推导出 0～1 h 时间段内钒浸出的表观活化能为 10.89 kJ/mol，低于 12 kJ/mol；1～4 h 时间段内钒浸出的表观活化能为 29.78 kJ/mol，介于 12 kJ/mol 与 41.8 kJ/mol 之间。钒页岩氧压酸浸过程中 V 的浸出过程符合收缩核模型，氟化物的引入使原有钒浸出过程从化学反应控制转变为分段控制：0～1 h 内为内扩散控制，大于 1 h 则为化学反应与内扩散混合控制。

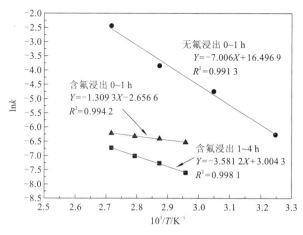

图 3-50 混合控制下 Arrhenius 方程线性拟合结果

化学反应速率与其活化能大小密切相关，活化能越低，反应速率越快。含氟介质激发下 V 浸出过程各阶段的表观活化能均降低，V 浸出速率加快，更快速达到反应平衡。云母溶解过程中，（001）面羟基脱除后原位形成缺陷。由于 F⁻ 半径小且电负性强，极易与不饱和 Al 原子形成 Al—F 键，使周围 Al^{VI}—O—Al^{IV} 键更易断裂，解除 Al 原子的晶格束缚，V 更容易释放于酸浸液中。含氟介质的激发能够减弱化学反应对钒浸出过程的影响，加快钒的释放，提高钒浸出率。

3.4.2 硫酸盐介质浸出体系

根据硫酸盐介质激发前后不同温度下 V 浸出率随着时间变化的试验数据，进行动力学方程线性拟合，拟合结果如图 3-51、图 3-52 和表 3-31 所示。

由图 3-51 可知，硫酸盐介质激发下，混合控制的动力学方程拟合的 R^2 大于 0.99。不同温度下固膜扩散和化学反应控制动力学方程的拟合曲线未通过原点，混合控制动力学方程的拟合曲线通过原点。由图 3-52 可知，无硫酸盐激发下，混合控制的动力学方程拟合的 R^2 大于 0.99，拟合曲线通过原点。氧压酸浸过程中 V 浸出反应更符合化学反应与固膜扩散的共同控制。

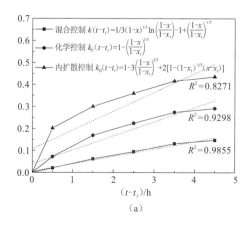

(a)

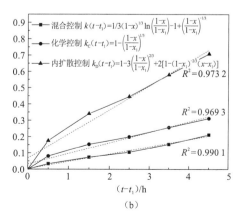

(b)

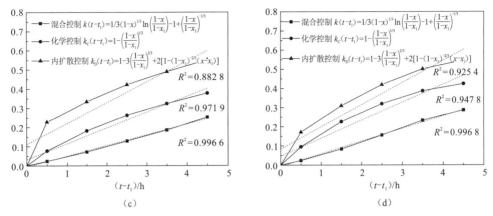

图 3-51　不同温度下硫酸盐激发的 V 浸出动力学方程拟合曲线

（a）130 ℃；（b）150 ℃；（c）170 ℃；（d）190 ℃

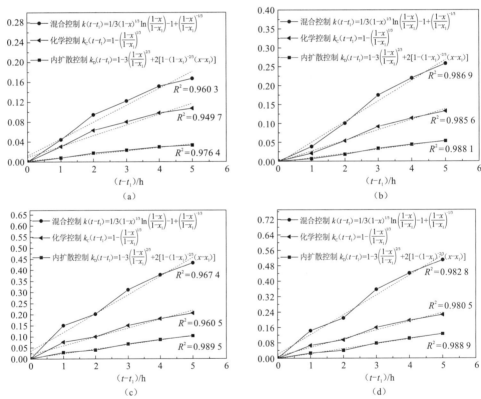

图 3-52　不同温度下无激发体系 V 浸出动力学方程拟合曲线

（a）110 ℃；（b）130 ℃；（c）150 ℃；（d）170 ℃

　　根据 Arrhenius 方程，将表 3-14 中 k 值带入方程 $\ln k = \ln A - E_a/RT$ 中，以 $\ln k$ 对 $1/T$ 作图，结果见图 3-53，由该直线斜率求得反应的表观活化能 E_a。当 V 浸出反应受混合控制时，$\ln k$ 对 $1/T$ 的拟合 R^2 大于 0.99，硫酸盐介质激发下计算所得的表观活化能处于 12～41.8 kJ/mol，由无激发状态的 28.09 kJ/mol 降低至 17.33 kJ/mol，硫酸盐介质的激发降低了活化能，提高了 V 与 H^+ 的界面交换反应速率。

表 3-14　V 浸出过程动力学方程拟合所得表观速率常数 k_i

体系温度/℃	K_2SO_4 激发			无激发		
	k_D	k_C	k	k_D	k_C	k
110	—	—	—	0.034	0.009	0.007
130	0.085 3	0.064 0	0.033 8	0.054	0.028	0.011
150	0.147 4	0.064 6	0.044 5	0.085	0.040	0.021
170	0.108 4	0.082 4	0.055 7	0.103	0.045	0.026
190	0.115 3	0.093 6	0.065 9	—	—	—

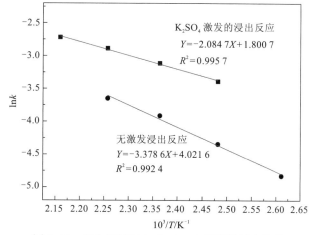

图 3-53　混合控制下 Arrhenius 方程线性拟合结果

3.5　云母结构的界面弛豫

3.5.1　云母结构弛豫的一般过程

自然界中一些矿物在水溶液体系中具有重要的吸附特性，矿物表面的吸附作用控制着矿物的溶解沉淀与晶体生长。表面络合理论能够较好地解释矿物表面吸附过程。铝硅酸盐矿物可分为无永久电荷的和永久电荷的，其中前者只具有表面羟基，后者除具有表面羟基外，还具有离子交换位。魏俊峰等（2000）的研究认为，在层状硅酸盐结构中，如蛭石族、云母族和蒙脱石族矿物，SiO_4 四面体连接成四面体片时，在基面上形成以硅氧烷基（$>Si_2O$）为边界的六边形空穴。当四面体片和八面体片相连时，这些空穴发生变形，从六方对称变为复三方对称。当八面体片中的三价阳离子被二价阳离子置换或四面体片中的 Si^{4+} 被三价阳离子置换时，晶格中产生永久电荷，并由位于层与层之间的复三角形空穴中的一价或二价阳离子的络合作用来补偿。因此，层状铝硅酸盐矿物的表面官能团除表面羟基外，一般还有离子交换位，随着矿物晶格中阳离子类质同象置换产生的永久电荷量的增加而增多。

云母的永久负电荷主要是源于 Al^{3+} 或 Fe^{3+} 置换四面体片中的 Si^{4+}，由于置换程度较大，永久电荷多，每个单位晶胞中约含有 0.61 个结构负电荷，而且产生的负电荷分布于四面体的 3 个表面氧之间，电荷的扩散性小。通过表面位密度 N_S（个/nm^2）可以衡量水溶液中矿物的总表面位浓度 N_T（mol/L），二者的关系（杨雅秀，1994）为

$$N_T = N_S \cdot A \cdot C_S \cdot 1\,018 / N_A \qquad\qquad (3\text{-}91)$$

式中：A 为比表面积，m^2/g；C_S 为固体浓度，g/L；N_A 为阿伏伽德罗常量。由于云母结构容易沿（001）面解离，云母颗粒的表面主要为由四面体底面的角顶氧原子组成的（001）面。根据式（3-91），比表面积越大，N_S 越高，矿物的总表面位密度越大，云母（001）面的负电荷越多。

以白云母的二八面体结构为对象进行分析。当白云母层间 K$^+$ 被 H$^+$ 置换时，云母（001）面的负电荷越多，H$^+$ 吸附于（001）面所形成的表面羟基越多。白云母释钾后 H$^+$ 补偿了（001）面的永久电荷并形成了表面羟基，改变了白云母（001）面的电荷分布。计算得出四面体层上表面羟基的形成与脱除能量，结果表明表面羟基通过缩合反应生成结构水，此时 1 个结构氧原子脱离晶格。在表面羟基脱除过程中白云母的表面配位电荷主要是由表面羟基的质子转移形成的质子表面电荷（σ_H）。此时，白云母发生表面羟基的质子转移反应，形成离子化表面，反应如下：

$$>SOH^0 + H^+ \rightleftharpoons >SOH_2^+ \qquad\qquad K^+ \qquad\qquad (3\text{-}92)$$

$$>SOH^0 \rightleftharpoons >SO^- + H^+ \qquad\qquad K^- \qquad\qquad (3\text{-}93)$$

式中：>S 代表矿物表面阳离子。在酸性溶液中，离子化表面形成后云母颗粒的亲水性增强，这有助于 H$^+$ 的连续吸附，进而不断脱除四面体层中 Al^{3+} 周围的氧原子，同时 SO$_4^{2-}$ 与 Al^{3+} 吸附配位，最终 Al^{3+} 脱离四面体晶格束缚。八面体层由此裸露在酸性溶液中，钒得到快速释放。

白云母结构弛豫的一般过程如图 3-54 所示。白云母结构先后经历了 H$^+$ 释钾，表面羟基的形成与脱除（即桥氧原子的脱除），四面体铝的脱离，八面体层的裸露与溶解。表面羟基的形成与脱除是云母钒释放的关键步骤。具有三八面体结构的云母类矿物也将发生与白云母相似的结构弛豫过程。

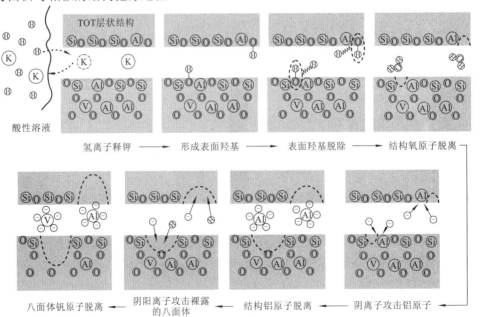

图 3-54　云母结构中钒释放的一般过程

3.5.2　云母中 Si/Al 原子化学环境

当硫酸浸出含钒云母时，含钒云母的结构变化基本遵循云母结构弛豫的一般过程，但该过程较为缓慢，消耗大量时间。基础研究数据表明，介质激发后钒的浸出时间显著缩短，含钒云母溶解速率加快。介质激发是一种强化钒浸出的有效方法，通过加速云母的结构弛豫，降低了云母结构弛豫后达到终点平衡态所需的能量。不同介质激发后酸浸渣的红外吸收光谱如图 3-55 所示。对比发现，含氟介质与硫酸盐介质激发下酸浸渣的红外吸收光谱相似，云母结构中 Al—OH 振动和 Si—O—Al^{IV} 面内振动所产生的吸收峰均完全消失，此时红外谱中的吸收峰主要归属于 Si—O 键伸缩和弯曲振动、吸附水的伸缩和弯曲振动及 SO_4^{2-} 基团的内振动。含氟介质与硫酸盐介质激发下云母结构溶解后的最终态相近。因此，云母结构的界面弛豫与其自身结构特性紧密关联，尤其是 Si 原子和 Al 原子化学环境。

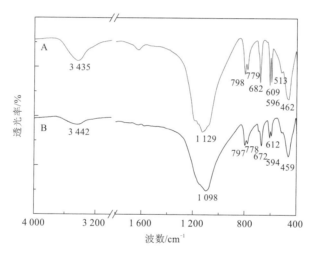

图 3-55　不同介质激发所得的酸浸渣 FTIR 图谱

A-含氟介质激发；B-硫酸盐激发

钒页岩酸浸前后 Si、Al 元素结合能的变化见图 3-56。钒页岩原矿中 Si2p 谱分为三个峰，其相应结合能分别为 102.58 eV、101.68 eV 和 99.98 eV，Si2p 以云母、长石和石英的形态存在。四配位 [AlO$_4$] 中 Al2p 结合能为 73.4～74.55 eV，六配位 [AlO$_6$] 中 Al2p 结合能为 74.1～75.0 eV（夏文宝，2013）。在图 3-56 中 Al2p 谱可分为两个峰，其相应结合能分别为 74.09 eV 和 73.10 eV，位于 73～75 eV。原矿中 Al2p 以四配位 [AlO$_4$] 和六配位 [AlO$_6$] 的形态存在。酸浸后，Si2p 拟合峰向高结合能方向移动至 103.67 eV 和 102.64 eV，此时 Si2p 分别以 SiO$_2$ 和 Al$_2$Si$_4$O$_{10}$(OH)$_2$ 的形态存在。Al2p 拟合峰的结合能分别为 74.69 eV、73.38 eV 和 72.16 eV。而随着 Al 配位数的降低，Al2p 结合能也随之减小，所以 Al2p 以 [AlO$_6$]、[AlO$_4$] 和更低配位数的 [AlO$_x$] 形态存在。

酸浸后六配位结构中 Al2p 结合能增加 0.69 eV，Al 原子核周围的电子云密度降低，Al 原子失去电子。由于氧原子的电负性很大，其 2p 电子层存在一个空轨道，为吸引电子提供了空间。当氧原子与其他金属原子形成共价键时，其外层空轨道的电子云密度也

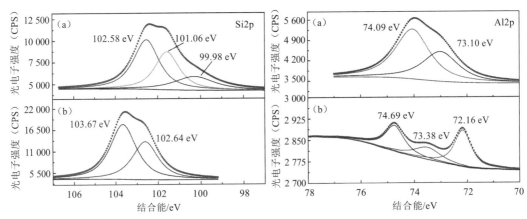

图 3-56　Si2p、Al2p 的 XPS 精细谱分峰拟合曲线

(a)　钒页岩原矿；(b)　酸浸渣

随之增加，使 O1s 的结合能降低。换言之，浸出后 O1s 的结合能增加 1.53 eV，将使其周围电子云密度升高，这可能是由于白云母界面氧发生缺失，存在不足。

因此，云母结构的界面弛豫过程中，层间阳离子完全脱除，氧原子发生缺失，Al 配位数降低。

云母的基本结构是由两个硅氧四面体层中间夹一铝氧八面体层而组成的 TOT 基本结构单元，层间金属阳离子平衡了由于四面体中 Al（III）取代 Si（IV）所带来的负电荷。此外，由于云母颗粒表面存在大量的悬空键，云母的界面性质比其本体的性质更加活泼。在硫酸溶液中，参与云母溶解的基本反应是 H^+ 交换反应，云母与硫酸溶液之间的界面上存在大量不饱和氧，从而吸附 H^+ 形成界面羟基。以白云母为例，界面羟基可能存在如下三种类型，如图 3-57 所示。

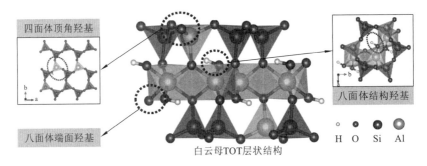

图 3-57　白云母结构中的羟基类型

（1）　白云母自身所带的羟基，存在于由硅氧四面体组成的六元环空隙中，位于八面体层的上下顶面上。

（2）　TOT 层的端面氧吸附 H^+ 所形成的羟基。

（3）　层间 K^+ 在 H^+ 作用下快速溶解，使硅氧四面体层的顶角面裸露。Al 取代 Si 的点位上氧处于电荷不平衡状态，吸附 H^+ 而形成表面羟基。

当上述界面羟基与 H^+ 反应时，界面氧发生缺失，促使晶格空位形成，增加白云母晶格点阵畸变，削弱氧原子对 Al^{3+} 的晶格束缚。晶格空位的增多，也产生了更多的活性点位，H⁺能够继续与新生的界面氧形成羟基，继续降低 Al 原子配位数，使 Al 原子最终被释放进入溶液中。由于 Al—O 键的键能（7 201～7 858 kJ/mol）远低于 Si—O 键的键能（13 012～13 146 kJ/mol），Al—O 键更容易断裂，且浸出过程中 Si 基本不溶出，也证明了 Si—O 键极难发生断裂。因此，云母晶体结构的破坏首先发生在 Al—O 键。

云母结构中四面体形成的六元环由于荷负电，当 H⁺进入六元环时，H⁺优先去平衡电荷，并受到位于六元环空隙的八面体羟基上氢原子的排斥，无法直接作用于八面体结构羟基。此时 Al—O 键断裂则优先发生于铝氧四面体结构，进而引起硅氧四面体的变形与扭转，打破了四面体层对八面体层的遮蔽，增强了八面体层中 Al—O 键断裂，云母结构最终残留高 Si 骨架。

3.5.3　介质激发的云母晶格点阵畸变

含钒云母表面的电性差异使 H⁺选择性地吸附于不同反应区域上，与之相互作用，产生了云母结构溶解的各向异性。层状硅酸盐矿物具有各向异性的溶解动力学机制，由结构中（001）面和（h，k，0）边缘面二者反应活性的差异引起。虽然（001）面的反应活性低，但在该晶面仍能够产生蚀坑。通过蚀坑壁阶梯的形成、增殖和聚合，层状硅酸盐晶体结构逐步溶解。云母结构中存在多种晶格缺陷，如面缺陷（堆积层错、晶粒边界）、点缺陷、边缘和螺旋位错。晶体的这些多重缺陷诱使晶格产生应变，局部原子点阵畸变。由于螺旋位错核心存在大量悬空键，位错附近的原子会优先发生溶解，在位错核心处形成蚀坑。通过白云母表面形貌（图 3-58）可以观察到，单层凹点较多出现在云母表面，这是由点缺陷引发的，而多层凹面由沿 c 轴方向发展的螺旋位错形成。

（a）　　　　　　　　　　　　（b）

图 3-58　云母的溶解形貌

（a）单层凹点；（b）多层凹面

图 3-59 中云母表面呈现各向异性的腐蚀坑，这种各向异性来源于位错滑移时不同晶面方向阶跃速率的差异，其中沿[110]方向的偶数层的阶跃和沿[1$\bar{1}$0]方向的奇数层的阶跃速率最慢，导致云母异成分溶解。Inna Kurganskaya 等（2013）的研究发现，阶跃速率依赖于结点成核和增殖速率，这两个速率由结点处的拓扑结构和化学键断裂所需的活化能来决定。两种速率的合并产生如下偶数层的阶跃顺序：[110] < [1$\bar{1}$0] = [100]，奇数层阶跃速率顺序：[1$\bar{1}$0] < [110] = [100]。这些凹点的合并可能会形成溶解条带，如图 3-59（a）～（c）所示。这一现象在 Zhang Y M 等（2017）的研究中也得到验证，

见图 3-59（d）。

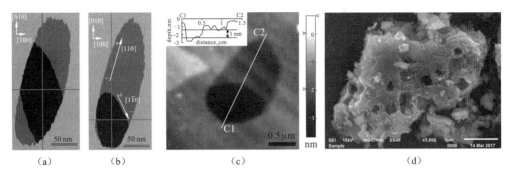

图 3-59　KMC 拟合结果下的蚀坑形态（a）～（c）和云母晶体中蚀坑的实际形貌（d）

当 M—O_{br}—M 键（M 代表云母结构中 Si、Al、V 等中心原子）未被上层原子遮蔽或稳定结合时，水合氢离子可以直接攻击 M—O_{br}—M 键来释放桥接氧原子 O_{br}。云母的八面体层结构中，Al_{oct}—O_{br}—Al_{oct} 桥氧原子与质子成键而被遮挡，所形成的羟基朝向毗邻的两个四面体阳离子间的桥接氧原子[图 3-60（a）～（b）]，被上层四面体原子阻挡。当其中一个四面体阳离子脱出后，遮蔽氧原子的晶格束缚减弱，这提高了下方被遮蔽羟基的脱除概率，更有利于 Al_{oct}—O(H)—Al_{oct} 键的断裂。当钒页岩酸浸体系含有 F 时，F 因其自身的强电负性与小离子半径的特性，优先与不饱和的四面体中心 Al 原子结合，通过配位反应将 Al 原子脱除，使四面体结构瓦解。

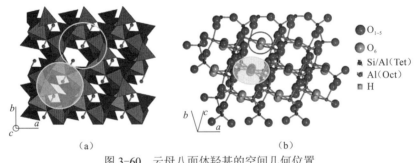

图 3-60　云母八面体羟基的空间几何位置

（a）多面体模型；（b）球棒模型

当钒页岩酸浸体系不含 F 时，仅通过桥接氧原子的脱除会导致云母溶解缓慢。若云母晶体结构中存在位错，位错线附近的原子由于偏离其正常位置，引起局部点阵畸变，进而在畸变的原子点阵周围产生应力场。由于硫酸的侵蚀（局部溶解），在较低应力下位错将从裂尖发出、运动，进而增殖。位错的应变能提供了硫酸腐蚀的部分驱动力，位错附近优先发生腐蚀。位错的存在可以使体系自由能增加，高位错能量使晶体结构处于不稳定状态，在降低位错能的驱动力作用下位错会反应，或与其他缺陷发生交互作用。当位错消失后，体系自由能降低，回到稳态。由于整个过程发生在云母与硫酸溶液的两相界面上，故云母结构产生了界面弛豫。因此，在钒页岩酸浸过程中，云母结构的界面弛豫是有效的，其必然引发云母结构的溶解。

当硫酸盐介质激发钒页岩酸浸体系时，在钒云母晶体缺陷处 $CaSO_4$ 结晶生长。$CaSO_4$

晶体的偏析对云母局部结构产生较强的应力作用，导致云母晶体产生微裂纹，局部原子点阵畸变，位错发生。这种由外部应力引起的点阵畸变，强化了云母的界面结构弛豫，如图 3-61（a）所示。此外，当温度大于 150 ℃时，在云母基体的裂纹内将形成腐蚀产物明矾石$[KAl_3(SO_4)_2(OH)_6]$。由立方晶体明矾石的体积效应造成的楔入作用[图 3-61（b）]也能产生裂纹扩展所需的有效应力，使云母晶体局部结构位错大量增殖，局部原子点阵畸变强烈，界面结构弛豫增强，云母颗粒完全崩解。

（a）　　　　　　　　　　　　　　　　　　（b）

图 3-61　云母颗粒应力裂解

（a）$CaSO_4$ 界面偏析；（b）裂隙内 $KAl_3(SO_4)_2(OH)_6$ 的生长

参 考 文 献

陈敬中，2010. 现代晶体化学[M]. 北京：科学出版社：73-90.

蒋谋锋，2015. 云母型含钒石煤空白焙烧酸浸提钒机理研究[D]. 武汉：武汉理工大学.

李武，2005. 无机晶须[M]. 北京：化学工业出版社：39-46.

李道，2016. 石煤脱碳样浸出过程离子行为及体系热力学分析[D]. 武汉：武汉科技大学.

李望，张一敏，刘涛，等，2013. 杂质离子对萃取法从石煤酸浸液中分离纯化钒的影响[J]. 有色金属（冶炼部分），(5)：27-30.

马荣骏，2007. 湿法冶金原理[M]. 北京：冶金工业出版社：342-367.

王非，张一敏，黄晶，等，2013. 氟离子促进石煤提钒浸出过程的热力学研究[J]. 有色金属（冶炼部分），(9)：43-47.

魏俊峰，吴大清，2000. 矿物-水界面的表面离子化和络合反应模式[J]. 地球科学进展，15（1）：90-95.

夏文宝，姜宏，鲁鹏，等，2013. 高铝硅酸盐中铝配位的 XPS 研究[J]. 材料科学与工程学报，31（5）：715-717.

杨显万，何蔼平，袁宝洲，1983. 高温水溶液热力学数据计算手册[M]. 北京：冶金工业出版社.

杨雅秀，张乃娴，苏昭冰，等，1994. 中国黏土矿物[M]. 北京：地质出版社：16-17.

易宪武，1982. 某些络阳离子标准焓的计算和高温 As-H_2O 体系电位-pH 图[J]. 昆明工学院学报，3：58-73.

张登高，蒋训雄，汪胜东，等，2014. 含钒石煤提钒的试验研究[J]. 中国资源综合利用，32（10）：14-16.

朱晓波，张一敏，刘涛，等，2010. 石煤提钒配煤焙烧试验研究[J]. 矿冶工程，30（1）：51-54.

朱晓波，2013. 云母型含钒石煤活化焙烧提钒工艺及钒转移行为研究[D]. 武汉：武汉理工大学.

BERRY L G，MASON B，1983. Mineralogy，Concepts，Descriptions，Determinations[M]. San Francisco: Freeman: 280-285.

CRUNDWELL F K，2014. The mechanism of dissolution of forsterite，olivines and minerals of the orthosilicate group[J]. Hydrometallurgy，150: 68-82.

CRISS C M，COBBLE J W，1964. The thermodynamic properties of high temperature aqueous solutions. IV. Entrpies of the ions up to 200 and the correspondence principle [J]. Journal of the Amercian chemical society，86（24）: 5385-5390.

ERNST M S，PIERRE B，PHILIPPE D，et al，2001. Electronic microdiffraction study of structural modifications resulting from the dehydration of gypsum. Prediction of the microstructure of resulting pseudomorphs[J]. Solid State Ionics，141-142: 455-461.

HUANG J，ZHANG Y M，HUANG J，et al，2016. Selective leaching of vanadium from roasted stone coal by dilute sulfuric acid dephosphorization-two-stage pressure acid leaching [J]，Minerals，6: 75-87.

HUGGINS M，SUN K H，1946. Energy additivity in oxygen containing crystals and glasses [J]. Journal of physical chemistry，50: 319-328.

KURGANSKAYA I，LUTTGE A，2013. A comprehensive stochastic model of phyllosilicate dissolution: Structure and kinematics of etch pits formed on muscovite basal face[J]. Geochimica et Cosmochimica Acta，120: 545-560.

PROST R，LAPERCHE V，1990. Far-infrared study of potassium in micas[J]. Clays and Clay Minerals，38 （4）: 351-355.

RITZ M，VACULÍKOVÁ L，PLEVOVÁ E，2010. Identification of clay minerals by infrared spectroscopy and discriminant analysis [J]. Applied Spectroscopy，64（12）: 1379-1387.

SINGH M，GARG M，1995. Activation of gypsum anhydrite-slag mixture[J]. Cement and Concrete Research，1995，25（2）: 332-338.

WANG F，ZHANG Y M，LIU T，et al，2014. Comparison of direct acid leaching process and blank roasting acid leaching process in extracting vanadium from stone coal [J]. International Journal of Mineral Processing，128: 40-47.

WANG F，ZHANG Y M，LIU T，et al，2015. A mechanism of calcium fluoride-enhanced vanadium leaching from stone coal [J]. International Journal of Mineral Processing，145: 87-93.

XUE N N，ZHANG Y M，HUANG J，et al，2017. Separation of impurities aluminum and iron during pressure acid leaching of vanadium from stone coal [J]. Journal of Cleaner Production，166: 1265-1273.

XUE N N，ZHANG Y M，LIU T，et al，2015. Study of the dissolution behavior of muscovite in stone coal by oxygen pressure acid leaching [J]. Metallurgical and Materials Transactions B，47（1）: 694-701.

XUE N N，ZHANG Y M，LIU T，et al，2016. Mechanism of vanadium extraction from stone coal via hydrating and hardening of anhydrous calcium sulfate[J].Hydrometallurgy，166: 48-56.

ZHANG Y M，XUE N N，LIU T，et al，2017. Effects of hydration and hardening of calcium sulfate on muscovite dissolution during pressure acid leaching of black shale[J]. Journal of cleaner production，149: 989-998.

第4章　钒页岩杂质元素的分离调控

含钒多杂质溶液体系中杂质离子的分离调控是当前本领域的重要研究内容。本章从页岩提钒酸浸液的溶液电化学、浸出反应热力学与动力学，以及页岩中各矿物溶解平衡出发，揭示钒与杂质元素的分离机制，为页岩钒高效净化富集技术提供理论基础。

4.1　溶液体系中钒与杂质离子的存在形态

钒页岩酸浸液是一种复杂的配位络合离子体系，除了含有钒离子以外，还存在多种杂质离子，如亚铁离子（Fe^{2+}）、三价铁离子（Fe^{3+}）、铝离子（Al^{3+}）、钾离子（K^+）、镁离子（Mg^{2+}）、硫酸根离子（SO_4^{2-}）、氟离子（F^-）等。由于酸浸液中主要杂质离子浓度普遍较高，这些离子会发生某些络合聚集和沉淀夹杂等反应，离子间在溶液中可能存在大量的配位平衡和解离平衡。酸浸液中 V、Fe、Al 等主要离子的存在形态直接关系着后续溶剂萃取、离子交换及沉钒的最终效果。

4.1.1　V（IV）在酸浸液中的存在形态

四价钒在酸浸液体系下主要呈钒氧离子形态，可能存在如下平衡（表 4-1）。

表 4-1　钒氧离子在酸浸液中存在的平衡反应及平衡常数

平衡反应	$\log K$
$VO^{2+} + SO_4^{2-} = VOSO_4$	2.45
$VO^{2+} + F^- = VOF^+$	3.34
$VO^{2+} + 2F^- = VOF_2$	5.74
$VO^{2+} + 3F^- = VOF_3^-$	7.30
$VO^{2+} + 4F^- = VOF_4^{2-}$	8.11

（1）图 4-1 为含钒和硫酸根离子的酸性溶液中 V（IV）的组分图以及 E_h–pH 图，其中 c（V）=0.03 mol/L，c（SO_4^{2-}）=1.37 mol/L。

在硫酸溶液中 V（IV）以 VO^{2+} 和 $VOSO_4$ 形式存在。随 pH 升高，VO^{2+} 先增加后减少，直至趋于 0，$VOSO_4$ 先减少后增加，最终趋于平衡。体系温度对 V（IV）组分的影响与 pH 的影响趋势基本一致。常温（25 ℃）下，$VOSO_4$ 约占 60%，VO^{2+} 约占 40%。

（2）图 4-2 为含钒、氟离子和硫酸根离子的溶液中 V（IV）的组分图以及 E_h–pH 图，其中 c（V）=0.03 mol/L，c（F^-）=0.411 mol/L，c（SO_4^{2-}）=1.37 mol/L。

在含氟离子的硫酸溶液中 V（IV）的存在形式有 VO^{2+}、$VOSO_4$、VOF^+、VOF_2、VOF_3^- 和 VOF_4^{2-}。主要组分是 VO^{2+}、$VOSO_4$、VOF^+、VOF_2，VOF_3^- 和 VOF_4^{2-} 含量极少。随 pH 升高，VO^{2+}、VOF^+ 和 VOF_2 先增加后缓慢减少为 0，$VOSO_4$ 逐步减少，VOF_3^- 在

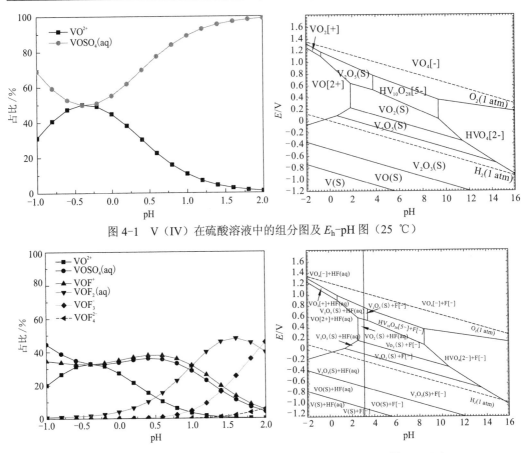

图 4-1　V（IV）在硫酸溶液中的组分图及 E_h-pH 图（25 ℃）

图 4-2　V（IV）在含氟离子的硫酸溶液中的组分图及 E_h-pH 图（25 ℃）

pH>0.5 时出现并快速增加，VOF_4^{2-} 在该体系中基本不存在。常温（25 ℃）下，当 pH=0.5 时 VOF^+、$VOSO_4$、VO^{2+}、VOF_2 分别约占 38%、37%、20%和 5%。

（3）图 4-3 为实际酸浸液体系中 V（IV）的组分图，其中 c（V）=0.03 mol/L，

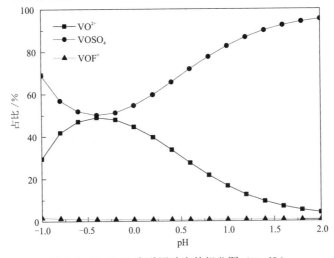

图 4-3　V（IV）在酸浸液中的组分图（25 ℃）

$c(\mathrm{F}^-)=0.411~\mathrm{mol/L}$，$c(\mathrm{Al}^{3+})=0.465~\mathrm{mol/L}$，$c(\mathrm{Fe}^{3+})=0.03~\mathrm{mol/L}$，$c(\mathrm{Fe}^{2+})=0.039~\mathrm{mol/L}$，$c(\mathrm{K}^+)=0.145~\mathrm{mol/L}$，$c(\mathrm{Mg}^{2+})=0.13~\mathrm{mol/L}$，$c(\mathrm{SO}_4^{2-})=1.37~\mathrm{mol/L}$。

在实际酸浸液中 V（IV）组分简单，以 VO^{2+}、VOSO_4 和 VOF^+ 形式存在。主要组分是 VO^{2+} 和 VOSO_4。随着 pH 升高，VO^{2+} 先增加后缓慢减少，VOSO_4 先减少后增加，缓慢趋于平衡。VOF^+ 组分几乎无法存在于该溶液环境中。常温（25 ℃）下，当 pH=0.2 时 VOSO_4 约占 60%，VO^{2+} 约占 40%。

实际酸浸液中钒的存在形式与硫酸溶液中钒的存在形式相似，氟离子的介入没有改变钒的存在形式。

4.1.2　Fe（II）在酸浸液中的存在形态

亚铁离子在酸浸液体系下存在如下平衡（表 4-2）。

表 4-2　亚铁离子在酸浸液中存在的平衡反应及平衡常数

平衡反应	$\log K$
$\mathrm{Fe^{2+} + SO_4^{2-} \rightleftharpoons FeSO_4}$	2.25
$\mathrm{Fe^{2+} + F^- \rightleftharpoons FeF^+}$	1.00

（1）图 4-4 为含亚铁离子的硫酸溶液中 Fe（II）的组分图以及 E_h-pH 图，其中 $c(\mathrm{Fe}^{2+})=0.039~\mathrm{mol/L}$，$c(\mathrm{SO}_4^{2-})=1.37~\mathrm{mol/L}$。

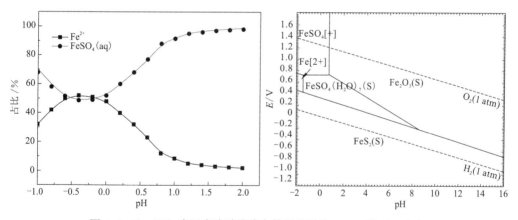

图 4-4　Fe（II）离子在硫酸溶液中的组分图及 E_h-pH 图（25 ℃）

Fe（II）离子在硫酸溶液中的存在形式有 FeSO_4 和 Fe^{2+}。随着 pH 升高，FeSO_4 先减少后增加，产生 Fe^{2+} 先增加后减少的变化。不同温度下硫酸溶液中 Fe（II）离子各组分随 pH 的变化趋势基本一致。常温（25 ℃）下，当 pH=0.2 时 FeSO_4 约占 60%，Fe^{2+} 约占 40%。

（2）图 4-5 为含亚铁离子和氟离子的硫酸溶液中 Fe（II）的组分图及 E_h-pH 图，其中 $c(\mathrm{Fe}^{2+})=0.039~\mathrm{mol/L}$，$c(\mathrm{F}^-)=0.411~\mathrm{mol/L}$，$c(\mathrm{SO}_4^{2-})=1.37~\mathrm{mol/L}$。

Fe（II）离子在含氟离子的硫酸溶液中的存在形式有 FeSO_4、Fe^{2+} 和 FeF^+，主要是 FeSO_4 和 Fe^{2+}。随着 pH 升高，FeSO_4 先减少后增加，Fe^{2+} 则先增加后缓慢减少。FeF^+ 几乎无法存在于该溶液环境中。由于 Fe（II）离子与硫酸根离子的络合平衡常数大于其与

氟离子的络合平衡常数，Fe（II）离子优先与硫酸根离子络合。常温（25 ℃）下，当 pH=0.2 时，$FeSO_4$ 约占 60%，Fe^{2+} 约占 40%。

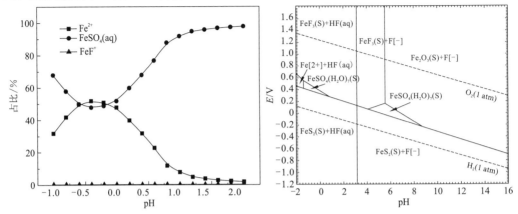

图 4-5　Fe（II）离子在含氟离子的硫酸溶液中的组分图及 E_h–pH 图（25 ℃）

（3）图 4-6 为酸浸液体系中 Fe（II）离子的组分图，其中 c（V）=0.03 mol/L，c（F^-）=0.411 mol/L，c（Al^{3+}）=0.465 mol/L，c（Fe^{3+}）=0.03 mol/L，c（Fe^{2+}）=0.039 mol/L，c（K^+）=0.145 mol/L，c（Mg^{2+}）=0.13 mol/L，c（SO_4^{2-}）=1.37 mol/L。

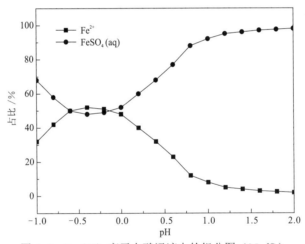

图 4-6　Fe（II）离子在酸浸液中的组分图（25 ℃）

Fe（II）离子在酸浸液中的存在形式有 $FeSO_4$ 和 Fe^{2+}。随着 pH 升高，$FeSO_4$ 先减少后增加，Fe^{2+} 先增加后减少。不同温度下酸浸液中亚铁离子各组分随 pH 的变化趋势基本一致。常温（25 ℃）下，当 pH=0.2 时 $FeSO_4$ 约占 60%，Fe^{2+} 约占 40%。

从图 4-4～图 4-6 中发现，酸浸液中 Fe（II）离子的存在形式与硫酸溶液中以及含氟离子的硫酸溶液中 Fe（II）离子的存在形式基本一致，氟离子不影响 Fe（II）离子的存在形式。

4.1.3　Fe（III）在酸浸液中的存在形态

三价铁离子在酸浸液体系下存在如下平衡（表 4-3）。

表 4-3　三价铁离子在酸浸液中存在的平衡反应及平衡常数

平衡反应	$\log K$
$Fe^{3+} + SO_4^{2-} \rightleftharpoons FeSO_4^+$	4.04
$Fe^{3+} + 2SO_4^{2-} \rightleftharpoons Fe(SO_4)_2^-$	5.38
$Fe^{3+} + F^- \rightleftharpoons FeF^{2+}$	6.20
$Fe^{3+} + 2F^- \rightleftharpoons FeF_2^+$	10.80
$Fe^{3+} + 3F^- \rightleftharpoons FeF_3$	14.00

（1）图 4-7 为三价铁离子的硫酸溶液中 Fe（III）离子的组分图，其中 c（Fe^{3+}）= 0.03 mol/L，c（SO_4^{2-}）=1.37 mol/L。

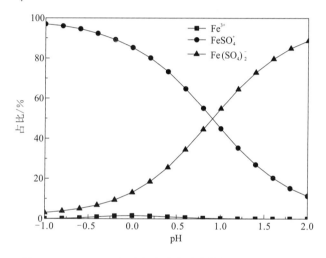

图 4-7　Fe（III）离子在硫酸溶液中的组分图（25 ℃）

在硫酸溶液中，Fe（III）离子的存在形式为 Fe^{3+}、$FeSO_4^+$、$Fe(SO_4)_2^-$ 和 $FeOH^{2+}$。主要组分是 $FeSO_4^+$ 和 $Fe(SO_4)_2^-$，Fe^{3+}、$FeOH^{2+}$ 含量极少。随着 pH 的升高，体系中 Fe（III）基本不以 Fe^{3+} 形式存在；$FeSO_4^+$ 逐渐减少，而 $Fe(SO_4)_2^-$ 随着 pH 的升高而增加。常温（25 ℃）下，当 pH=0.2 时，$FeSO_4^+$ 约占 80%，$Fe(SO_4)_2^-$ 约占 20%。

（2）图 4-8 为含三价铁离子和氟离子的硫酸溶液中 Fe（III）离子的组分图，其中 c（Fe^{3+}）=0.03 mol/L，c（F^-）=0.411 mol/L，c（SO_4^{2-}）=1.37 mol/L。

在含氟离子的硫酸溶液中 Fe（III）离子的存在形式有 Fe^{3+}、$FeSO_4^+$、$Fe(SO_4)_2^-$、FeF^{2+}、FeF_2^+ 和 FeF_3，主要组分是 FeF_2^+ 和 FeF_3，Fe^{3+}、$FeSO_4^+$、$Fe(SO_4)_2^-$。随着 pH 的升高，Fe^{3+} 和 $Fe(SO_4)_2^-$ 含量不发生改变（接近于 0），$FeSO_4^+$ 缓慢减少最终消失，FeF^{2+} 和 FeF_2^+ 均先增加后减少，FeF_3 则随 pH 升高而增加。常温（25 ℃）下，当 pH=0.2 时 FeF_2^+ 约占 70%，FeF_3 约占 25%，FeF^{2+} 约占 5%。

（3）图 4-9 为酸浸液体系中 Fe（III）离子的组分图，其中 c（V）=0.03 mol/L，c（F^-）=0.411 mol/L，c（Al^{3+}）=0.465 mol/L，c（Fe^{3+}）=0.03 mol/L，c（Fe^{2+}）=0.039 mol/L，c（K^+）=0.145 mol/L，c（Mg^{2+}）=0.13 mol/L，c（SO_4^{2-}）=1.37 mol/L。

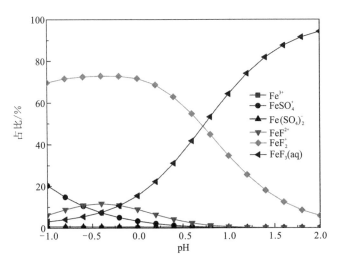

图 4-8　Fe（III）离子在含氟离子的硫酸溶液中的组分图（25 ℃）

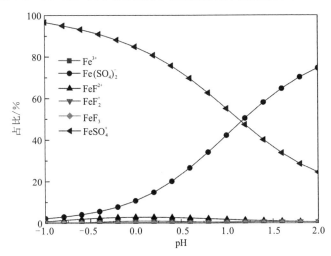

图 4-9　Fe（III）离子在酸浸液中的组分图（25 ℃）

Fe（III）离子在酸浸液中的存在形式有 Fe^{3+}、$FeSO_4^+$、$Fe(SO_4)_2^-$、FeF^{2+}、FeF_2^+、FeF_3 和 $FeOH^{2+}$。主要组分是 $FeSO_4^+$ 和 $Fe(SO_4)_2^-$，Fe^{3+}、FeF^{2+}、FeF_2^+、FeF_3 和 $FeOH^{2+}$ 组分含量极少。随着 pH 的升高，Fe^{3+}、FeF_3、FeF_2^+、FeF^{2+} 和 $FeOH^{2+}$ 含量不发生改变（接近于 0）；$FeSO_4^+$ 逐渐减少；$Fe(SO_4)_2^-$ 逐渐增加。常温（25 ℃）下，当 pH=0.2 时，$FeSO_4^+$ 约占 80%，$Fe(SO_4)_2^-$ 约占 20%。

实际酸浸液中 Fe（III）离子的存在形式与硫酸溶液中 Fe（III）离子的存在形式相似，但与含氟离子的硫酸溶液中 Fe（III）离子的存在形式相差较大。Al^{3+} 与 F^- 具有更高的络合平衡常数，酸浸液中由于 Al^{3+} 优先与 F^- 络合，Fe^{3+} 更多与 SO_4^{2-} 结合形成 $FeSO_4^+$ 和 $Fe(SO_4)_2^-$。

4.1.4　Al（III）在酸浸液中的存在形态

铝离子在酸浸液体系下可能存在如下平衡反应（表 4-4）。

表 4-4　铝离子在酸浸液中存在的平衡反应及平衡常数

平衡反应	$\log K$
$Al^{3+} + SO_4^{2-} = AlSO_4^+$	3.5
$Al^{3+} + 2SO_4^{2-} = Al(SO_4)_2^-$	5.0
$Al^{3+} + F^- = AlF^{2+}$	7.0
$Al^{3+} + 2F^- = AlF_2^+$	12.7
$Al^{3+} + 3F^- = AlF_3$	16.8
$Al^{3+} + 4F^- = AlF_4^-$	19.4
$Al^{3+} + 5F^- = AlF_5^{2-}$	19.4
$Al^{3+} + 6F^- = AlF_6^{3-}$	19.8

（1）图 4-10 为含铝离子的硫酸溶液中 Al（III）的组分图及 E_h-pH 图，其中 $c(Al^{3+})$=0.465 mol/L，$c(SO_4^{2-})$=1.37 mol/L。

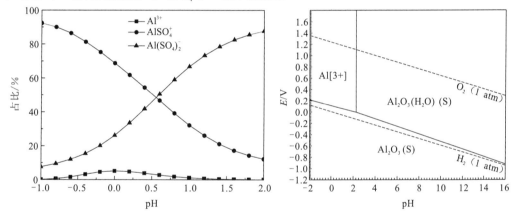

图 4-10　Al（III）离子在硫酸溶液中的组分图及 E_h-pH 图（25 ℃）

在硫酸溶液中 Al（III）离子的存在形式为 Al^{3+}、$AlSO_4^+$ 和 $Al(SO_4)_2^-$，主要组分是 $AlSO_4^+$ 和 $Al(SO_4)_2^-$，Al^{3+} 含量极少。随着 pH 的升高，Al^{3+} 先增加后减少，$AlSO_4^+$ 减少，$Al(SO_4)_2^-$ 增加。常温（25 ℃）下，当 pH=0.2 时 $AlSO_4^+$ 约占 60%，$Al(SO_4)_2^-$ 约占 35%，Al^{3+} 约占 5%。

（2）图 4-11 为含铝离子和氟离子的硫酸溶液中 Al（III）离子的组分图及 E_h-pH 图，其中 $c(Al^{3+})$=0.465 mol/L，$c(F^-)$=0.411 mol/L，$c(SO_4^{2-})$=1.37 mol/L。

在含氟离子的硫酸铝溶液中铝的存在形式为 Al^{3+}、AlF^{2+}、AlF_2^+、AlF_3、AlF_4^-、$AlSO_4^+$ 和 $Al(SO_4)_2^-$。其中主要组分是 AlF^{2+}、AlF_2^+、$AlSO_4^+$ 和 $Al(SO_4)_2^-$，Al^{3+}、AlF_3、AlF_4^- 等含量极少。随 pH 升高，Al^{3+}、AlF_4^- 和 AlF_2^+ 无明显变化，直至趋于 0，AlF^{2+} 先增加后减少，AlF_3 呈缓慢增加趋势，$AlSO_4^+$ 明显减少，$Al(SO_4)_2^-$ 逐步增加。常温（25 ℃）下，当 pH=0.2 时 AlF_2^+ 约占 30%，$AlSO_4^+$ 约占 25%，AlF^{2+} 约占 25%，$Al(SO_4)_2^-$ 约占 20%。

（3）图 4-12 为酸浸液体系中 Al（III）离子的组分图，其中 $c(V)$=0.03 mol/L，$c(F^-)$=0.411 mol/L，$c(Al^{3+})$=0.465 mol/L，$c(Fe^{3+})$=0.03 mol/L，$c(Fe^{2+})$=0.039 mol/L，$c(K^+)$=0.145 mol/L，$c(Mg^{2+})$=0.13 mol/L，$c(SO_4^{2-})$=1.37 mol/L。

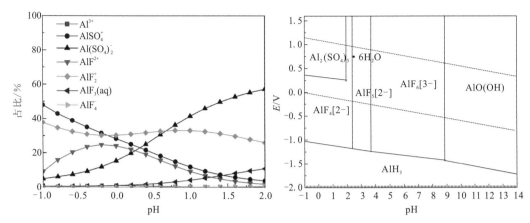

图 4-11　Al（III）离子在含氟离子的硫酸溶液中的组分图及 E_h-pH 图（25 ℃）

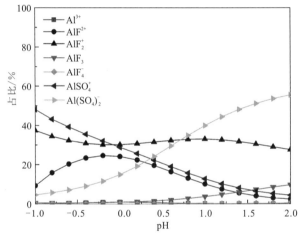

图 4-12　Al（III）离子在酸浸液中的组分图（25 ℃）

　　Al（III）离子在酸浸液中的存在形式为 Al^{3+}、AlF^{2+}、AlF_2^+、AlF_3、AlF_4^-、$AlSO_4^+$ 和 $Al(SO_4)_2^-$。其中主要组分是 AlF^{2+}、AlF_2^+、$AlSO_4^+$ 和 $Al(SO_4)_2^-$，Al^{3+}、AlF_3、AlF_4^- 等含量极少。Al（III）离子在酸浸液中的存在形式及各组分含量随 pH 的变化规律与在含氟离子的硫酸溶液中类似。随 pH 升高，Al^{3+}、AlF_4^- 和 AlF_2^+ 含量不发生变化（接近于 0），AlF^{2+} 先增加后减少；AlF_3 呈缓慢增加的趋势；$AlSO_4^+$ 呈明显减少的趋势，$Al(SO_4)_2^-$ 快速增加。常温（25 ℃）下，当 pH=0.2 时 AlF_2^+ 约占 33%，$AlSO_4^+$ 约占 25%，AlF^{2+} 约占 22%，$Al(SO_4)_2^-$ 约占 20%。

　　氟离子与各种金属离子络合的平衡常数大小依次为：Al（III）离子＞Fe（III）离子＞钒氧基离子＞Fe（II）离子。在浸出液中氟离子主要与 Al（III）离子结合形成络合离子，其他金属离子则与硫酸根结合形成络合离子。

　　进萃取前酸浸液的 pH 调节至 1.8～2.0，在该 pH 范围内，酸浸液中的 V（IV）主要以 VO^{2+} 和 $VOSO_4$ 的形式存在，Fe（II）离子主要以 Fe^{2+} 和 $FeSO_4$ 的形式存在，Fe（III）离子主要以 $FeSO_4^+$ 和 $Fe(SO_4)_2^-$ 的形式存在，Al（III）离子主要以 AlF^{2+}、AlF_2^+、AlF_3、$AlSO_4^+$ 和 $Al(SO_4)_2^-$ 的形式存在。当选用阳离子萃取剂时，$FeSO_4^+$、AlF^{2+}、AlF_2^+、$AlSO_4^+$ 等是影响钒萃取效果的主要杂质离子形式。

4.2　介质激发下杂质元素的固相迁移

用于常压酸浸的氟化物和氧压酸浸的硫酸盐是强化页岩钒浸出的有效激发介质。这些激发介质在实现 V 高效溶出的同时，亦影响 Al、Fe 等杂质元素溶解-沉淀行为。本节分别阐述了在氟化物和硫酸盐激发下杂质元素 Al、Fe 等的固相迁移行为及分离调控机制。

4.2.1　含氟介质激发 Fe 的固相迁移

氟化物在酸性溶液中形成的含氟介质，在常压浸出体系中可以有效破坏页岩中钒云母的晶格结构，使钒得到有效释放。含氟介质激发下，Al 主要以 AlF_5^{2-} (aq)浸出至溶液中，Fe 在浸出过程中会以 FeF_3 沉淀固化至渣中。以下着重讨论常压酸浸含氟介质激发下杂质元素 Fe 的固相迁移行为及机理。

1.　含氟介质激发下 V 和 Fe 的浸出行为

在对钒页岩空白焙烧时，当焙烧温度为 800 ℃、焙烧时间 60 min 和升温速率 10 ℃/min 时，氟化钙用量、硫酸浓度和浸出温度对 V 和 Fe 浸出率的影响，如图 4-13 所示。

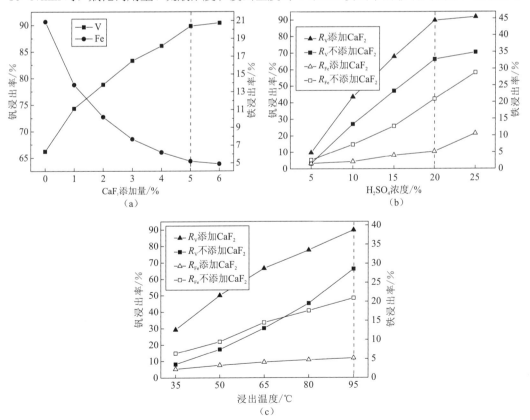

图 4-13　氟化钙用量（a）、硫酸浓度（b）和浸出温度（c）对钒铁浸出率的影响

含氟介质的激发,可实现钒与杂质铁的有效分离。随着氟化钙用量的增加[图4-13(a)],钒的浸出率稳定增长,铁的浸出率则随之降低。硫酸浓度的增加[图4-13(b)],使钒、铁的浸出率均逐步增加,值得关注的是,加氟体系下钒的浸出率始终高于无氟体系下钒的浸出率。相反,加氟体系下杂质铁的浸出率始终低于无氟体系下杂质铁的浸出率。图4-13(c)同样呈现相同规律。表4-5示出了在常压酸浸氟化物介质激发体系下,V与杂质Fe选择性分离效果。

表 4-5　常压酸浸氟化物介质激发钒、铁浸出率

浸出条件	V浸出率	Fe浸出率
$w(CaF_2)=5\%$, $\varphi(H_2SO_4)=20\%$, $T=95\,℃$, $t=4\,h$, 液固比为1.5 mL/g	89.8%	5.2%
$w(CaF_2)=0$, $\varphi(H_2SO_4)=20\%$, $T=95\,℃$, $t=4\,h$, 液固比为1.5 mL/g	66.2%	20.9%

2. 含氟介质激发下 Fe_2O_3 表面钝化

浸出前后的焙烧矿和浸出渣的物相分析结果如图4-14所示,含氟介质激发下含钒云母的晶面衍射峰完全消失,含钒云母结构完全得到破坏。但含氟介质对焙烧样中的赤铁矿却不产生破坏作用,图中赤铁矿的衍射峰及强度在浸出前后无明显变化。

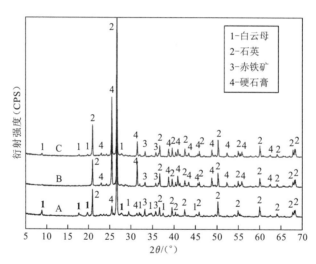

图 4-14　钒页岩焙烧矿和浸出渣 XRD 图谱

A-页岩焙烧矿;B-加氟浸出渣;C-无氟浸出渣

纯矿物体系下,浸出前后赤铁矿的物相变化,如图4-15所示。当 $m(CaF_2):m(Fe_2O_3)=1:1$, $V(H_2SO_4):m(Fe_2O_3)=30$ mL/g, $T=95\,℃$, $t=4\,h$ 时,随着硫酸浓度的增加,铁的浸出率增加,加氟体系铁的浸出率大幅低于无氟体系铁的浸出率。研究发现,加氟体系浸出渣中出现 FeF_3 新物相,浸出过程中 Fe 与 F 结合形成了 $FeF_3(s)$。

利用 XPS 检测出焙烧样浸出渣的表面物质组成(图4-16),浸出渣中出现 Fe_2O_3 的 Fe 2p 特征峰。相较于图4-16(b),图4-16(a)出现了新的特征峰 Fe $2p_{3/2}$(结合能为 713.68 eV),该峰代表 FeF_3 中的 Fe^{3+},和纯矿物试验 XRD 分析结果相一致。

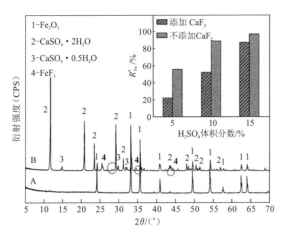

图 4-15 纯矿物浸出结果和 XRD 图谱

A-无氟浸出渣；B-加氟浸出渣

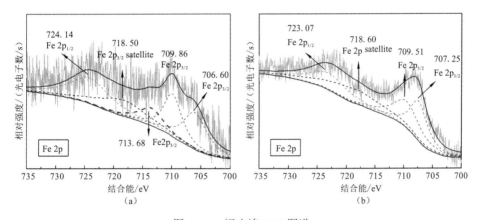

图 4-16 浸出渣 XPS 图谱

（a）加氟浸出渣；（b）无氟浸出渣

基于 FactSage 7.1 软件数据库及相关计算模块（E_h-pH 模块、化学平衡模块和反应模块），可获得 Fe-F-S-H$_2$O 体系和 Fe-S-H$_2$O 体系的 E_h-pH 图（图 4-17），以及浸出平衡状态下的物质形态和化学反应的标准吉布斯自由能结果（表 4-6、表 4-7 和图 4-18）。

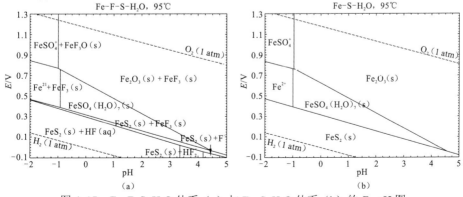

图 4-17 Fe-F-S-H$_2$O 体系（a）与 Fe-S-H$_2$O 体系（b）的 E_h-pH 图

表 4-6　平衡状态下含铁物质的组成

浸出条件	Fe的物质组成
无氟体系	$FeSO_4^+$和Fe_2O_3
加氟体系	$FeSO_4^+$，FeF_3和Fe_2O_3

表 4-7　浸出过程中化学反应热力学分析

反应方程式	编号
$Fe_2O_3(s)+6H^+(aq)\!=\!\!=2Fe^{3+}(aq)+3H_2O(l)$	反应（I）
$Fe_2O_3(s)+6H^+(aq)+2SO_4^{2-}(aq)\!=\!\!=2FeSO_4^+(aq)+3H_2O(l)$	反应（II）
$CaF_2(s)+2H^+(aq)+SO_4^{2-}(aq)\!=\!\!=2HF(aq)+CaSO_4(s)$	反应（III）
$Fe_2O_3(s)+6HF(aq)\!=\!\!=2FeF_3(s)+3H_2O(l)$	反应（IV）
$FeSO_4^+(aq)+3HF(aq)\!=\!\!=FeF_3(s)+3H^+(aq)+SO_4^{2-}(aq)$	反应（V）

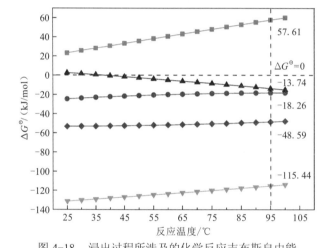

图 4-18　浸出过程所涉及的化学反应吉布斯自由能

—■— 反应（I）　—●— 反应（II）　—▲— 反应（III）　—▼— 反应（IV）　—◆— 反应（V）

在 Fe-F-S-H$_2$O 体系中氟离子会使溶液中产生新的稳定物相 FeF$_3$(s)；随着反应 pH 的升高，Fe 的物相由 FeSO$_4^+$(aq)和 FeF$_3$(s)逐渐向 Fe$_2$O$_3$(s)和 FeF$_3$(s)转变，说明 FeF$_3$(s)可稳定于较宽 pH 范围。同时，随着反应 pH 的升高，Fe$_2$O$_3$(s)的溶解趋势逐渐变小。

在 Fe-S-H$_2$O 体系中，随着反应 pH 的升高，Fe 的物相由 FeSO$_4^+$(aq)逐渐向 Fe$_2$O$_3$(s)转变，Fe$_2$O$_3$(s)在低 pH 范围主要以 FeSO$_4^+$(aq)形式溶解至溶液中，随着反应的进行，体系 pH 逐渐升高，Fe$_2$O$_3$(s)的溶解趋势也逐渐变小。

Fe-F-S-H$_2$O 体系 Fe 的平衡物种组成为 FeSO$_4^+$(aq)、Fe$_2$O$_3$(s)和 FeF$_3$(s)；无氟体系 Fe 的平衡物种组成为 FeSO$_4^+$(aq)和 Fe$_2$O$_3$(s)。

反应（I）在 95 ℃条件下不可自发进行，而反应（II）至反应（V）在 95℃条件下均可自发进行。加氟体系 Fe 的反应产物主要是 FeSO$_4^+$(aq)和 FeF$_3$(s)，无氟体系 Fe 的反应产物主要是 FeSO$_4^+$(aq)络合离子。

焙烧样浸出渣的表面形貌见图 4-19（a）和图 4-19（b），其矿物颗粒中 Fe 和 O 的相关性很好，视野中的颗粒为赤铁矿；在相同倍数条件下，加氟体系浸出渣中赤铁矿颗粒尺寸明显大于无氟体系浸出渣中赤铁矿颗粒尺寸。此外，图 4-19（a）中赤铁矿颗粒表面光滑，无明显硫酸的侵蚀痕迹。不同的是，图 4-19（b）中赤铁矿颗粒表面粗糙且腐蚀孔洞明显，无氟体系下赤铁矿与酸充分反应，使赤铁矿溶解至溶液中。此外，加氟体系浸出渣的赤铁矿表面均匀分布元素 F，其与 Fe^{3+} 反应形成的 $FeF_3(s)$ 包覆于 $Fe_2O_3(s)$ 表面，阻隔了 $FeF_3(s)$ 与 H^+ 间的作用，$Fe_2O_3(s)$ 表面钝化。

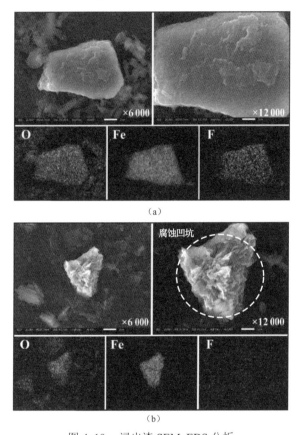

图 4-19　浸出渣 SEM-EDS 分析

（a）加氟体系浸出渣；（b）无氟体系浸出渣

含氟介质激发的常压酸浸过程中 V 的选择性提取和 Fe 的固相迁移机制（Hu P C 等，2018）为：

（1）在硫酸溶液中 F 与 H^+ 反应，生成 HF。

（2）HF 与 Al、Si 形成更稳定的络合阴离子进入溶液中使云母晶格结构得到瓦解，V 得到释放溶出。

（3）HF 还会与 Fe_2O_3 及表面酸解生成的 $FeSO_4^+$ 生成 FeF_3，FeF_3 包裹于 Fe_2O_3 颗粒表面，阻碍 Fe_2O_3 与 H^+ 和 SO_4^{2-} 的反应，抑制了焙烧样中赤铁矿的溶解反应。

4.2.2　硫酸盐介质激发 Al、Fe 的固相迁移

通过 K_2SO_4 的激发可实现含钒云母颗粒表面 $CaSO_4$ 与 $CaSO_4\cdot2H_2O$ 之间的相互转化，这一过程改变云母颗粒表面的局部应力分布，促使云母基体裂纹生长，增加云母与

硫酸间的反应界面，从而强化钒的溶出。与此同时，钒页岩颗粒的裂纹生长亦强化了 Al 和 Fe 的溶出。本节则着重讨论 K_2SO_4 介质激发的氧压酸浸过程中杂质元素 Fe 和 Al 的固相迁移行为及机理。

1. K_2SO_4 激发下 V、Al 和 Fe 的浸出行为

钒的浸出过程中存在 Al 和 Fe 的溶解沉淀平衡，Al、Fe 的浸出同时伴随有 Al、Fe 沉淀反应的进行。在图 4-20（a）中，体系温度增加，渣中 Fe 含量先快速增加，当温度超过 190 ℃后 Fe 的沉淀反应基本达到平衡，渣中 Fe 含量稳定。而渣中 Al 含量在 150～190 ℃增长缓慢，温度超过 190 ℃后 Al 沉淀反应加快，渣中 Al 含量快速增加。相比较下，随着温度从 150 ℃升至 190 ℃，V 浸出率基本保持稳定，温度超过 190 ℃后 V 浸出率则开始明显降低。

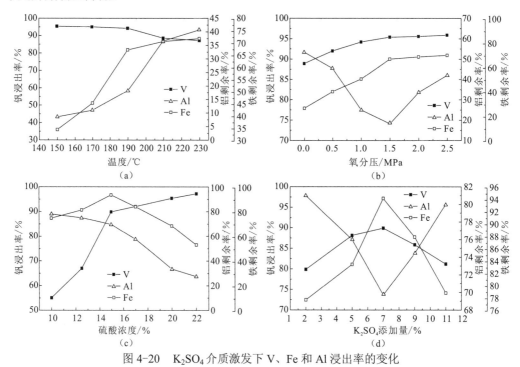

图 4-20　K_2SO_4 介质激发下 V、Fe 和 Al 浸出率的变化

图 4-20（b）示出，当氧分压从 0 MPa 增至 2.5 MPa 时，渣中 Fe 含量先快速后缓慢增加，Fe^{3+} 发生了沉淀反应，溶解氧浓度的升高有助于 Fe^{3+} 的沉淀。与此同时，V 浸出率可从 88%增至 95%以上，提高溶解氧浓度也可加快 V（III）的转价溶出。不同的是，渣中 Al 含量先降低后升高，所以当氧分压超过 1.5 MPa 时，Al^{3+} 沉淀反应要强于其浸出反应。溶液的氧化还原电位随溶解氧浓度的增加而呈对数增长。随着溶解氧浓度的增大，溶液的氧化还原电位急速升高，加快了云母的溶解，当溶解氧浓度超过某一值时，溶液的氧化还原电位增长放缓，云母溶解趋于稳定。溶液中 Al^{3+} 不断富集，其沉淀反应增强，渣中 Al 含量升高。当氧分压为 2.0 MPa 时，V 与 Al、Fe 的分离效果最佳。

随着硫酸浓度的升高，云母的溶解反应增强，V 浸出率逐渐增加，渣中 Al 含量逐渐减少，Al^{3+} 沉淀减弱，故 V 与 Al 无法在高酸度下分离，见图 4-20（c）。同时渣中 Fe 含量先升高后降低，酸度越高，V 与 Fe 的分离难度也逐渐增大。当硫酸浓度为 15%时，V

与 Fe 分离效果较好。

黄铁矿在酸性体系下溶解速率相对较快，并且容易达到溶解平衡。图 4-20（d）中，随 K_2SO_4 用量的增加，渣中 Fe 含量增加，此时 K_2SO_4 参与 Fe^{3+} 的沉淀反应，与黄铁矿的溶解反应相比，Fe^{3+} 的沉淀反应成为主要反应。但当 K_2SO_4 用量超过 7%时，渣中 Fe 含量开始减少，黄铁矿的溶解成为主要反应。此外，当 K_2SO_4 用量超过 7%时，渣中 Al 含量亦开始增加，云母溶解减弱的同时 Al^{3+} 沉淀增强。溶液中高 K^+ 浓度有利于 Al^{3+} 和 Fe^{3+} 的沉淀。

2. K_2SO_4 参与的 Al、Fe 溶解-沉淀平衡

云母溶解的平衡组分受到温度、H^+ 浓度和氧气用量的影响。在白云母-H_2O 体系中，白云母溶解平衡组分为 Al^{3+}，随着体系温度的升高，平衡组分无变化。但当 K_2SO_4 进入白云母-H_2O 体系后，白云母溶解平衡组分转变为 Al^{3+} 和 $KAl_3(SO_4)_2(OH)_6$（明矾石），随着体系温度的升高，Al^{3+} 减少之后趋于稳定，明矾石沉淀逐渐增多随后也趋于稳定，表明升温能够驱使 Al^{3+} 沉淀进入渣相[图 4-21（a）]。温度越高，氧气用量对白云母的溶解影响越弱[图 4-21（b）]。

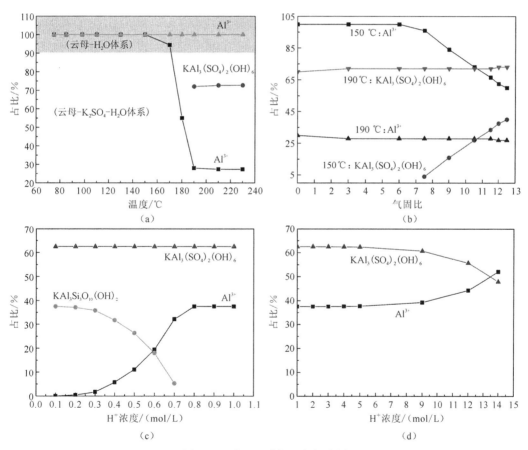

图 4-21　白云母溶解平衡组分图

（a）温度影响（H^+ 浓度：4 mol/L）；（b）O_2 用量的影响（H^+ 浓度：4 mol/L）；

（c）0.1～1.0 mol/L H^+ 浓度的影响（温度：190 ℃）；（d）1.0～14 mol/L H^+ 浓度的影响（温度：190 ℃）

　　图 4-21（c）和图 4-21（d）示出，在 0.1～0.3 mol/L 的 H^+ 浓度范围内，白云母溶解较弱，平衡时主要产物为明矾石；在 0.3～0.7 mol/L 的 H^+ 浓度范围内，白云母溶解加强，平衡时主要产物为 $KAl_3(SO_4)_2(OH)_6$、$Al_2Si_4O_{10}(OH)_2$ 和 Al^{3+}。当 H^+ 浓度超过 0.7 mol/L 时，白云母完全溶解，平衡时主要产物为 $KAl_3(SO_4)_2(OH)_6$ 和 Al^{3+}，但当 H^+ 浓度超过 5 mol/L 后，Al^{3+} 开始增多，而 $KAl_3(SO_4)_2(OH)_6$ 逐渐减少。当温度超过 150 ℃、H^+ 浓度在 0.7～5.0 mol/L 时，热力学上既能使白云母完全溶解，也可实现 Al^{3+} 以 $KAl_3(SO_4)_2(OH)_6$ 形态沉淀。

　　在 $FeS_2-O_2-H_2O$ 体系中［图 4-22（a）］，随着温度的变化，黄铁矿溶解平衡组分发生了明显变化。当体系温度低于 80 ℃时，黄铁矿的溶解平衡组分为 $FeSO_4^+$，随着温度的增加，平衡组分逐渐转变为 Fe_2O_3，当体系温度超过 180 ℃时，$Fe_2(SO_4)_3$ 可稳定生成，表明升温使 Fe^{3+} 沉淀产物由氧化物向硫酸盐转变。图 4-22（b）示出，铁的硫酸盐沉淀产物也可以在低 pH 的水溶液中稳定沉淀，pH 的降低不利于 Fe_2O_3 的沉淀。当 H^+ 浓度超过 1 mol/L 时，Fe_2O_3 开始快速减少，而 $Fe_2(SO_4)_3$ 开始逐渐增多，$Fe_2(SO_4)_3$ 能够在较宽的 H^+ 浓度范围内稳定存在。氧气对黄铁矿的溶解-沉淀平衡有较大的影响，氧气浓度越高，越有利于铁的沉淀。随着氧气浓度的增加［图 4-22（c）］，黄铁矿逐渐减少，平衡产物组分由 $FeSO_4$ 转变为 $Fe_2(SO_4)_3$ 和 Fe_2O_3。在体系温度高于 180 ℃的富氧低 pH 条件

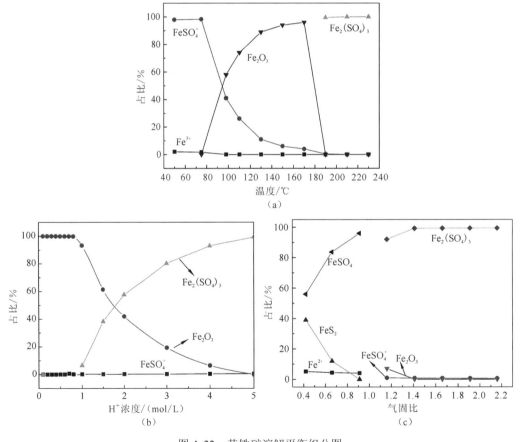

图 4-22　黄铁矿溶解平衡组分图
（a）温度影响（H^+ 浓度：4 mol/L）；（b）H^+ 浓度的影响（温度：190 ℃）；（c）O_2 用量的影响

下，热力学上黄铁矿溶解后能够以铁的硫酸盐形式沉淀进入渣相。

K_2SO_4 参与后 V 与 Al、Fe 呈现较好的分离效果，Al、Fe 均存在溶解与沉淀平衡。K_2SO_4 参与浸出前后酸浸渣的物相变化如图 4-23 所示，无论氧压酸浸过程中是否引入 K_2SO_4，当温度达到明矾石的生成温度后，Al^{3+} 均能够以明矾石的形态沉淀。K^+ 浓度增大，能够促进明矾石的生成。K_2SO_4 参与浸出后白云母颗粒溶解得到增强，Al^{3+} 瞬时浓度大幅提高，也使反应（4-1）平衡右移，强化了明矾石的生成。与此同时，黄铁矿的晶面衍射峰消失，伴随斜钾铁矾 $[KFe(SO_4)_2]$ 的晶面衍射峰的出现。虽然未添加 K_2SO_4 浸出下黄铁矿的衍射峰消失后酸浸渣中并无新的含 Fe 物相出现，但 Fe 浸出率仅为 19% 左右，说明此时 Fe 的沉淀产物为非晶态物质。

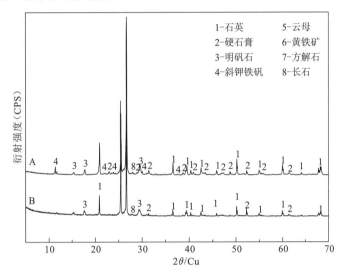

图 4-23　酸浸渣的 XRD 图谱

A-添加 K_2SO_4；B-未添加 K_2SO_4

$$K^+ + 3Al^{3+} + 2SO_4^{2-} + 6H_2O \rule[0.5ex]{2em}{0.4pt} 6H^+ + KAl_3(SO_4)_2(OH)_6 \tag{4-1}$$

$$Fe^{3+} + K^+ + 2SO_4^{2-} \rule[0.5ex]{2em}{0.4pt} KFe(SO_4)_2 \tag{4-2}$$

钒页岩原矿、K_2SO_4 激发前后的酸浸渣的表面元素化学环境，结果如图 4-24、图 4-25 和图 4-26 所示。原矿中 Al2p 以四配位 $[AlO_4]$ 和六配位 $[AlO_6]$ 的形态存在。在 K_2SO_4 激

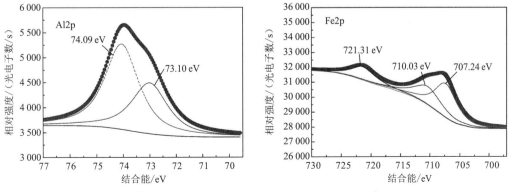

图 4-24　钒页岩原矿中 Al2p、Fe2p 的 XPS 图谱

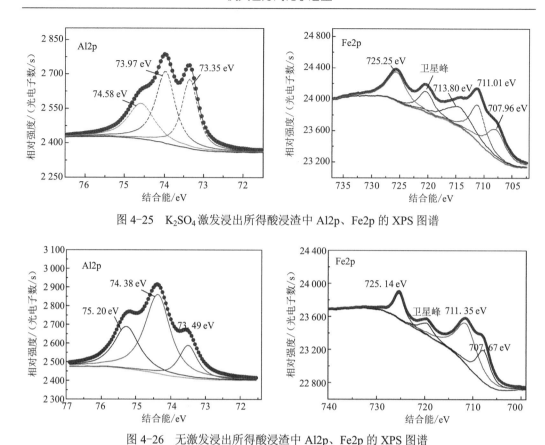

图 4-25　K_2SO_4 激发浸出所得酸浸渣中 Al2p、Fe2p 的 XPS 图谱

图 4-26　无激发浸出所得酸浸渣中 Al2p、Fe2p 的 XPS 图谱

发下,Al2p 谱分为三个峰,其中 73.35 eV 和 73.97 eV 附近 Al2p 峰均对应于四配位[AlO_4]。新出现的 74.58 eV 附近的 Al2p 峰,代表明矾石中 Al—SO_4 键化学态。在无介质激发下,Al2p 谱仍分为三个峰,其中 73.49 eV 附近 Al2p 峰对应于四配位[AlO_4],74.38 eV 附近 Al2p 峰对应于 Al—SO_4 键,而 75.20 eV 附近出现新 Al2p 峰,表明无介质激发所得酸浸渣中仍存在六配位[AlO_6]化学态。K_2SO_4 激发下云母结构中六配位[AlO_6]完全消失,云母结构瓦解。

　　Fe(III) 的自旋轨道分裂峰 Fe2p1/2 和 Fe2p3/2 的结合能分别位于 711 eV 和 724 eV 附近。FeS_2 中 Fe2p 位于 708 eV 附近,FeS 中 Fe2p 位于 710.30 eV 附近。原矿中 Fe2p 谱分为三个峰,其对应结合能分别为 707.24 eV、710.30 eV 和 721.31 eV,分别代表 FeS_2、FeS 和 $CuFeS_2$ 的形态。无 K_2SO_4 激发下,Fe2p 分为三个峰,707.24 eV 附近 Fe2p 峰对应于 FeS_2,723.34 eV 和 711.35 eV 附近 Fe2p3/2 和 Fe2p1/2 分裂峰表明渣中除黄铁矿外 Fe2p 为三价态。若 Fe^{3+} 发生水解沉淀,高温下通常形成 Fe_2O_3。温度越高,Fe_2O_3 越容易在更高酸度条件下生成。Fe^{3+} 在 200 ℃ 水解时,对于酸浓度低于 60 g/L 的溶液中,Fe_2O_3 是稳定的沉淀,随着酸度的升高,会产生大量 $Fe_x(OH)_y(SO_4)_z$,导致除铁效果变差(岳明等,2012)。由于酸浸过程中溶液 pH 一般小于 0,且 Fe^{3+} 水解产生 H_2SO_4,使溶液的 pH 降低,导致 $Fe_x(OH)_y(SO_4)_z$ 增多。在相对较高的酸度下 Fe^{3+} 水解沉淀形成 Fe_2O_3 来分离 V、Fe 的效果较差。K_2SO_4 激发下,Fe2p 谱分裂为五个峰,711.01 eV 和 725.25 eV 附近的

Fe2p1/2 和 Fe2p3/2 峰表明渣中 Fe2p 为三价态，同时两峰之间卫星峰（sat）的出现标志着 Fe_2O_3 的形成。与无激发下 Fe2p 化学环境不同的是 713.80 eV 附近 Fe2p 峰出现，表明渣中 Fe2p 还以 Fe—SO_4 键的化学态存在。结合 XRD 物相，该化合态代表 $KFe(SO_4)_2$。K^+ 浓度升高，促使 Fe^{3+} 能够以稳定的 $KFe(SO_4)_2$ 的晶态沉淀，避免了 $Fe_x(OH)_y(SO_4)_z$ 的形成。K_2SO_4 激发下最终 Fe 沉淀产物为 $KFe(SO_4)_2$ 和 Fe_2O_3。

3. K_2SO_4 激发下明矾石的生长过程

在 K_2SO_4 激发的酸浸渣颗粒中（图 4-27）发现许多呈立方体形状的新晶体物质，其以高密度位错形式进行生长，形成的晶体颗粒较大，结晶度高，该立方晶体为明矾石。190 ℃时，明矾石晶体生长于白云母颗粒中，许多晶体已基本被白云母颗粒包裹，少量 CSA 晶体夹在其中，此时白云母颗粒表面已完全崩解。150 ℃时，白云母颗粒表面也完全崩解，但 CSA 晶体密集地生长于表面，无明矾石晶体。白云母颗粒表面生长的晶体由 $CaSO_4$ 变为 $KAl_3(SO_4)_2(OH)_6$。然而，在图 4-28 中，无 K_2SO_4 参与浸出后明矾石晶体仅在白云母颗粒表面附着且白云母颗粒表面完整，表面未发生崩解。

升温能够使 $CaSO_4$ 发生界面脱黏，形成了较大的孔洞和裂缝。因此，H^+ 能够进入孔道并与其内部新裸露出的界面发生交换反应而释放出 Al^{3+}，高温条件下 Al^{3+} 在孔道内富集，当浓度达到极限值时，Al^{3+} 沉淀形成明矾石。明矾石在孔道内部成核长大，对孔道内壁产生作用力，将产生两种可能结果：①孔道内壁产生裂纹，裸露出更多新鲜界面，促进白云母颗粒的溶解；②孔道内壁未产生裂纹，但明矾石晶体堵塞孔道，阻碍 H^+ 传质。明矾石的生长促使孔洞和裂纹增殖，强化了云母的溶解。

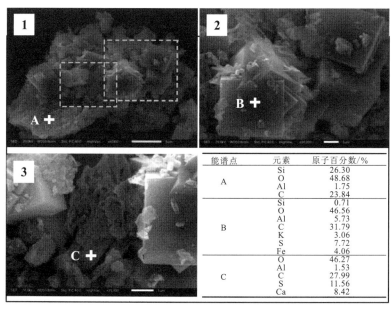

能谱点	元素	原子百分数/%
A	Si	26.30
	O	48.68
	Al	1.75
	C	23.84
B	Si	0.71
	O	46.56
	Al	5.73
	C	31.79
	K	3.06
	S	7.72
	Fe	4.06
C	O	46.27
	Al	1.53
	C	27.99
	S	11.56
	Ca	8.42

（a）

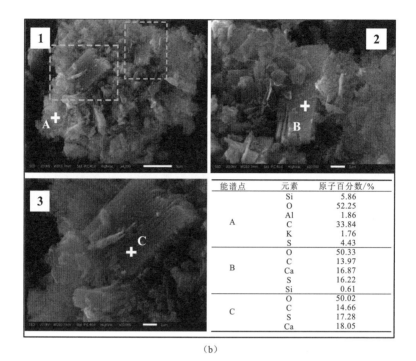

图 4-27 添加 K_2SO_4 浸出后酸浸渣的 SEM-EDS 分析

（a）浸出温度 190 ℃；（b）浸出温度 150 ℃

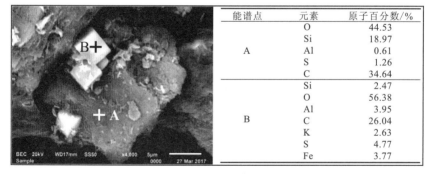

图 4-28 未添加 K_2SO_4 浸出后酸浸渣的 SEM-EDS 分析

K_2SO_4 激发下明矾石生长于云母基体裂隙内，强化基体的开裂，这一过程可概括为：①CSA 晶体生长至云母颗粒内部，界面脱黏后留下较大的孔洞和裂隙，孔隙内 Al^{3+} 浓度骤增，明矾石成核；②明矾石在孔道生长过程中，对孔道内壁产生了较大的作用力，内壁裂纹和孔隙增多。因此，云母溶解增强，Al^{3+} 沉淀反应也随之增强。

4. K_2SO_4 激发下斜钾铁矾的形成环境

在 V-Fe-K-H_2SO_4-H_2O 体系中，反应温度、钾铁物质的量之比、硫酸浓度（体积分数）和反应时间对铁沉淀率的影响如图 4-29 所示。

图 4-29（a）中，反应温度对铁沉淀率产生了显著影响。温度从 130 ℃增加到 210 ℃，铁的沉淀率快速升高。而随着钾铁物质的量之比的增大[图 4-29（b）]，铁的沉淀率先

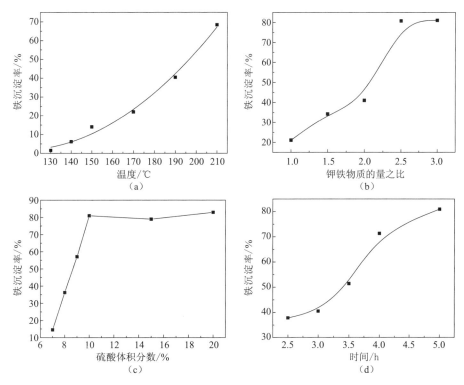

图 4-29　浸出温度（a）、钾铁物质的量之比（b）、硫酸体积分数（c）和
浸出时间（d）对铁沉淀率的影响

增加后趋于平稳。当钾铁物质的量之比为 1～2.5 时，铁沉淀率从 21.48%快速升高到 80.96%。当钾铁物质的量之比超过 2.5 后，铁沉淀率已基本保持稳定。H_2SO_4 浓度和浸出时间对铁沉淀率的影响也呈现了先升高后稳定的变化趋势[图 4-29（c）和图 4-29（d）]。当 H_2SO_4 体积分数从 7%增至 10%时，铁的沉淀率快速升高至 80.96%。但当 H_2SO_4 体积分数超过 10%后，铁沉淀率保持稳定。浸出时间从 3.5 h 增加到 4 h 时，铁的沉淀率从 47.43%急剧上升到 74.45%。在浸出时间达到 5 h 时，铁的沉淀率可达 80.96%。综上，V-Fe-K-H_2SO_4-H_2O 体系中，在温度不低于 190 ℃，钾铁物质的量之比为 2～2.5，Fe^{3+} 初始浓度为 0.4～0.6 mol/L，H_2SO_4 体积分数为 10%～20%的条件下反应 4～5 h，Fe^{3+}能够在低 pH 溶液中得到有效去除。

斜钾铁矾的形成受溶液酸度和温度的影响较大。图 4-30 示出，斜钾铁矾[KFe(SO$_4$)$_2$]形成于 8%～20%的 H_2SO_4 溶液中，但当 H_2SO_4 体积分数为 15%时钾铁矾[KFe(SO$_4$)$_2$·H_2O]与斜钾铁矾共存，当 H_2SO_4 体积分数不高于 8%时黄钾铁矾[KFe$_3$(SO$_4$)$_2$(OH)$_6$]出现，其与钾铁矾、斜钾铁矾共同存在。Chamindra 等（2014）和 Yang X 等（2014）的研究表明，在富氧酸性（pH=1～3）的硫酸盐溶液中，黄钾铁矾可以稳定存在。当 H_2SO_4 初始体积分数不低于 15 %时，钒页岩氧压酸浸过程中矿浆 pH 一般处于-1.5～0.5，此时黄钾铁矾无法形成。因此，斜钾铁矾是由 K^+、Fe^{3+} 和 SO_4^{2-} 直接化合反应而成。

从图 4-31 可以看出，当温度为 150～190 ℃时，只有斜钾铁矾和钾铁矾的衍射峰出现，未检测到黄钾铁矾的衍射峰。但当温度达到 210 ℃时，钾铁矾的衍射峰消失，仅斜

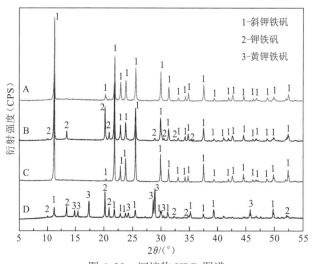

图 4-30　沉淀物 XRD 图谱

A-20 %H_2SO_4；B-15 %H_2SO_4；C-10 %H_2SO_4；D-8 %H_2SO_4

钾铁矾的衍射峰存在。因此，随着温度的升高，沉淀物中的钾铁矾完全转化为斜钾铁矾。与此同时，温度的升高，Fe 沉淀率随之快速增加，有利于斜钾铁矾的形成。那么斜钾铁矾也可由钾铁矾脱水形成，见式（4-3）。

$$KFe(SO_4)_2 \cdot H_2O \longrightarrow KFe(SO_4)_2 + H_2O \qquad (4-3)$$

在实际氧压酸浸过程中，当浸出初始条件达到浸出温度 190 ℃、硫酸体积分数 15%、K_2SO_4 用量 7%和液固比 1.5 mL/g 时（图 4-32），时间的延长使 V 浸出率逐渐增加，Fe 浸出率先升高后降低。Fe 在浸出前半段中优先溶出，在浸出后半段中优先沉淀。若钒页岩中黄铁矿完全溶解后溶液中 Fe^{3+} 浓度可达 0.4～0.5 mol/L，此时浓度已达到斜钾铁矾沉淀的初始浓度值，Fe^{3+} 开始以斜钾铁矾的形式进入渣相。所以，该过程中黄铁矿首先完全溶解为 Fe^{3+}，然后转化为斜钾铁矾。

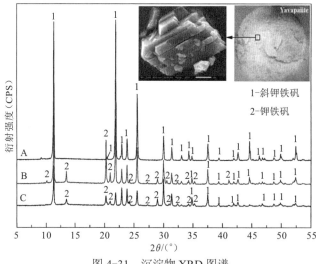

图 4-31　沉淀物 XRD 图谱

A-210 ℃；B-190 ℃；C-150 ℃

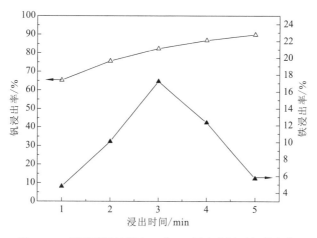

图 4-32　氧压酸浸过程中 V 与 Fe 浸出率随时间的变化

基于以上分析，钒页岩氧压酸浸过程中，斜钾铁矾的形成过程分为以下步骤：①在酸性富氧条件下，FeS_2 逐渐溶解和氧化，使 Fe^{3+} 富集于溶液中；②当 Fe^{3+} 浓度达到 0.40～0.60 mol/L 时，一方面 Fe^{3+} 与 K^+ 和 SO_4^{2-} 反应形成斜钾铁矾；另一方面，Fe^{3+} 与 K^+ 和 SO_4^{2-} 反应形成的中间产物钾铁矾经脱水后转化为斜钾铁矾。由此溶出的 Fe^{3+} 转移进入渣相。

对斜钾铁矾沉淀的稳定性进行测试（图 4-33），将斜钾铁矾浸泡于去离子水和不同pH 的硫酸溶液中，当浸泡时间超过 10 h 时，溶液颜色发生变化，斜钾铁矾开始溶解。在去离子水中，由于 Fe^{3+} 的水解作用，溶液的颜色变为棕褐色。浸泡 72 h 后，在去离子水、10 %H_2SO_4 溶液和 15 % H_2SO_4 溶液中，斜钾铁矾的溶解率分别为 65.12%、44.55%、38.13%。溶液酸度对斜钾铁矾的溶解影响显著。随着溶液酸度的增加，斜钾铁矾溶解放缓。10 h 内，斜钾铁矾能够稳定存在于酸浸渣中。因此，氧压酸浸渣经洗涤后，渣中的Fe 不会再次溶解进入液相。

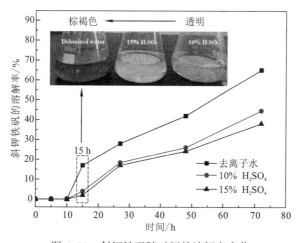

图 4-33　斜钾铁矾随时间的溶解率变化

4.3　有机酸体系选择性清洁提钒

草酸是一种络合性较强的有机强酸，被广泛应用于湿法浸出过程，本节着重讨论有机酸体系下页岩钒选择性浸出机理。

4.3.1　有机酸体系钒的选择性浸出

对比草酸和硫酸溶液体系钒页岩中 V、Fe 的浸出行为（图 4-34），发现草酸浸出体系可以实现常压下 V 与 Fe 的有效分离，草酸溶液中钒页岩各矿物存在溶解性差异。表 4-8 示出，在草酸浸出过程中，Fe 浸出率仅为 3.4%，V 浸出率可达 71.5%。在相同浸出参数下，草酸体系的 V 浸出率接近于硫酸体系的 V 浸出率，草酸体系下的杂质铁浸出率显著低于硫酸体系下的杂质铁浸出率。

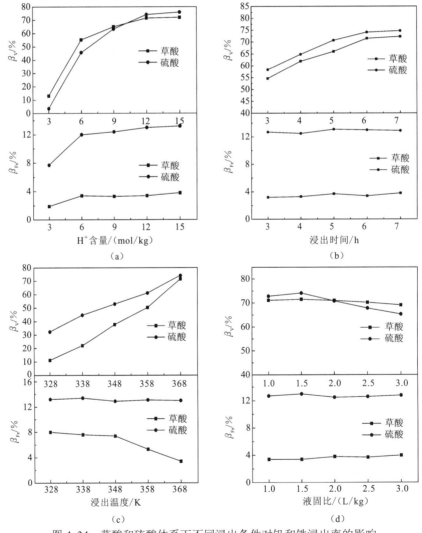

图 4-34　草酸和硫酸体系下不同浸出条件对钒和铁浸出率的影响

（a）H+ 用量；（b）浸出时间；（c）浸出温度；（d）液固比

图 4-34（a）示出两种浸出体系下，随着 H⁺用量的增加，钒浸出率先增加后趋于稳定。两种体系下铁的浸出率几乎不变。因此，以草酸作为浸出剂时，H⁺用量一般控制在 12 mol·kg⁻¹。由图 4-34（b）可知，草酸浸出过程中，铁的浸出率随时间变化不大，硫酸浸出过程中，铁的浸出率则稳定在 13.0%左右。两种浸出体系下钒的浸出率均呈增长趋势，浸出效果相当。由图 4-34（c）可知，随着温度的升高，草酸浸出过程中铁浸出率呈下降趋势。硫酸浸出过程中，铁浸出率则保持在 13.0%左右。两种浸出体系下钒的浸出率随着温度的升高而增加，由于温度的升高，反应物的活性增大，H⁺的扩散速率和钒的溶解速率加快，钒的浸出率增加。但草酸的氢离子电离较硫酸弱，所以硫酸体系下钒浸出率更高。草酸浸出体系温度需控制在 95 ℃。图 4-34（d）示出，两种浸出体系下，铁的浸出率基本不受液固比的影响，草酸和硫酸体系下铁的浸出率分别为 3.4%和 13.0%。

表 4-8　草酸体系和硫酸体系下的浸出指标

浸出体系	V浸出率	Fe浸出率
草酸	71.5%	3.4%
硫酸	74.1%	13.0%

4.3.2　有机酸体系选择性提钒机制

1. 草酸体系含钒云母的溶解

两种浸出体系得到的酸浸渣 XRD 物相组成如图 4-35 所示。与硫酸浸出相比，草酸浸出后，原矿中方解石的衍射峰消失，一水草酸钙石的衍射峰出现；云母在 2θ 为 8.925°处的晶面衍射峰强度显著降低，并在 2θ 为 17.725°、19.846° 和 27.947° 处的晶面衍射峰消失。草酸可以显著破坏云母的晶体结构（Hu P C 等，2017a）。

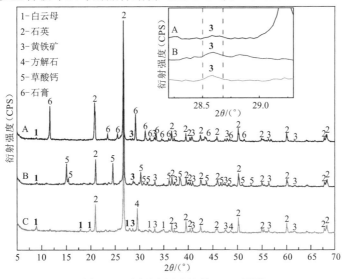

图 4-35　原矿和浸出渣的 XRD 图谱

A-硫酸浸出渣；B-草酸浸出渣；C-原矿

草酸浸出过程含钒云母结构中化学键的键合状态如图 4-36 所示，草酸浸出后，原矿中矿物的结构发生了变形。原矿中方解石的特征吸收峰（1 423 cm^{-1}）消失的同时，草酸浸出渣中出现草酸钙的特征吸收峰（1 620 cm^{-1}、1 316 cm^{-1}、663 cm^{-1} 和 520 cm^{-1}）（谭燕华等，2003），同时在 1 080 cm^{-1} 处归属于 Si—O 不对称伸缩振动峰，在草酸浸出后，迁移至 1 101 cm^{-1} 处，原矿矿物晶格中的化学键对称性变差，晶格结构失稳。原矿在 1 024 cm^{-1} 处归属于云母的 Si—O 伸缩振动吸收峰，877 cm^{-1} 处归属于云母的羟基面外摆动吸收峰，520 cm^{-1} 处归属于云母的 Si—O 弯曲振动吸收峰。上述三处特征吸收峰在草酸浸出渣（520 cm^{-1} 处与水草酸钙石特征吸收峰重叠）和硫酸浸出渣中均减弱或消失，草酸和硫酸对云母结构的化学键均产生了相同的破坏作用。

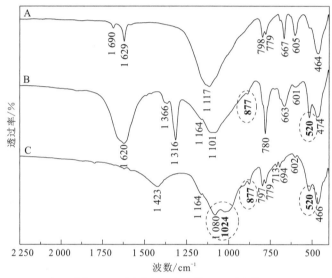

图 4-36　原矿和浸出渣的 FTIR 图谱

A-硫酸浸出渣；B-草酸浸出渣；C-原矿

2. 草酸体系 FeS$_2$ 表面钝化

草酸浸出渣中黄铁矿的衍射峰强度相对原矿无明显变化，草酸对黄铁矿的溶解侵蚀作用较弱，但硫酸浸出渣中黄铁矿的衍射峰强度相对原矿明显减弱，并未检测到其他含铁物相。硫酸更易与黄铁矿反应，使杂质铁释放进入溶液。

图 4-37 和表 4-9 示出的原矿中结合能 708.17 eV 处 Fe2p 峰和结合能 160.93 eV 处 S2p 峰归属于黄铁矿，其 Fe 元素的表面原子百分数为 1.05%，结合能 168.29 eV 处 S2p 峰归属于原矿所含有机质中的硫。浸出前后矿物表面的 Fe、S 元素组成和化学环境发生了明显变化：

（1）硫酸浸出后，Fe2p 峰的结合能偏移至 710.81 eV，浸出后 Fe 元素的化学环境变化，Fe 元素的表面原子百分数降至 0.44%，黄铁矿发生表面溶解。S2p 峰在结合能为 168.29 eV 处消失，主要由有机质与酸的反应所致。同时新的 S2p 峰出现于结合能为 170.05 eV 处，浸出过程生成石膏相。

（2）草酸浸出后，Fe2p 峰的结合能未出现明显偏移变化（708.54 eV），Fe 元素表面的原子百分数为 1.00%，接近于原矿表面的 Fe 元素原子百分比，草酸浸出前后元素

Fe 的化学环境相似，黄铁矿未发生明显的表面溶解。S2p 峰在结合能为 168.29 eV 处同样因有机质与酸的反应而消失，但结合能 160.93 eV 处 S2p 峰仍存在原矿中，表明浸出前后中元素 S 仍以 FeS_2 形式存在。

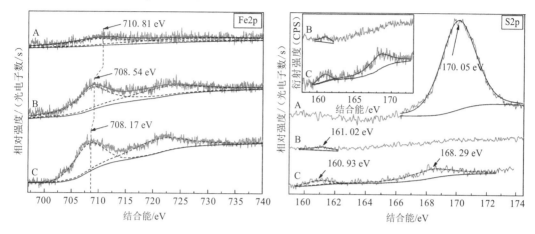

图 4-37　原矿和浸出渣的 XPS 图谱

A-硫酸浸出渣；B-草酸浸出渣；C-原矿

表 4-9　原矿和浸出渣的表面元素组成

化学态	矿物表面Fe元素原子百分数/ %		
	原矿	草酸浸出渣	硫酸浸出渣
Fe2p	1.05	1.00	0.44

草酸浸出后，黄铁矿颗粒的表面元素分布发生变化（图 4-38），Fe 和 S 元素在黄铁矿颗粒中间区域聚集，而 C 和 O 元素在颗粒两侧明显聚集，颗粒外层具有由 C、O、Fe 和 S 元素组成的物质，该外层物质含有草酸亚铁。

草酸体系选择性提钒和杂质铁的源头分离机制（Hu P C 等，2017b）为：

（1）CaF_2 与 H^+ 和 $C_2O_4^{2-}$ 反应，生成 CaC_2O_4 和 HF。

（2）HF 破坏云母晶格结构，云母中的 V 得到释放溶出。

（3）$H_2C_2O_4$ 与黄铁矿反应生成草酸亚铁，其包裹于黄铁矿，使黄铁矿表面钝化，阻碍了黄铁矿与 H^+ 和 O_2 的反应，从而抑制了钒页岩中黄铁矿的溶解反应。

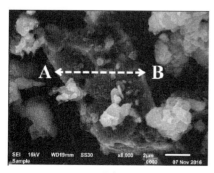

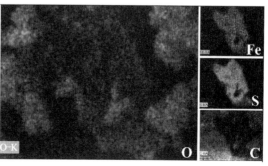

（a）　　　　　　　　　　　　　　　　　　（b）

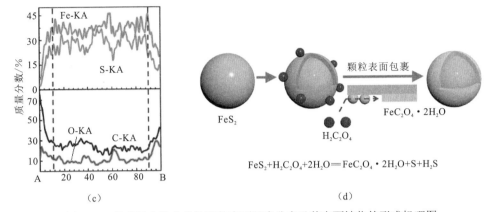

$$FeS_2 + H_2C_2O_4 + 2H_2O = FeC_2O_4 \cdot 2H_2O + S + H_2S$$

图 4-38　草酸浸出渣中黄铁矿的表面元素分布及其表面钝化的形成机理图

(a) 浸出渣中黄铁矿微观形貌；(b) 图 (a) 中黄铁矿颗粒的面扫描；

(c) 图 (a) 中黄铁矿 A 点至 B 点的线扫描；(d) 黄铁矿表面钝化的形成机理示意图

4.4　含钒酸性体系的杂质离子分离

分离提纯是高纯度钒产品制备的核心步骤。不同浸出工艺所得的含钒浸出液按照酸碱度可以分为酸性含钒溶液、中性或弱酸（碱）性含钒溶液和碱性含钒溶液三类。目前，钒页岩浸出过程主要采用酸性浸出剂，由于钒页岩中钒品位较低，杂质元素含量高，在提钒过程中采用各类浸出强化手段后，钒溶出增强的同时 Fe、Al、Mg 等多种杂质元素的浸出也得到强化，导致浸出液中杂质离子种类多且浓度高，增加了后续钒回收的难度。针对全钒液流电池、航空、医药等行业对钒产品纯度的要求不断提高，多杂质浸出液中钒的分离提纯效果直接决定了下游钒产品的质量。

本节从离子交换和溶剂萃取两方面对多杂质含钒酸浸液中分离富集钒的机理机制进行了详细论述。

4.4.1　基于离子交换法的钒杂离子分离机理

离子交换是借助于树脂中可交换的离子基团与溶液中的离子进行交换，以达到提取或去除溶液中某些离子目的的单元操作，属于传质分离过程。离子交换技术作为一种优良的提取、浓缩、精制手段，在各种回收、富集与纯化等冶金化工作业中得到了广泛应用与迅速发展。

离子交换树脂是进行离子交换分离操作的物质基础。采用离子交换法分离含钒酸浸液中的钒，树脂类型的选择是非常重要的环节。其中离子交换树脂的 pH 适用范围、交换容量及交换速度是选择树脂需考虑的主要因素。表 4-10 列出了常用离子交换树脂的主要参数。

表 4-10　常用离子交换树脂的主要参数

树脂型号	树脂骨架	树脂类型	功能基团	颗粒尺寸/mm（≥95%）	含水率/ %
D301	苯乙烯系	弱碱性阴离子交换	—N(CH₃)₂·H₂O	0.45~1.25	48~58
D314	丙烯酸系	弱碱性阴离子交换	—N(CH₃)₂	0.315~1.25	50~60
ZGA400	苯乙烯系	强碱性阴离子交换	—N—(CH₃)₂C₂H₄OH	0.315~0.45	50~60
D201	苯乙烯系	强碱性阴离子交换	—N—(CH₃)₂C₂H₄OH	0.315~1.25	50~60
201×7	苯乙烯系	强碱性阴离子交换	—Cl	0.315~0.75	42~48
D860	苯乙烯系	螯合	—CH₂NHCH₂PO₃—	0.45~1.25	50~60
D840	苯乙烯系	螯合	(—CH₂—S—C—NHNH₂)	0.45~1.25	50~60
D001	苯乙烯系	强酸性阳离子交换	—SO₃—	0.45~1.25	48~58
001×7	苯乙烯系	强酸性阳离子交换	—SO₃—	0.315~0.75	42~48
D116	丙烯酸系	弱酸性阳离子交换	—COO—	0.450~1.25	50~60

图 4-39 和图 4-40 分别显示了不同类型树脂对于溶液中 V（V）和 V（IV）的吸附效果。在强酸性范围内（pH 为 0.5~2.5）阴离子交换树脂均有较好的钒吸附效果，阳离

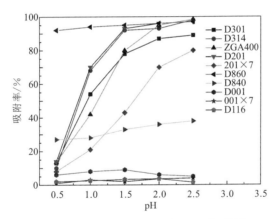

图 4-39　不同类型树脂吸附 V（V）效果

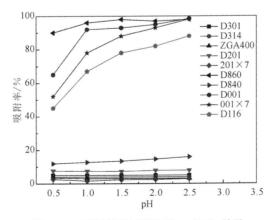

图 4-40　不同类型树脂吸附 V（IV）效果

子交换树脂基本没有交换钒的能力,螯合树脂 D860 对钒吸附效果较好而 D840 吸附效果较差。此外,阳离子交换树脂对 V(Ⅳ)的吸附效果较好,阴离子交换树脂对 V(Ⅳ)离子基本不吸附,螯合树脂 D860 对 V(Ⅳ)仍有较好的吸附效果,但螯合树脂 D840 对 V(Ⅳ)吸附效果较差。

对比图 4-39 及图 4-40 可知,价态是影响钒吸附效果的一个重要因素。在酸浸液 pH 范围(0.5～2.5)内 VO_2^+、$VO_2SO_4^-$ 及 $H_2V_{10}O_{28}^{4+}$ 是主要存在形式,采用阴离子交换树脂钒吸附效果好。此外,随着 pH 升高,阴离子形态的钒离子越来越多,钒的吸附效果变好。酸性条件下 V(Ⅳ)的主要存在形式是 VO^{2+},易于与阳离子交换树脂发生交换吸附而不能被阴离子交换树脂所吸附。

对于同一类型树脂来说,其官能团及物理结构决定了钒的吸附效果,大孔型树脂比凝胶型树脂吸附效果好,主要是大孔型树脂表面及内部具有许多物理孔,有利于离子的扩散及吸附,而凝胶型树脂属于均相高分子凝胶结构,内部没有毛细孔,使离子的扩散受到限制。针对大孔阴离子交换树脂,D201 树脂的吸附效果显著优于 D301,这与 D201 树脂的功能基团[—N—$(CH_3)_2C_2H_4OH$]和 D301 树脂的功能基团[—$N(CH_3)_2 \cdot H_2O$]有关。

由于实际酸浸液中含有大量杂质离子,尤其是 Al、Mg、Fe 含量最高,钒与杂质离子的分离效果也是选取离子交换树脂的重要参考。D201、D314、D860 离子交换体系中杂质离子对 V(Ⅴ)吸附的影响,D001、D860 及 001×7 离子交换体系中杂质离子对 V(Ⅳ)吸附的影响如图 4-41 和图 4-42 所示(V、Al、Fe、Mg 浓度均为 2 g/L,pH 为 2.0)。

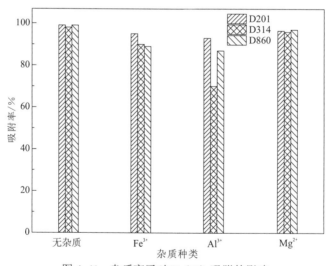

图 4-41　杂质离子对 V(Ⅴ)吸附的影响

图 4-41 中杂质离子对 V(Ⅴ)吸附的影响表明,无杂质离子存在时三种树脂对钒的吸附率均很高,在有杂质离子存在时三种树脂对钒的吸附率则有所下降。对比 Fe^{3+}、Al^{3+}、Mg^{2+} 三种离子对 V(Ⅴ)吸附的影响,其中 Al^{3+} 对 V(Ⅴ)吸附影响最大,其次为 Fe^{3+},Mg^{2+} 对 V(Ⅴ)吸附几乎没有影响。三种不同树脂在杂质离子存在时对 V(Ⅴ)的吸附效果中,D201 树脂吸附 V(Ⅴ)受杂质离子影响最小,其次为 D860 树脂,D314 树脂受杂质离子干扰大。

图 4-42 为杂质离子对 V(Ⅳ)吸附的影响,从图中可看出在无杂质离子存在时三种

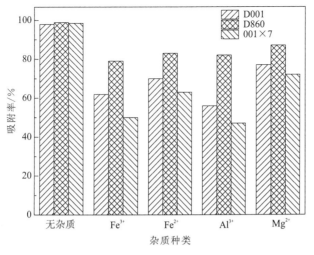

图 4-42　杂质离子对 V（IV）吸附的影响

树脂对钒的吸附率均大于 99%，有杂质离子存在时三种树脂对钒的吸附率则显著下降。所以阳离子交换树脂对 V（IV）的选择性差，适宜从低浓度钒液中富集钒，而不适宜多杂质溶液。

总体上，阴离子交换树脂 D201 对 V（V）有较好的分离选择性，可通过控制适当的工艺参数实现钒与杂质的分离。尽管 D201 树脂已被很多研究者用来吸附溶液中的钒，但这些溶液绝大多数是钒的水浸液，少部分为钒的稀酸浸出液，这些浸出液的共同特点是杂质种类少且含量低。

D201 大孔强碱性阴离子交换树脂对 V（V）具有较好的选择性。若实际酸浸液中 V（V）占 43.2%、V（IV）占 56.8%。以 $NaClO_3$ 作为氧化剂，当 $NaClO_3$ 的加入量为理论计算所需量的 2 倍时，溶液中 V（IV）完全被氧化至 V（V）。pH 对 D201 树脂吸附实际酸浸液中钒离子的影响，其结果如图 4-43 所示。

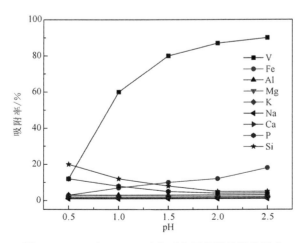

图 4-43　pH 对 V（V）及杂质离子吸附效果的影响

由图 4-43 可知，随着 pH 的升高，V（V）的优势区间由 VO_2^+ 逐渐向 $VO_2SO_4^-$、$H_2V_{10}O_{28}^{4-}$

及 $HV_{10}O_{28}^{5-}$ 转变，V 的吸附率得到极大的提升。由于离子所带电荷越多，其更容易与离子交换树脂发生交换反应，因此随着 pH 的升高，钒的吸附率也随之升高。同时可观察到，Fe 的吸附率随着 pH 的升高缓慢增加，但总体吸附率在 20% 以内。一般观点认为，Fe（III）在酸性溶液中以 Fe^{3+} 形式存在，不会与阴离子交换树脂发生交换反应。但是Martí-Calatayud（2014）的研究发现 Fe^{3+} 在硫酸体系下仍会以 $Fe(SO_4)^{2-}$ 阴离子的形式存在，从而与阴离子交换树脂发生交换而被吸附。此外，P、Si 的吸附率却随着 pH 的上升而略有下降。Al 在树脂上的吸附率始终保持在 4% 以内并不随 pH 变化，Mg、K、Na、Ca离子几乎不被树脂吸附。因此 D201 离子交换树脂上发生的反应如式（4-4）～（4-9）所示。

$$RCl + VO_2SO_4^- \rightleftharpoons RVO_2SO_4 + Cl^- \qquad (4-4)$$

$$4RCl + H_2V_{10}O_{28}^{4-} \rightleftharpoons R_4H_2V_{10}O_{28} + 4Cl^- \qquad (4-5)$$

$$5RCl + HV_{10}O_{28}^{5-} \rightleftharpoons R_5HV_{10}O_{28} + 5Cl^- \qquad (4-6)$$

$$3RCl + PO_4^{3-} \rightleftharpoons R_3PO_4 + 3Cl^- \qquad (4-7)$$

$$2RCl + SiO_3^{2-} \rightleftharpoons R_2SiO_3 + 2Cl^- \qquad (4-8)$$

$$RCl + Fe(SO_4)_2^- \rightleftharpoons RFe(SO_4)_2 + Cl^- \qquad (4-9)$$

尽管 pH 越高对钒的吸附越有利，但溶液过高 pH 会导致调节 pH 过程中 V 损失严重。在 pH 低于 1.6 时 V 未沉淀，当 pH 由 1.6 上升至 2.0 时，V 的沉淀率缓慢增加至 4% 左右。当 pH 上升至 2.4 时，V 的沉淀率迅速上升至 15%。为了保证较高的 V 吸附效果及较低的 V 损失率，pH 应严格控制在 1.8～2.0。

在动态吸附过程中，离子交换的穿透曲线是体现离子交换动态过程的特征曲线。液体流速对树脂吸附 V、Fe、P、Si 的影响如图 4-44 所示。

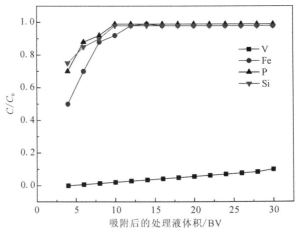

图 4-44　流速为 3 BV/h 的穿透曲线

穿透点：V 浓度为 0.08 g/L

　　由图 4-44 可知,当料液流速为 3 BV/h 时,处理 22 BV 的料液即达到穿透点。此外,树脂对 Fe、P、Si 的吸附量很少,快速达到饱和,但是流速越低时吸附的 Fe、P、Si 量越多。其主要原因是离子交换过程是一个界面交换反应过程,流速越慢,液体与树脂表面的接触时间越长反应越充分,各离子的交换吸附量越大。

　　负载 V 的阴离子交换树脂解吸通常采用 NaOH 溶液。由于树脂上吸附 Fe 离子,使用 NaOH 溶液解吸时 Fe^{3+} 被洗脱下来并与 OH$^-$ 结合生成 Fe(OH)$_3$ 沉淀,造成树脂的堵塞,使解吸过程无法继续。虽然稀酸解吸钒的效果较差,但是 Cl$^-$ 与 Fe^{3+} 的络合能力强,采用 0.5 mol/L 的 HCl 溶液作为淋洗剂可优先洗脱负载树脂上的 Fe 离子,结果如表 4-11 和图 4-45 所示。

表 4-11　负载树脂上离子的淋洗

离子	V	Fe	P	Si
淋洗率/%	5.17	94.19	15.23	23.15

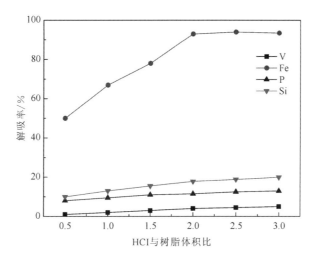

图 4-45　负载树脂的 HCl 淋洗曲线

　　由表 4-11 可知,经 0.5 mol/L 的 HCl 溶液淋洗,Fe 离子基本被洗去,少量 P、Si 被洗脱,而 V 的损失率最高仅有 4.17%。V 与杂质离子得到进一步的分离,此时负载树脂上还有部分杂质元素 P、Si 残留,但并不影响钒解吸过程的进行。解吸过程中可能发生的反应如式(4-10)~(4-12)所示:

$$RVO_2SO_4 + 5OH^- \rightleftharpoons ROH + VO_4^{3-} + SO_4^{2-} + 2H_2O \qquad (4\text{-}10)$$

$$R_4H_2V_{10}O_{28} + 30OH^- \rightleftharpoons 4ROH + 10VO_4^{3-} + 14H_2O \qquad (4\text{-}11)$$

$$R_5HV_{10}O_{28} + 30OH^- \rightleftharpoons 5ROH + 10VO_4^{3-} + 13H_2O \qquad (4\text{-}12)$$

　　解吸剂中 NaOH 浓度对 V 解吸效果的影响如图 4-46 所示。当 NaOH 浓度由 0.5 mol/L 上升至 2 mol/L 时,V 的解吸率由 42% 增加至 92%,继续增加 NaOH 浓度,V 的解吸率已趋于稳定。

由表 4-12 可知，经 D201 树脂交换处理后，V 被富集至 21.81 g/L，杂质离子 Fe、Al、Mg、K、Ca 的浓度均降低至 0.08 g/L 以内，仅 Si 和 P 的浓度有所富集，V 与杂质离子的分离效果明显。

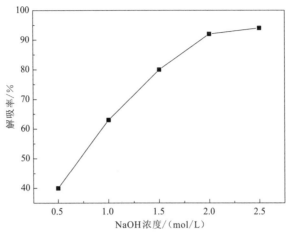

图 4-46　　NaOH 浓度对 V 解吸率的影响

表 4-12　D201 树脂的分离富集效果　　　　　　　　　（单位：g/L）

液相	V	Fe	Al	Mg	K	Ca	Na	Si	P
原料液	1.89	13.88	5.09	5.81	3.72	0.74	0.32	0.21	0.51
富钒液	21.81	0.046	0.071	0.029	0.016	0.011	31.03	0.49	0.79

4.4.2　基于溶剂萃取法的钒杂离子分离机理

溶剂萃取法也称液-液萃取法，简称萃取法。萃取法由有机相和水相相互混合，水相中分离出的物质进入有机相后，再靠密度差将两相分开。有机相一般由两种物质组成，即萃取剂和稀释剂，但是有时还需要在有机相中加入相调节剂，以改善分相性能。

萃取钒常用的萃取剂主要包括有机膦类萃取剂和胺类萃取剂，有机膦型萃取剂主要用于从酸性溶液中萃取以阳离子形态存在的钒，而胺类萃取剂可以萃取从酸性到碱性溶液中以阴离子形态存在的钒。页岩提钒浸出液中含有大量杂质离子，利用有机萃取剂的高选择性从酸性多杂质页岩提钒浸出液中净化富集钒，对于后续制备高纯度钒氧化物具有重要意义。

萃取过程中所涉及的分配比 D、分离系数 β、萃取率 E 及反萃率 S 采用式（4-13）～（4-16）计算：

$$D = \frac{C_{org}}{C_{aq}} \qquad (4-13)$$

$$E = \frac{D}{D + \left(V_{aq} / V_{org}\right)} \times 100\% \qquad (4-14)$$

$$\beta_{a,b} = \frac{D_a}{D_b} \qquad (4\text{-}15)$$

$$S = \frac{C'_{\text{aq}} V'_{\text{aq}}}{C'_{\text{org}} V'_{\text{org}}} \times 100\% \qquad (4\text{-}16)$$

式中：C_{org} 为萃后有机相中钒或者其他离子的浓度；C_{aq} 为萃余液中钒或者其他离子的浓度；V_{aq} 和 V_{org} 分别为萃取过程中水相和有机相的体积；$\beta_{a,b}$ 表示离子 a 与离子 b 的分离系数；C'_{org} 为负载有机相中钒或其他离子的浓度；V'_{org} 为负载有机相的体积；C'_{aq} 为反萃液中钒或其他离子的浓度；V'_{aq} 为反萃液的体积。

1. 膦酸类萃取体系——二（2-乙基己基）膦酸（D2EHPA）分离钒

钒页岩经过氧化焙烧—酸浸，浸出液中的钒、铁、铝等杂质离子均处于高价离子状态，其中钒以 VO^{2+} 和 VO_2^+ 形式存在于浸出液中，铁大部分以 $FeSO_4^+$ 和 $Fe(SO_4)_2^-$ 形式存在，铝主要以 $AlSO_4^+$ 和 $Al(SO_4)_2^-$ 形式存在。膦酸类萃取剂 D2EHPA 对酸性介质中 Fe(III) 和 V（IV）具有很强的萃取能力，Fe^{2+} 则难被 D2EHPA 萃取。因此，首先对浸出液进行还原，将浸出液中的 Fe^{3+} 还原成 Fe^{2+}，以弱化杂质竞争萃取，同时浸出液中的 VO_2^+ 被还原为 VO^{2+}，以优化 D2EHPA 的萃钒效果。

1）D2EHPA 阳离子萃取体系的控制因素

萃原液初始 pH、萃取时间、萃取剂浓度和萃取相比是影响 D2EHPA 萃取效果的主要控制因素。D2EHPA 萃取钒的最佳条件一般为溶液初始 pH 为 1.8～2.0，萃取剂浓度 20%，萃取时间 8 min，萃取相比 2∶1（O/A）（图 4-47）。在最佳萃取条件下，钒萃取率大于 75%，铁、铝离子为主要共萃离子，相应萃取率均大于 10%，其他杂质离子的共萃率都小于 5%，所以 D2EHPA 萃取体系能够实现页岩提钒酸浸液中钒与大部分杂质离子的分离，但是在萃取过程中需控制杂质离子铁和铝的共萃。

作为酸性萃取剂，D2EHPA 以阳离子交换机理萃取金属阳离子。溶液 pH 值对金属萃取的影响可由下式表示。

$$M^{n+}(\text{aq}) + n(\text{HA})_2(\text{org}) \Longrightarrow M \cdot A_n \cdot n\text{HA}(\text{org}) + n\text{H}^+(\text{aq}) \qquad (4\text{-}17)$$

式中：M 表示金属阳离子；HA 表示 D2EHPA 分子。当 H^+ 浓度减少时，反应（4-17）平衡右移，有助于提高金属的萃取率。但 pH 过高会造成杂质离子的共萃增强，不利于钒与杂质的分离。

图 4-47 中，在萃原液初始 pH 从 1.2 升高至 2.4 的过程中，V 的萃取率由 36.23%快速增加至 76.30%，萃原液初始 pH 对 V 的萃取影响显著。此外，随着萃原液初始 pH 的升高，Al、Fe 的萃取率增加且 Fe 的萃取率增幅显著。Mg 的萃取率在 3%～5%波动。在该萃原液初始 pH 范围内，K、Ca、Na、P、Si 的萃取率保持在 1%左右，这些元素基本难以被萃取。

2）萃取与反萃过程的动力学分离

利用动力学研究结果除了可采取相应措施使反应速度加快，为设备设计提供基本参数外，还可以利用被萃取物的速度差别实现元素间的相互分离，这种方法称为动力学分离。

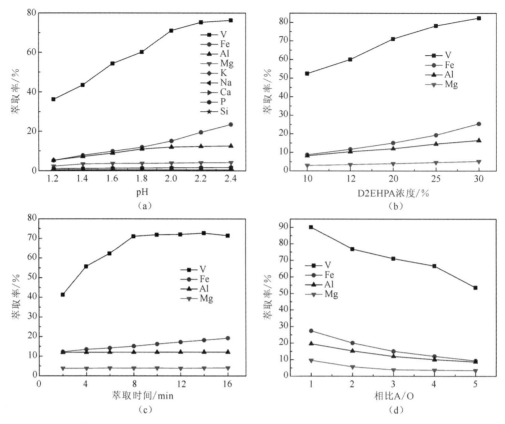

图 4-47　萃原液 pH（a）、萃取剂浓度（b）、萃取时间（c）、萃取相比（d）对 V 及杂质萃取的影响

由图 4-47（c）可知，随着萃取时间的延长，V 萃取率先上升后趋于平衡，8 min 即达到平衡点，对应萃取率为 71.10%。Fe 的萃取率随着萃取时间的延长持续增加，且在试验范围内并未达到平衡，表明 Fe 的萃取速度比 V 慢，达到平衡所需的时间更长。在研究范围内 Al 的萃取率基本保持不变，Al 的萃取反应已处于平衡状态。因此，在萃取过程中通过控制萃取时间可以实现钒与杂质离子的动力学分离。

反萃时间对钒与杂质离子反萃率的影响如图 4-48 所示。当硫酸作为反萃剂时，在反萃过程中杂质离子的反萃率随钒反萃率的升高亦逐渐升高。图 4-48 示出，随着反萃时间的延长，钒的反萃率先快速上升，30 min 后增长趋势逐渐平缓，但铁、铝的反萃率在 30 min 后仍然快速增加。因此通过控制反萃时间（30 min）也可在反萃过程中实现钒与杂质离子的动力学分离。

2. 胺类萃取体系——叔胺 N235 分离钒

胺类萃取剂主要萃取阴离子形态的十钒酸根。提高酸浸液电位和 pH，可促使 VO_2^+ 转变为 $H_2V_{10}O_{28}^{4-}$ 等形态。萃取前首先须对酸浸液进行氧化并调节 pH 至 1.5～2.0，得到萃原液。根据常温 $V-H_2O$ 体系 E_h-pH 图，萃原液中钒大部分应以 $H_2V_{10}O_{28}^{4-}$ 等阴离子形式存在，铁、铝等杂质离子则主要与 SO_4^{2-} 络合以阳离子形式存在，少量与 SO_4^{2-} 络合以阴离子形式存在。采用 N235 以阴离子交换机理萃取钒，可弱化萃取过程中铁、铝等高浓度阳离子的共萃，强化 N235 对钒离子萃取的选择性。

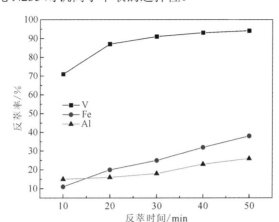

图 4-48　反萃时间对反萃率的影响

N235 系叔胺类萃取剂（R_3N），其萃取钒的过程属于阴离子交换反应过程。萃取前需对 N235 进行质子化，使之转变为铵盐，产生可交换的硫酸根离子。R_3N 质子化过程一般采用稀硫酸处理，R_3N 的质子化及其萃取钒的反应机理为

$$2\left[R_3N\right]_{org} + \left[H_2SO_4\right]_{aq} \longrightarrow \left[\left(R_3NH\right)_2^+\left(SO_4\right)^{2-}\right]_{org} \tag{4-18}$$

$$\left[\left(R_3NH\right)_2^+\left(SO_4\right)^{2-}\right]_{org} + 2VO_2SO_4^- \longrightarrow 2\left[\left(R_3NH\right)^+\cdot VO_2SO_4^-\right]_{org} + SO_4^{2-} \tag{4-19}$$

$$2\left[\left(R_3NH\right)_2^+\left(SO_4\right)^{2-}\right]_{org} + H_2V_{10}O_{28}^{4-} \longrightarrow \left[\left(R_3NH\right)_4^+\cdot H_2V_{10}O_{28}^{4-}\right]_{org} + 2SO_4^{2-} \tag{4-20}$$

$$5\left[\left(R_3NH\right)_2^+\left(SO_4\right)^{2-}\right]_{org} + 2HV_{10}O_{28}^{5-} \longrightarrow 2\left[\left(R_3NH\right)_5^+\cdot HV_{10}O_{28}^{5-}\right]_{org} + 5SO_4^{2-} \tag{4-21}$$

1）　N235 阴离子萃取体系的控制因素

萃原液初始 pH、萃取剂浓度、萃取时间和相比（A/O）对钒及主要杂质元素萃取率的影响，如图 4-49 所示。N235 萃取钒的最佳条件一般为：萃原液初始 pH 为 1.6～1.8、萃取剂浓度 20%、萃取时间 5 min 和萃取相比 2∶1（A/O）。在最佳萃取条件下，钒萃取率大于 80%，硅为主要共萃离子，对应萃取率为 5%～10%，其他杂质离子的共萃率小于 5%，但是由于酸浸液中硅的质量浓度仅为 0.2 g/L，Si 的实际萃取量极低。因此，N235 阴离子萃取体系对于钒离子的萃取选择性明显优于 D2EHPA 阳离子萃取体系，有望实现高纯钒产品的短流程制备。

绘制 McCabe-Thiele 线并预测萃取钒所需的理论级数（图 4-50）。在相比 A/O 为 2 时，理论上只需要 2 级萃取即可将酸浸液中钒的浓度降低至约 0.02 g/L。逆流萃取钒的试验用于验证 McCabe-Thiele 图的萃取级数准确性，通常实际萃取级数要比理论萃取级数多一级，逆流萃取钒的级数定为 3 级。经 3 级逆流萃取后，酸浸液中钒的浓度降低至 0.023 g/L，98.44%的钒被成功萃取，这一结果与 McCabe-Thiele 图的预测非常接近。同时，对收集的萃余液进行化学成分分析，结果如表 4-13 所示，铁的萃取率为 3.89%，磷的萃取率为 5.27%，硅的萃取率为 9.53%，其他离子基本未萃。

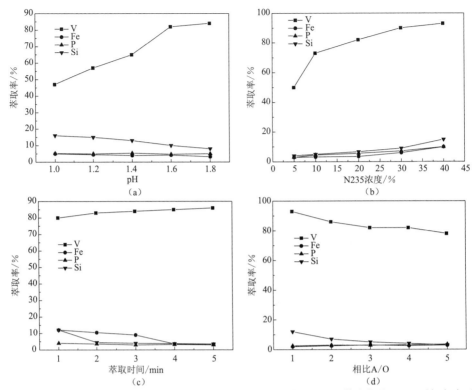

图 4-49　萃原液初始 pH（a）、萃取剂浓度（b）、萃取时间（c）和萃取相比（d）对钒与杂质
离子萃取率的影响

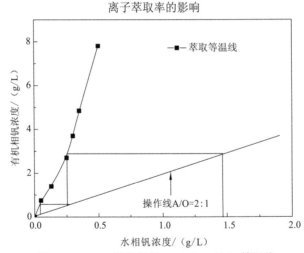

图 4-50　N235 萃取钒的 McCabe-Thiele 等温线

表 4-13　V 与杂质离子的 N235 萃取结果

元素	V	Fe	Al	Mg	K	Ca	P	Si
萃余液浓度/（g/L）	0.023	2.97	13.88	3.51	5.08	0.65	0.54	0.19
负载有机相/（g/L）	3.72	0.24	0.013	0.009	0.002	0.005	0.057	0.036
萃取率/%	98.44	3.89	0.01	0.02	0.01	0.01	5.27	9.53

由于在萃取钒的过程中同步萃入一定量的杂质离子铁，钒的反萃一般采用碱性反萃

剂，直接反萃会受到铁的水解产生的絮状沉淀干扰，影响反萃过程的顺利进行，须对负
载有机相进行洗涤除铁。对比纯水与 0.5 mol/L 的 HCl 溶液对负载有机相的洗涤效果，
如表 4-14 所示，采用纯水能洗涤一部分杂质离子，杂质离子的洗脱率较低。而采用
0.5 mol/L 的 HCl 溶液洗涤，杂质离子的洗涤效果较好，经 3 级洗涤过程，约 96%的铁、
70%的磷及 52%的硅被洗涤下来，此时钒损失率约为 4%。

表 4-14　洗涤剂种类及次数对钒及杂质离子洗脱率的影响　　　　　（单位：%）

洗涤次数	纯水洗涤累积洗脱率				0.5 mol / L HCl洗涤累积洗脱率			
	V	Fe	P	Si	V	Fe	P	Si
1	0.97	33.98	18.34	14.20	2.22	50.25	27.66	20.82
2	1.32	48.99	30.21	23.42	3.52	78.92	50.43	37.14
3	1.51	55.22	34.17	26.13	4.03	96.54	70.72	52.18
4	1.68	58.33	37.72	28.91	4.92	98.89	75.21	55.33
5	1.79	59.65	40.21	31.33	5.33	99.32	76.09	57.88

反萃剂浓度和反萃时间对反萃率的影响如图 4-51 所示，1 mol/L 的 NaOH 溶液作为
反萃剂，可以在 6 min 之内实现钒离子的高效反萃，反萃率大于 90%。通过变相比法绘
制钒的萃取等温线如图 4-52 所示。在图中绘制 McCabe-Thiele 线并预测反萃钒所需的理

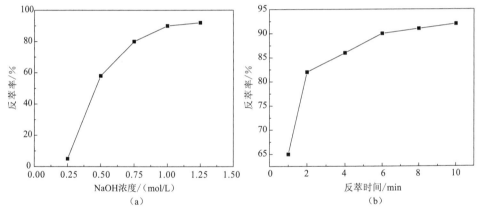

图 4-51　反萃剂浓度（a）和反萃时间（b）对反萃率的影响

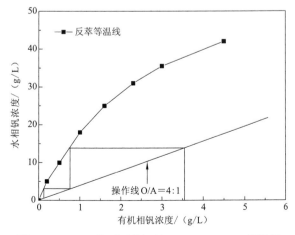

图 4-52　N235 体系反萃钒的 McCabe-Thiele 等温线

论级数。从图中可看出，在相比 O/A 为 4 时，理论上只需要 2 级萃取即可将钒完全反萃出来。经 3 级逆流反萃，并与 McCabe-Thiele 图的结果进行对比发现，反萃液中钒的质量浓度富集至 36.28 g/L，反萃率大于 99%。

2）N235 阴离子萃取体系萃取机理

分别采用饱和容量法和斜率法对 N235 萃取机理进行分析。饱和容量法试验结果如表 4-15 所示。

表 4-15　饱和萃取实验结果

编号	N235体积分数 /%	N235浓度 /（mol/L）	饱和有机相中钒的浓度 /（mol/L）	钒与N235的物质的量之比
1	5	0.105	0.271	2.581
2	10	0.21	0.509	2.424
3	15	0.315	0.778	2.470

由表 4-15 可知，有机相中萃取剂 N235 体积分数为 5%时，其摩尔浓度为 0.105 mol/L，饱和后有机相中钒浓度为 13.82 g/L，相应的摩尔浓度为 0.271 mol/L，所以萃合物中 [V]∶[N235]=2.581。当有机相中 N235 体积分数为 10%时，饱和后有机相中 [V]∶[N235]=2.424。当有机相中 N235 体积分数为 15%时，饱和有机相中 [V]∶[N235]=2.470。上述比值均与 2.5 接近。

在酸性条件下，五价钒在溶液中一般以 VO_3^- 和 HVO_3 存在，若溶液中钒浓度较高，或者 pH 较低时，则易聚合成 $V_4O_{12}^{4-}$、$V_3O_9^{2-}$、$V_{10}O_{28}^{4-}$、$HV_{10}O_{28}^{5-}$、$H_2V_{10}O_{28}^{4-}$ 等离子形式。在溶液 pH 小于 2 时，若溶液中钒的浓度较高，多钒酸根离子易被破坏，将以水合五氧化二钒沉淀析出，若溶液酸性较强（pH 小于 1），则钒在溶液中主要以 VO_2^+ 存在。可认为钒是以 $[H_2V_{10}O_{28}]^{4-}$ 形式被 N235 萃取，在本体系中萃合物的形式应为 $[R_3NH]_4[H_2V_{10}O_{28}]$。

斜率法测定结果如图 4-53 所示。图中直线的斜率为 3.955，与 4 接近。钒是以 $[H_2V_{10}O_{28}]^{4-}$ 形态被 N235 萃取。饱和容量法和斜率法测定结果均表明 N235 萃取钒的反应方程式如下：

$$[H_2V_{10}O_{28}]_{aq}^{4-} + 4R_3NH_{org}^+ \rightleftharpoons [R_3NH]_4[H_2V_{10}O_{28}]_{org} \qquad (4\text{-}22)$$

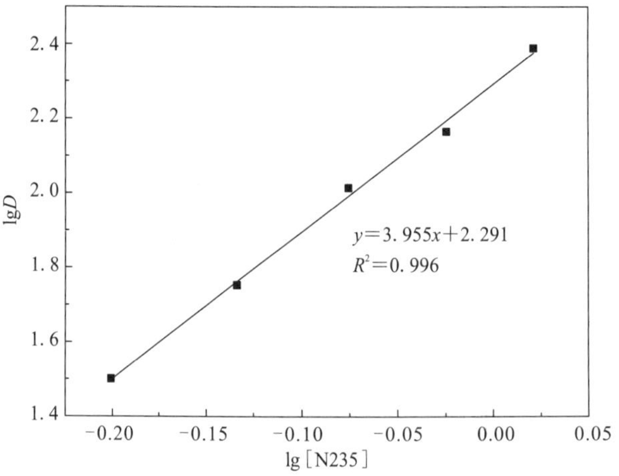

$$y = 3.955x + 2.291$$
$$R^2 = 0.996$$

图 4-53　钒分配比对萃取剂浓度作图

N235 萃取前后有机相红外分析结果如图 4-54 所示。叔胺类萃取剂 N235 的化学式为 R_3N，其中活性基团为给出电子的胺基，根据红外图谱分析，1 097 cm⁻¹ 峰为其特征峰。萃取后有机相的特征图谱也发生了较大的变化：N235 官能团胺基的特征峰 1 097 cm⁻¹ 消失，同时出现 V—O 特征峰 764 cm⁻¹，和 SO_4^{2-} 的特征峰 973 cm⁻¹、452 cm⁻¹ 等，说明萃取过程发生了化学反应，主要萃取了水相中的 V 和 SO_4^{2-}，有机相化学结构已经发生变化。

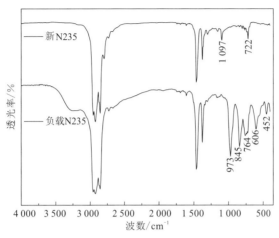

图 4-54 萃取前后有机相红外图谱

3. 协同萃取体系——D2EHPA-PC88A 分离钒

两种及两种以上萃取剂与稀释剂组成的混合物萃取某种金属离子或化合物时，金属离子或化合物在复合萃取体系中的分配比大于其在相同浓度的单一萃取体系的分配比之和的现象称为协同萃取，则该体系为协同萃取体系。若在复合体系中的分配比小于其在相同浓度单一萃取体系的分配比之和，则为反协同萃取；若两者相等，则无协同效应。判断复合体系中萃取剂之间有无协同作用，常通过协萃系数 R 判断，其计算式如下：

$$R = \frac{D_{\mathrm{mix}}}{D_1 + D_2} \tag{4-23}$$

式中：R 为协萃系数；D_{mix}、D_1 和 D_2 分别表示金属离子或化合物在复合体系和各自单一体系中的分配比。

1）D2EHPA-PC88A 协同萃取体系的控制因素

在初始 pH 为 2.0、萃取时间为 8 min、相比 O/A 为 2：1，萃取剂总体积分数为 20% 的萃取条件下，由 D2EHPA 和 PC88A 组成的复合体系中，萃取剂配比对萃原液中 V（IV）分配比 D 和协萃系数 R 的影响，结果如图 4-55 所示。

V（IV）在复合体系中的分配比均大于在相同浓度单一萃取体系中的分配比之和，在 D2EHPA 占萃取剂总体积 70% 时，复合体系中 V（IV）的分配比达到最大值 13.50，高于单一 D2EHPA 和 PC88A 体系中 V（IV）的分配比 10.90 和 6.55，此时，协萃系数 R 为 1.52，D2EHPA 与 PC88A 组成复合体系在 V（IV）的萃取过程中具有协同效应，该复合体系属于协同萃取体系。V（IV）的分配比越大，越有利于浸出液中 V（IV）的净化富集，因此，D2EHPA、PC88A 和磺化煤油复合体系最优配比为： 14%、6% 和 80%。

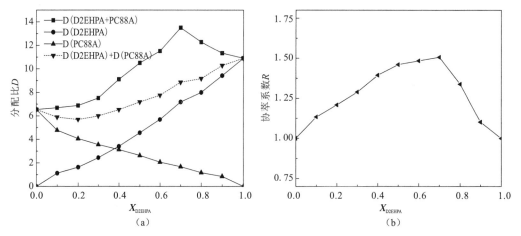

图 4-55　复合萃取体系中 V（IV）的分配比和协萃系数

不同的体系中，萃取的工艺条件具有一定差异，为优化协同萃取体系中 V（IV）的萃取过程，在有机相中 D2EHPA、PC88A 和磺化煤油体积分数分别为 14%、6% 和 80%，相比 O/A 为 2∶1 的条件下，初始 pH 和萃取时间对萃原液中 V（IV）萃取的影响如图 4-56 所示。

溶液 pH 对 V（IV）萃取率的影响与单一萃取体系中相似，随着溶液初始 pH 的升高，V（IV）的萃取率先升高后略有下降，表明复合体系中萃取 V（IV）的反应仍以阳离子进行交换，当溶液 pH 大于 2.2 时，溶液中杂质离子水解导致乳化，使 V（IV）萃取率略有下降。协同体系中 V（IV）萃取反应亦能在较短时间内完成，在萃取时间为 10 min 时，V（IV）的萃取率达到最大值 87.1%，由于杂质的缓慢共萃，随着时间的延长，V（IV）的萃取率有下降趋势。

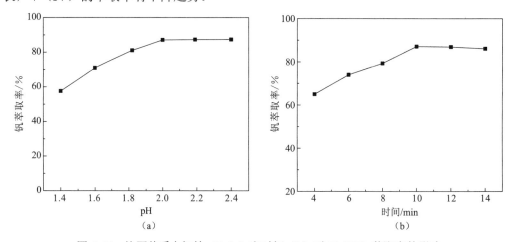

图 4-56　协同体系中初始 pH（a）和时间（b）对 V（IV）萃取率的影响

在温度为 25 ℃、单级萃取时间为 10 min 的条件下，采用变相比法绘制萃原液的萃取等温线，根据 McCabe-Thiele 图解法所确定的逆流萃取级数如图 4-57（a）所示。

在萃取相比 A/O 为 5∶1 的条件下，萃原液中 V（IV）完全被萃取所需的理论级数为 4 级。在实际萃取过程中，萃取级数一般比理论级数多 1 级。基于上述条件进行了 5

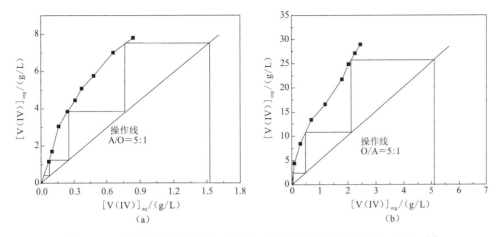

图 4-57　协同体系中 V（IV）的萃取（a）和反萃（b）McCabe-Thiele 图

级逆流萃取，V（IV）的萃取率可达到 98.7%。利用体积分数为 10% 的硫酸做反萃剂，在反萃时间为 30 min 的条件下，对所得负载有机相进行反萃，反萃等温线同样采用变相比法获得，根据 McCabe-Thiele 图解法确定逆流反萃级数［图 4-57（b）］。负载有机相中 V（IV）反萃所需的理论级数为 3 级，实际反萃过程中在反萃相比 O/A 为 5∶1 的条件下，经过 4 级逆流反萃，钒的反萃率达到 98.4%。反萃后贫有机相采用 20% 硫酸溶液再生，可循环用于萃取过程。

　　不同萃取体系下，V（IV）萃取完成所需的有机相用量和萃取级数不同。在同一萃取体系中，由于溶液中离子浓度在每一级萃取后均有所变化，溶液性质的改变使每一级萃取过程的选择性产生差异。为避免萃取级数和溶液性质改变引起的萃取选择性不同，对萃原液分别采用单一体系和协同体系经多级逆流萃取后的萃余液进行检测，分析不同萃取体系的选择性差异。单一体系中，在相比 A/O 为 3∶1 的条件下，D2EHPA 和 PC88A 分别经过 6 级和 7 级逆流萃取后 V（IV）的萃取率可达 98% 以上；协同体系中，复合萃取剂在相比 A/O 为 5∶1 的条件下，经过 5 级逆流萃取后 V（IV）可被完全萃取，不同萃取体系中所得萃余液主要化学成分如表 4-16 所示。根据表 4-16 计算所得杂质元素 Al、Fe 的共萃系数如图 4-58 所示。

表 4-16　单一体系和协同体系多级逆流萃取后萃余液的主要化学成分　　（单位：g/L）

萃取体系	V	Al	Fe	Mg	K	Na
D2EHPA	0.02	2.73	3.03	3.28	4.53	1.87
PC88A	0.02	2.77	3.13	3.31	4.54	1.88
D2EHPA-PC88A	0.02	2.83	3.20	3.33	4.53	1.88

　　对比萃原液和萃余液的化学成分，发现在单一体系和协同体系中，K、Na 几乎不被萃取，少量的 Mg 被萃取，其萃取率低于 5%，Al、Fe 的共萃现象显著，Al、Fe 的共萃不仅对溶液中 V（IV）的萃取过程具有抑制作用，而且影响后续沉钒过程，使钒产品中纯度下降。由图 4-58 可见，在单一体系 D2EHPA、PC88A 及协同体系中，Al 的共萃系数分别为 0.43、0.39、0.32，Fe 的共萃系数分别为 0.49、0.44、0.39，协同体系与单一体系相比，共萃系数变小，能够减少杂质离子 Al、Fe 的共萃，提高萃取过程的选择性。根

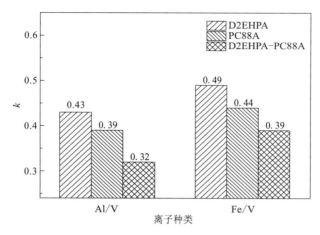

图4-58　不同萃取体系中主要杂质 Al、Fe 的共萃系数

据三种萃取体系中主要杂质离子 Al、Fe 共萃系数的大小，可获得不同萃取体系选择性强弱顺序为：D2EHPA-PC88A > PC88A > D2EHPA。协同萃取体系中，V（Ⅳ）的萃取过程被强化，在多级逆流萃取过程中，有机相用量和级数减少，萃取所需总时间减少，且 Al、Fe 萃取速率缓慢，过程属于动力学控制的萃取反应。因此 Al、Fe 的共萃削弱，协同体系的选择性提高。

2）D2EHPA-PC88A 配位体形成机制及与钒离子配合反应机理

协同体系中萃取反应机理比较复杂，通常认为在协同体系中两种或多种萃取剂参与萃取反应，与被萃取的金属离子生成更稳定、更疏水的萃合物，使其易溶于有机相，从而增大金属离子的分配比，强化金属离子的萃取过程。协同萃取的机理解释主要包括三种观点：①溶剂化作用，一种萃取剂分离取代了另一种萃取剂生成的萃合物中的水分子，使新生成的萃合物更加疏水。②取代作用，一种萃取剂分子取代萃合物中的另一种萃取剂分子，生成结构更为稳定的萃合物。③加成作用，当一种萃取剂与金属离子生成的萃合物配位饱和时，另一种萃取剂打开萃合物中的螯合环进行二次配位，生成疏水性更强的新萃合物。

协同萃取机理包括钒萃取机理和钒萃取过程强化机理两个方面（Xiong P 等，2017；Shi Q H 等，2017）。为分析协同体系中 V（Ⅳ）的萃取机理，对单一体系和协同体系的空白有机相进行红外分析，如图4-59所示。

在空白 D2EHPA 图谱中，2 331 cm^{-1} 为 P—OH 伸缩振动吸收峰，1 035 cm^{-1}、1 231 cm^{-1}、1 682 cm^{-1} 分别归属于 P—O—C、P═O、分子间氢键的特征吸收峰；在空白 PC88A 图谱，2 317 cm^{-1} 和 983 cm^{-1} 分别为 P—OH 的伸缩振动和弯曲振动吸收峰，1 036 cm^{-1}、1 199 cm^{-1}、1 719 cm^{-1} 处分别归属于 P—O—C、P═O、分子间氢键的特征吸收峰；在 D2EHPA 和 PC88A 组成的空白协同体系中，983 cm^{-1} 处 P—OH 的弯曲振动吸收峰消失，P═O 特征吸收峰偏移至 1 227 cm^{-1} 处，氢键特征吸收峰宽化并分裂为双峰 1 719 cm^{-1} 和 1 690 cm^{-1}。P—OH 和 P═O 特征吸收的消失和偏移，表明在协同体系中 D2EHPA 和 PC88A 分子之间存在一定的相互作用。氢键特征吸收峰的变化也表明原聚合体中的氢键断裂，D2EHPA 与 PC88A 分子间形成了新的氢键，其反应式如式（4-24）所

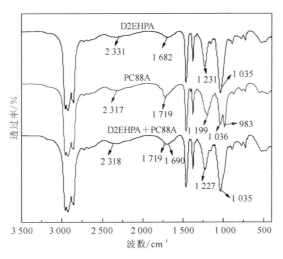

图 4-59　空白有机相红外图谱

示，其中，HA 表示 D2EHPA 分子，HB 表示 PC88A 分子。

$$(HA)_{2(org)} + (HB)_{2(org)} \Longrightarrow 2(HA \cdot HB)_{(org)} \quad\quad (4\text{-}24)$$

三种有机相萃取 V（IV）后的红外图谱如图 4-60 所示。研究发现，在单一的 D2EHPA 和 PC88A 体系中，负载有机相的 P=O 和 P—OH 的特征吸收峰与空白有机相相比出现明显的减弱，氢键的特征吸收峰无明显变化，P—OH 与 VO^{2+} 发生离子交换反应。同时由于 P=O 具有孤对电子，在萃取过程中发生配位反应，V（IV）的萃取过程是离子交换与配位反应的共同作用，且在萃合物中存在氢键，其反应式如式（4-17）和式（4-25）所示。在协同体系中，萃取 V（IV）的负载有机相中 P—OH 的特征吸收峰减弱并偏移至 2 331 cm⁻¹ 处，P=O 特征吸收峰减弱并分裂为双峰，1 700 cm⁻¹ 处氢键的特征吸收峰在萃取前后无明显改变，这些特征峰变化规律与单一体系相同，协同体系对 V（IV）的萃取机理也与单一体系的相同。

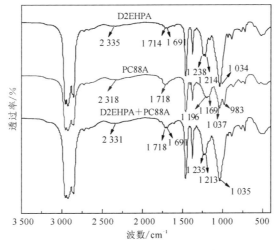

图 4-60　负载有机相红外图谱

在协同体系中两种萃取剂分子间形成氢键而生成了新的二聚体 HA·HB，HA·HB

参与 V（IV）的萃取反应可以生成含有两种萃取分子或基团的萃合物 VOA$_2$·(HB)$_2$、VOB$_2$·(HA)$_2$，可能的反应式如式（4-26）和式（4-27）所示。此外，该萃取过程中也可能 V（IV）先与单一萃取剂反应生成萃合物，萃合物 VOA$_2$·(HA)$_2$ 和 VOB$_2$·(HB)$_2$ 中的萃取剂分子再被另一种萃取剂分子取代从而形成 VOA$_2$·(HB)$_2$、VOB$_2$·(HA)$_2$，其反应式如式（4-28）和式（4-29）所示。

$$VO^{2+}_{(aq)} + 2(HB)_{2(org)} = VOB_2·(HB)_{2(org)} + 2H^+_{(aq)} \tag{4-25}$$

$$VO^{2+}_{(aq)} + 2(HA·HB)_{(org)} = VOA_2·(HB)_{2(org)} + 2H^+_{(aq)} \tag{4-26}$$

$$VO^{2+}_{(aq)} + 2(HA·HB)_{(org)} = VOB_2·(HA)_{2(org)} + 2H^+_{(aq)} \tag{4-27}$$

$$VOA_2·(HA)_{2(org)} + (HB)_{2(org)} = VOA_2·(HB)_{2(org)} + (HA)_{2(org)} \tag{4-28}$$

$$VOB_2·(HB)_{2(org)} + (HA)_{2(org)} = VOB_2·(HA)_{2(org)} + (HB)_{2(org)} \tag{4-29}$$

V（IV）与萃取剂分子生成萃合物的过程，实际上是酸碱反应过程，萃取剂中的功能基团和配位原子的酸碱性在萃合物生成时起决定性作用。萃取剂分子中不同的取代基会影响功能基团和配位原子的电子云密度分布，从而影响萃取剂的萃取能力、酸碱性及萃取选择性。以下从萃取剂结构和萃合物稳定性两个方面分析协同体系中 V（IV）的萃取过程强化机理。

在萃取剂 D2EHPA 中，两个烷氧基 RO— 的吸电子效应诱导—P—(OR)$_2$ 中 P 的电子云向 O 偏移，P 的电子云密度降低，进而导致—P—OH 和—P=O 的电子云向 P 方向偏移。而在 PC88A 中，仅有一个烷氧基 RO— 对电子云分布产生影响，因此，这种电子云的偏移程度在 PC88A 中比 D2EHPA 更小。烷氧基使得 P 的电子云偏移程度越大，则 P—OH 键中 H 更容易解离，即—P—OH 酸性增强，萃取能力增加，这与 D2EHPA 萃取能力强于 PC88A 的结果是相一致的。D2EHPA 中—P=O 电子云向 P 偏移程度比 PC88A 大，导致 PC88A 的—P=O 键中 O 周围电子云密度更大。因此，—P=O 键的配位能力 PC88A 比 D2EHPA 更强。D2EHPA 和 PC88A 的电子偏移如图 4-61 所示，其中 "-" 表示 O 原子电子云密度，"+" 表示 H 原子电离能力。

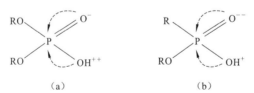

图 4-61　D2EHPA（a）和 PC88A（b）的电子偏移示意图

在协同体系中，同种萃取剂或异种萃取剂之间由于分子间氢键形成多聚体，以二聚体为例，可能存在 HA···HA、HA···HA 和 HA···HB 三种形式，三种二聚体结构如图 4-62 所示，其中 HA 表示 D2EHPA，HB 表示 PC88A。根据图 4-62 分析结果，D2EHPA 的—P—OH 键中 H 一端正电荷密度比 PC88A 中大，同时 PC88A 中—P=O 键 O 一端的电子云密度比 D2EHPA 中大，使得 D2EHPA 中—P—OH 与 PC88A 中—P=O 之间静电吸引力较大，即异种萃取剂形成的二聚体比同种萃取剂形成的二聚体更稳定，因此，在协同体系可能存在的三种二聚体中，HA···HB 属于优势种类。

分子间氢键对萃取剂官能团 P—OH 中 H 的解离过程有一定影响。在 HA···HB 二聚体分子中，由于 PC88A 的—P=O 键中 O 一端具有较大的电子云密度，与 HA···HA 相比，PC88A 中—P=O 对 D2EHPA 中 H 的静电吸引力更大，D2EHPA 与 PC88A 之间的静电吸引力促使 D2EHPA 中 H 解离，而 H 是否容易解离决定萃取过程中阳离子交换反应难易程度。在协同体系中 D2EHPA 与 PC88A 之间形成氢键可促进阳离子交换反应进行，并强化 V（IV）萃取过程。另一方面，与 D2EHPA 相比，PC88A 中—P=O 配位能力更强，有利于 V（IV）萃取过程中配位反应进行。

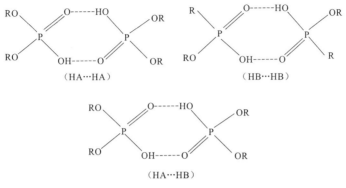

图 4-62　协同体系中可能存在的二聚体

在协同体系中，V（IV）可生成两类萃合物：第一类是一种萃取剂同时参与阳离子交换和配位反应，配合物内仅含一种萃取剂分子或与其相关的基团，如 $VOA_2 \cdot (HA)_2$、$VOB_2 \cdot (HB)_2$；第二类是两种萃取剂分别参与阳离子交换和配位反应，配合物内同时含有两种萃取剂分子或与其相关的基团如 $VOA_2 \cdot (HB)_2$、$VOB_2 \cdot (HA)_2$，四种萃合物结构如图 4-63 所示。

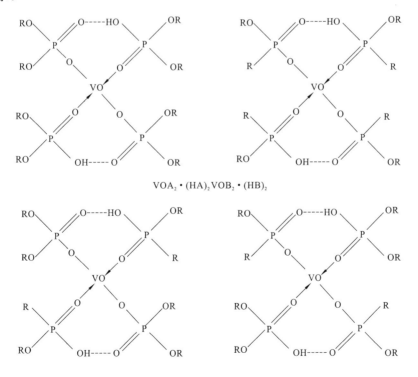

图 4-63　萃合物结构示意图

D2EHPA 中—P—OH 更容易发生阳离子交换反应，且 PC88A 中—P=O 具有更强的配位能力，所以，在上述四种配合物中 $VOA_2 \cdot (HB)_2$ 最容易生成且结构最为稳定。当两种萃取剂以 HA···HB 形式参与萃取反应时，可优先生成萃合物 $VOA_2 \cdot (HB)_2$；当两种萃取剂以 $(HA)_2$ 和 $(HB)_2$ 形式参与萃取反应时，可先生成萃合物 $VOA_2 \cdot (HA)_2$，而后 PC88A 取代萃合物中的 D2EHPA 间接形成更稳定的配合物 $VOA_2 \cdot (HB)_2$，协同体系强化 V（IV）萃取机理属于取代作用。

因此，D2EHPA-PC88A 复合体系中 V（IV）的协同萃取过程可表述为：①D2EHPA 和 PC88A 间形成比同种萃取剂之间更为稳定的氢键 HA···HB；②氢键促进 D2EHPA 中 H 的解离，有利于 VO^{2+} 与 H^+ 的交换反应，从而强化 V（IV）的萃取过程；③V（IV）萃取为阳离子交换和配位反应的共同结果，PC88A 中—P=O 具有较强的配位作用，因此，PC88A 取代萃合物中的其他萃取剂分子或直接参与配位生成更为稳定的配合物 $VOA_2 \cdot (HB)_2$。

4.5　碱性体系钒的一步还原沉淀

在页岩钒提取工艺中，钒的碱性体系即钒页岩通过不同提钒工艺所获得的碱性富钒液体系，按照提钒工艺的不同可分为两类。一类为钒页岩浸出液经胺类萃取剂萃取，碱液反萃得到的碱性反萃液；另一类为钒页岩浸出液经阴离子交换树脂吸附，碱液解吸得到的碱性解吸液。

在钒的碱性体系中，钒的价态主要为五价，主要的杂质元素为钠（Na）、磷（P）、硅（Si），并含有少量的铝（Al）。其中，Na 主要是由反萃、解吸过程中所用的碱液（如 NaOH、$NaCO_3$）引入体系中的，其浓度取决于所用碱液的浓度；P、Si 和 Al 主要是由原矿中磷灰石、石英、铝硅酸盐矿物等在提钒过程中引入体系的，其浓度取决于矿石的性质及不同的提钒工艺。由于溶剂萃取工艺较离子交换工艺选择性好，在碱性反萃液中，P 与 Si 的浓度一般低于 0.1 g/L，在碱性解吸液中 P 与 Si 的质量浓度一般为 0.1～1 g/L。Al 在碱性富钒液中的质量浓度一般低于 0.1 g/L。

针对碱性富钒液体系，通常在弱碱性的条件下进行铵盐沉钒，以实现钒与杂质元素的分离，获得最终的含钒产品，该工艺即弱碱性铵盐沉钒法。该方法工艺简单，回收率高，成本低，是目前普遍采用的沉钒方法。由于引入铵盐作为沉淀剂，弱碱性铵盐沉钒法会产生大量的氨氮废水及氨氮废气，具有严重的环境污染隐患。通过大量研究，提出了针对碱性体系的新型清洁沉钒方法——高压氢还原无铵沉钒，该工艺可从五价钒富钒液中经氢气一步还原沉淀制得钒氧化物产品，实现钒与杂质元素的分离，避免了氨氮的引入带来的一系列环境问题。以下针对碱性体系下高压氢气一步还原沉钒机制进行详细阐述。

4.5.1　钒的氢还原沉淀热力学

钒作为一种过渡金属元素，具有多种价态，且不同价态的钒在不同 pH 的溶液中的存在形式多种多样。五价钒在 pH 大于 3 时大部分以钒酸络合阴离子的形式存在于溶液中；四价钒在 pH 大于 2 时 VO^{2+} 开始向 VO_2 转变，在 pH 大于 8 时主要以钒酸根阴离子的形式存在；三价钒在 pH 大于 2.5 时开始由 V^{3+} 向 V_2O_3 固体的形式转变。此外，从图中可以看出，析氢线位于 V（V）/V（IV）以及 V（IV）/V（III）的平衡线以下，高于 V（III）/V（II）的平衡线，所以氢气具有将五价钒还原为四价钒的能力，同样具有将五价钒或四价钒还原为三价钒的能力。因此，在热力学上，通过控制溶液的 pH 可以利用氢气从五价钒溶液中还原沉淀出 VO_2 以及 V_2O_3 固体，或从四价钒的溶液中还原沉淀出 V_2O_3 固体。

但是，在还原五价钒溶液的过程中，由于氢气具备将五价钒还原为三价钒的能力，在理论上，V_2O_3 为该还原过程的最终产物，若要获得纯度高的单一相的钒氧化物，应促使反应彻底进行以生成 V_2O_3 固体，在此过程中 VO_2 往往是还原过程的中间产物，单一相的 VO_2 产物很难获得，且纯度不高。

实际上，在页岩钒提取过程中，用于沉钒的五价钒溶液的性质与四价钒溶液的具有较大的差别。用于沉钒的五价钒溶液主要是由碱液从负载钒的有机相或离子交换树脂上反萃或解吸下来的碱性的富钒液，其中的杂质为以阴离子形式存在的 P 和 Si；而四价钒溶液以酸液从负载钒的有机相上反萃出来的酸性富钒液，其中的主要杂质除了 P 和 Si 以外还有大量以阳离子形式存在的 Fe、Al、Ca、Mg 等，这些阳离子在 V_2O_3 的存在区域内会水解生成沉淀影响产品的纯度。因此，适宜采用氢还原工艺的富钒液为碱性的五价钒富钒液体系。

氢气从五价钒溶液中还原沉淀出三氧化二钒的总反应方程式如下：

$$2H_xV_yO_z^{(2z-x-5y)-} + 2yH_2 \longrightarrow yV_2O_3 + (2x+7y-2z)H_2O + (4z-10y-2x)OH^- \qquad (4\text{-}30)$$

上述反应可自发进行的条件如方程 4-29 所示，其中 ΔE 为电动势，反映了高压氢还原沉钒反应的热力学推动力。

$$\Delta E = E_{H_xV_yO_z^{(2z-x-5y)-}/V_2O_3} - E_{H_2O/H_2} > 0 \qquad (4\text{-}31)$$

方程（4-31）中所述的氢还原沉钒反应的热力学原理，可通过标准状态（钒浓度为 1 mol/L，温度为 298 K，氢气分压为 1atm）下的 V-H$_2$O 体系的 E_h-pH 图（图 4-64）进行阐述。为反映 V（V）被还原为 V（III）的过程，在该 E_h-pH 图中并未考虑四价钒 V（IV）。

根据图 4-64 判定，当溶液 pH 大于 2.2 时，V（III）主要以 V_2O_3 的形式存在，且此

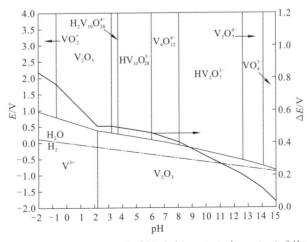

图 4-64　标准状态下的 V-H$_2$O 体系[仅包括 V（V）与 V（III）]的 E_h-pH 图

时 $\Delta E > 0$，表明在 pH 大于 2.2 时，氢气具备从 V（V）溶液中还原沉淀出 V_2O_3 的能力。利用高压氢还原法从 V（V）溶液中沉淀出 V_2O_3 在热力学上是可行的。同时，随着溶液 pH 的上升，ΔE 逐渐降低，在保证 V_2O_3 可稳定存在的区间内，溶液的 pH 越低越有利于高压氢还原沉钒反应的进行。研究表明，增大氢气的分压，图 4-64 中的析氢线将会下移，表明氢气压力的增加更有利于反应的正向进行。

4.5.2　氢还原沉钒的控制因素

影响高压氢还原沉钒的主要控制因素为溶液的初始 pH、反应温度、氢气分压及反应时间。研究表明随着溶液 pH 的上升，方程（4-31）所示反应的电动势将会下降，该反应为消耗 H^+ 的反应。因此，溶液的 pH 越高，越不利于该反应的进行。沉钒率随着溶液初始 pH 的上升而降低。当溶液的初始 pH 大于 8 时，反应无法完全进行，所生成的产物为四价钒化合物 $VO_2(H_2O)_{0.5}$ 而非最终产物 V_2O_3。为保证沉钒率大于 98% 且生成的产物为 V_2O_3，应控制溶液的初始 pH 小于 7。

提高反应温度有利于氢还原沉钒过程，反应温度应保持在 250 ℃ 以上。研究表明，温度的升高会加快氢气的逸出速率，不利于其在溶液中溶解，但可显著强化氢气的反应活性，推动氢还原反应的进行。

由于氢气作为反应物，沉钒率随着氢气分压的增加而上升。增大氢气的分压可提高氢气在溶液中的溶解度，增加反应的电动势，促进氢还原沉钒反应的进行。同时，氢气分压与溶液中钒浓度密切相关，溶液中钒浓度越高所需要的氢气分压越大。

反应时间直接影响着氢还原沉淀的反应程度，当时间较短时，反应无法完全进行，沉钒率低，且生成产物为五价钒、四价钒和三价钒的混合物，无法得到单一相的 V_2O_3。研究表明（Zhang G B 等，2017），将反应时间控制在 2 h 以上可保证沉钒率大于 99%，且所得产物为单一相的 V_2O_3。

4.5.3　杂质元素对氢还原沉钒的影响

1. 钠（Na）对氢还原沉钒的影响

Na 在富钒液（作为氢还原反应的入料液）中的浓度取决于净化富集阶段所用的碱液浓度，一般为 23～69 g/L。在入料液中 Na 浓度不断升高过程中（图 4-65），沉钒率基本保持不变，维持在 99% 以上，沉淀产物中 Na 含量也基本不变，约为 0.02%。沉淀产物的物相为单一相的 V_2O_3（图 4-66）。入料液中的 Na 对高压氢还原沉钒过程无不利影响，尽管在反应的初始阶段会有含 Na 物质 NaV_2O_5 的生成，但在反应的过程中，伴随着物相的转变，NaV_2O_5 中的 Na 可逐步溶解于溶液中，并未对最终沉淀产物造成污染。

2. 磷（P）对氢还原沉钒的影响

溶液中的钒酸根极易与 P 络合，降低钒酸根离子的反应活性，阻碍沉钒反应的进行。由图 4-67 可知，P 对高压氢还原反应的沉钒率有较大的影响，当入料液中 P 的浓度在 1 g/L 以下时，沉钒率保持在 99% 以上，但继续升高入料液中 P 的浓度，沉钒率急剧

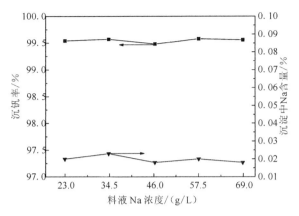

图 4-65　入料液 Na 浓度对沉钒率及产物中 Na 含量的影响

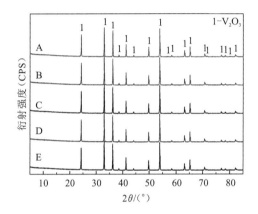

图 4-66　入料液中 Na 浓度对沉钒产物物相的影响

A-22.95 g/L；　B-34.25 g/L；　C-46.23 g/L；　D-57.55 g/L；　E-68.87 g/L

下降，入料液中的 P 已经开始干扰沉钒反应。当入料液中 P 的浓度在 0.5 g/L 以上时，沉淀产物中 P 的含量开始急剧上升，当入料液中 P 的浓度增加至 1 g/L 以上时，沉淀产物中 Na 的含量骤增，在图 4-68 中可观察到上述浓度转折点。

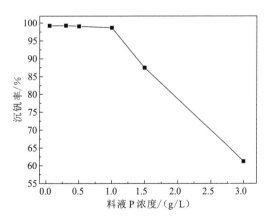

图 4-67　入料液 P 浓度对沉钒率的影响

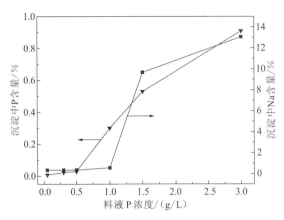

图 4-68 入料液 P 浓度对产物中 P 与 Na 含量的影响

图 4-69 的物相变化示出，当入料液中 P 的浓度高于 0.5 g/L 时，单一相的 V_2O_3 很难获得，所得的沉淀产物均以混合物的形式存在；当入料液中 P 的浓度高于 1 g/L 以上时，三价钒的化合物已无法得到，仅能得到四价钒化合物 $VO_2(H_2O)_{0.5}$。另外，当入料液中 P 的浓度高达 3 g/L 时，沉淀产物中 P 含量已经可以达到 XRD 的检测下限，并以 $[VO(H_2O)_2](HPO_3)(H_2O)_3$（P 的价态为正三价）的形式被检测出。

同时，图 4-70 示出当入料液中 P 的浓度在 0.5 g/L 以上时，沉淀产物的形貌开始由粒状向片状转变，继续升高入料液中 P 的浓度至 1.5 g/L 时，所得产物为片状的 $VO_2(H_2O)_{0.5}$，且通过 Na 元素微区面扫描可发现 $VO_2(H_2O)_{0.5}$ 中含有大量的 Na，Na 与 V、O 的相关性非常好，表明 $VO_2(H_2O)_{0.5}$ 的生成造成了产物中 Na 含量的升高。微区 P 元素面扫描发现，当入料液中 P 的浓度高达 3 g/L 时，P 与 V 的分布存在相关性。入料液中五价的 P 在氢还原的过程中被还原为三价态，并以 $[VO(H_2O)_2](HPO_3)(H_2O)_3$ 的形式沉淀下来，最终造成沉淀产物中 P 含量的升高。

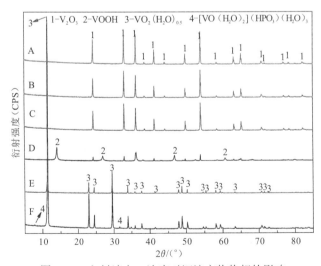

图 4-69 入料液中 P 浓度对沉淀产物物相的影响

A-0.05 g/L；B-0.29 g/L；C-0.5 g/L；D-1 g/L；E-1.48 g/L；F-3 g/L

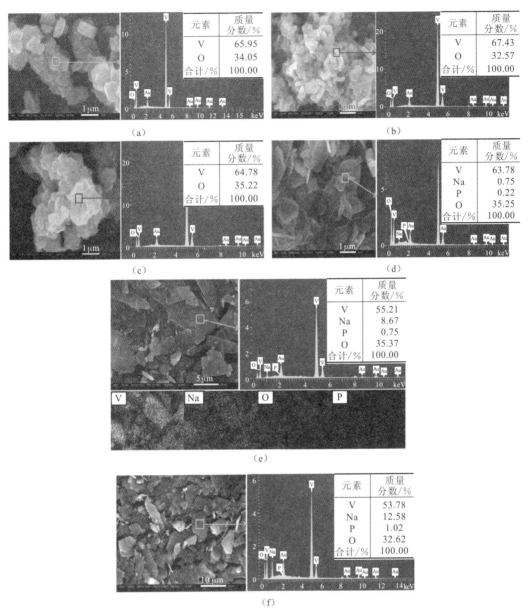

图 4-70　不同 P 浓度下所得沉钒产物的 SEM-EDS 分析

(a) 0.05 g/L；(b) 0.29 g/L；(c) 0.5 g/L；(d) 1 g/L；(e) 1.48 g/L；(f) 3 g/L

　　因此，当入料液中 P 的浓度维持在 0.5 g/L 以下时，元素 P 对于高压氢还原沉钒的影响不显著，但当入料液中 P 的浓度高于 0.5 g/L 后，P 开始显著影响高压氢还原沉钒反应。一方面，入料液中五价的 P 被还原后与溶液中的钒酸根离子络合，以 $[VO(H_2O)_2](HPO_3)(H_2O)_3$ 的形式沉淀下来，最终造成产物中 P 的含量随着入料液中 P 浓度的上升而增加。另一方面，入料液中 P 浓度超过 1 g/L 以上后会诱导 Na 离子参与沉钒反应，生成中间产物 $VO_2(H_2O)_{0.5}$[实际应为 $VO_2(Na_{(2-x)}H_xO)_{0.5}$]，造成沉钒率的下降，目的产物 V_2O_3 难以获得。在高压氢还原沉钒的过程中，为了获得纯度大于 99% 的 V_2O_3 产品，应将入料液中 P 的浓度控制在 0.5 g/L 以下。

3. 硅（Si）对氢还原沉钒的影响

高压氢还原沉钒反应需要控制溶液的初始 pH 在 7 以下，在此 pH 范围内 Si 主要以硅酸的形式存在，温度的升高可促使硅酸向高聚合方向发展，并促使溶液中未水解的硅酸钠进一步水解，尤其在高温下硅胶加速脱水而部分失去胶体的性质，形成类似晶体的细颗粒促使硅的沉淀。Si 在氢还原沉钒的过程中也将发生类似沉淀行为，影响高压氢还原沉钒的反应过程。

分析图 4-71 和图 4-72 发现，Si 对高压氢还原的沉钒率有较大的影响，沉钒率随着入料液中 Si 的浓度升高而下降；沉淀产物的 Si 含量随着入料液中 Si 浓度的升高而逐渐增加；当入料液中 Si 的浓度不高于 0.2 g/L 时，沉淀产物中 Na 的含量基本保持不变，但随着入料液中 Si 浓度的进一步升高，沉淀产物中 Na 的含量开始逐渐上升。

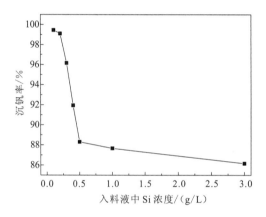

图 4-71　入料液中 Si 浓度对沉钒率的影响

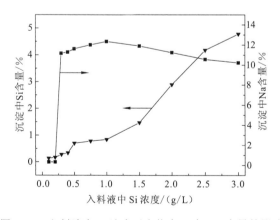

图 4-72　入料液中 Si 浓度对产物中 Si 与 Na 含量的影响

研究图 4-73 中物相发现，当入料液中 Si 的浓度高于 0.1 g/L 时，沉淀产物以混合物的形式存在，未获得单一相的 V_2O_3，而当入料液中 Si 的浓度高于 0.2 g/L 时，沉淀产物不含有三价钒的化合物，多为 NaV_2O_5 与 $VO_2(H_2O)_{0.5}$ 的混合物。此外，当入料液中 Si

的浓度高达 3 g/L 时，沉淀产物中 Si 的含量可达到 XRD 的检测下限，并以 $H_3Si_3O_7$ 的形式被检测出，其 XRD 衍射锋宽化且强度变低，表明该产物的结晶度不高。

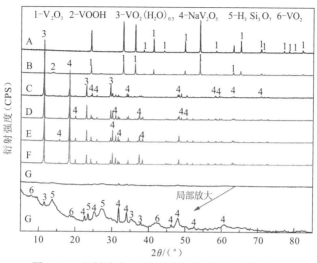

图 4-73　入料液中 Si 浓度对沉钒产物物相的影响

A-0.1 g/L；B-0.2 g/L；C-0.31 g/L；D-0.39 g/L；E-0.52 g/L；F-1.01 g/L；G-3 g/L

图 4-74 示出，当入料液中 Si 的浓度为 0.2 g/L 时，沉淀产物的形貌开始由粒状向片状转变；当入料液中 Si 的浓度为 0.3～1 g/L 时，所得的棒状 NaV_2O_5 与片状 $VO_2(H_2O)_{0.5}$ 混合物的表面已非常粗糙；当入料液中 Si 的浓度上升至 3 g/L 时，沉淀产物全部为絮状物。微区面扫描分析，该絮状物的主要组成为 Na、V、O、Si，且 Si 与 Na、V、O 的相关性良好，Si 在高压氢还原的过程中沉淀形成 $H_3Si_3O_7$ 附着于含钒产物的表面[图 4-74（g）]，造成沉淀产物中 Si 含量的上升。在沉钒的过程中，附着于钒中间产物的 $H_3Si_3O_7$ 极有可能会阻碍氢气与其接触，阻碍高压氢还原反应的进行。

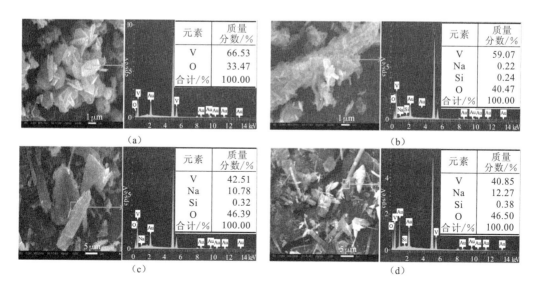

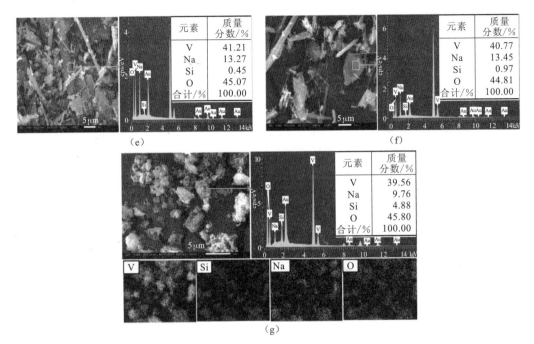

图 4-74　入料液中不同 Si 浓度下所得沉钒产物的 SEM-EDS 分析

(a) 0.1 g/L；（b）0.2 g/L；（c）0.31 g/L；（d）0.39 g/L；（e）0.52 g/L；（f）1.01 g/L；（g）3 g/L

　　因此，当 Si 的浓度不超过 0.1 g/L 时，入料液中的 Si 对于高压氢还原沉钒的影响并不显著，但当入料液中 Si 的浓度高于 0.1 g/L 时，Si 开始显著影响高压氢还原沉钒反应。在高压氢还原沉钒过程中，由于初始溶液环境为中性，高温条件下 Si 聚合而成的 $H_3Si_3O_7$ 吸附于含钒中间产物的表面，阻碍了氢气与含钒中间产物的接触，因此高压氢还原反应受到抑制，造成沉钒率下降，难以获得单一相的 V_2O_3。同时，由于氢还原反应过程相变转化不充分，生成的钒中间产物［如 NaV_2O_5 与 $VO_2(H_2O)_{0.5}$］有大量的 Na 赋存其中，沉钒产品中 Na 的含量上升。为了获得纯度大于 99% 的 V_2O_3 产物，应将入料液中 Si 的浓度控制在 0.1 g/L 以下。

　　高压氢还原沉钒工艺对页岩提钒所得的碱性富钒液具有良好的适用性。Na 对高压氢还原沉钒反应的影响可以忽略，当 P 和 Si 浓度分别不超过 0.5 g/L 和 0.1 g/L 时，沉钒过程亦不会受到显著的影响。在页岩钒净化富集过程中，碱性富钒液中 P 和 Si 的浓度可分别控制在 0.5 g/L 和 0.1 g/L 以下，以保证后续氢还原过程的沉钒率及产品纯度。

参 考 文 献

段继华，包申旭，张一敏，等，2016. D860 树脂对 V（Ⅳ）的吸附性能研究[J]. 有色金属（冶炼部分），（12）：32-36.

胡鹏程，张一敏，刘涛，等，2017. 草酸选择性直接浸出石煤中钒的研究[J]. 稀有金属，41（8）：918-924.

姜志新，谌竟清，宋正孝，1992. 离子交换分离工程[M]. 天津：天津大学出版社：77-79.

师启华，2018. 钒页岩硫酸焙烧-协同萃取提钒工艺及机理研究[D]. 武汉：武汉科技大学.

谭燕华，欧阳健明，马洁，等，2003. 红外光谱法在草酸钙结石研究中的应用[J]. 光谱学与光谱分析，23（4）：701-707.

熊璞，2018. 协同萃取-铵盐沉钒体系下钒的分离富集研究[D]. 武汉：武汉理工大学.

岳明，孙宁磊，邹兴，等，2012. 锌浸出液三价铁直接水解赤铁矿法除铁的探讨[J]. 中国有色冶金，4：80-84.

张启修，张贵清，唐瑞仁，等，2014. 萃取冶金原理与实践[M]. 长沙：中南大学出版社：102-119.

CHAMINDRA L V，LEIGH A S，RICHARD T B，et al，2014. Jarosite quantification in soils：An enhanced sequential extraction procedure [J]. Applied Geochemistry，51：130-138.

GABRIELA F M，ELAYNNE R P，MARISA B M，et al，2017. XPS study on the mechanism of starch-hematite surface chemical complexation[J]. Minerals engineering，110：96-103.

HU P C，ZHANG Y M，LIU T，et al，2017a. Highly selective separation of vanadium over iron from stone coal by oxalic acid leaching [J]. Journal of Industrial and Engineering Chemistry，45：241-247.

HU P C，ZHANG Y M，LIU T，et al，2017b. Separation and recovery of iron impurity from a vanadium-bearing stone coal via an oxalic acid leaching-reduction precipitation process[J]. Separation and Purification Technology，180：99-106.

HU P C，ZHANG Y M，LIU T，et al，2018. Source separation of vanadium over iron from roasted vanadium-bearing shale during acid leaching via ferric fluoride surface coating[J]. Journal of Cleaner Production，181：399-407.

KLAUBER C，2008. A critical review of the surface chemistry of acidic ferric sulphate dissolution of chalcopyrite with regards to hindered dissolution[J]. International Journal of Mineral Processing，86（1-4）：1-17.

LIU H，ZHANG Y M，HUANG J，et al，2017. Selective separation and recovery of vanadium from a multiple impurity acid leaching solution of stone coal by emulsion liquid membrane using di-（2-ethylhexyl）phosphoric acid[J]. Chemical Engineering Research and Design，122：289-297.

MARTÍ-CALATAYUD M C，BUZZI D C，GARCÍA-GABALDÓN M，et al，2014. Sulfuric acid recovery from acid mine drainage by means of electrodialysis [J]. Desalination，343：120-127.

SHI Q H，ZHANG Y M，HUANG J，et al，2017. Synergistic solvent extraction of vanadium from leaching solution of stone coal using D2EHPA and PC88A[J]. Separation and Purification Technology，181：1-7.

SSOLSONA B，GARCÍA T，SANCHIS R，et al，2016. Total oxidation of VOCs on mesoporous iron oxide catalysts：Soft chemistry route versus hard template method[J]. Chemical Engineering Journal，290：273-281.

SAJI J，MUNDLAPUDI L R，2002. Solvent extraction separation of vanadium（V）from multivalent metal chloride solutions using 2-ethyhexyl phosphonic acid mono-2-ethylhexyl ester [J]. Journal of Chemical Technology and Biotechnology，77（10）：1149-1156.

XIONG P，ZHANG Y M，HUANG J，et al，2017. High-efficient and selective extraction of vanadium（V）with N235-P507 synergistic extraction system[J]，Chemical Engineering Research and Design，120：284-290.

YANG X，ZHANG Y M，BAO S X，et al，2016. Separation and recovery of vanadium from a sulfuric-acid leaching solution of stone coal by solvent extraction using trialkylamine[J]. Separation and Purification Technology，164：49-55.

YANG X，ZHU M Y，KANG F F，et al，2014. Formation mechanism of trigonal antiprismatic jarosite-type compounds[J]. Hydrometallurgy，149：220-227.

ZHANG G B，ZHANG Y M，BAO S X，et al，2017. A novel eco-friendly vanadium precipitation method by hydrothermal hydrogen reduction technology[J]. Minerals，7（10）：182.

第 5 章　页岩钒化学冶金

本章针对不同类型钒页岩的特性，围绕近年来快速发展的循环氧化提钒、沸腾氧化提钒、低温酸化焙烧提钒、压力浸出提钒、外场微波提钒和有机酸体系提钒等多项技术，系统介绍页岩钒的化学冶金过程。

5.1　循环氧化提钒

对于"氧化型"钒页岩资源，传统提钒工艺采用 NaCl 作为焙烧介质，在高温焙烧过程中使钒转化为水溶性的钒酸盐，通过水浸的方式将焙烧样中的钒酸盐溶出至水浸液中，再经离子交换的方式进行净化富集，最后对富钒液进行沉钒，获得钒产品。传统钠化焙烧提钒工艺最大的优势是采用水浸方式所得浸出液中杂质离子种类少、浓度低，后续除杂及沉钒工艺简单；而最大的不足是钒的总回收率低，环境污染严重。主要原因有：①钠盐焙烧介质氧化效率低，钒氧化不充分，可溶性钒酸盐转化率低；②钒页岩中铁、钙等元素在焙烧阶段和钒生成钒酸铁（$FeVO_4$）、钒酸钙钠（$NaCaVO_4$）、钒酸钙[$Ca(VO_4)_2$]等难溶于水的化合物，影响钒的水浸出率；③焙烧样冷却阶段，可溶性钒酸盐（$Na_2O \cdot 6V_2O_5$）在 560 ℃结晶时释放氧而生成难溶于水的钒青铜（$Na_2O \cdot 6V_2O_5 \longrightarrow Na_2O \cdot 5V_2O_5 \cdot V_2O_4 + 1/2O_2$），产生钒损失；④局部高温引起的硅束缚对钒形成包裹，阻碍可溶性钒酸盐的溶出。传统提钒工艺环境污染的主要原因在于焙烧过程中 NaCl 添加过高（一般为 20%左右），氯化氢和氯气产生量大，缺乏有效治理。

5.1.1　循环氧化提钒机理

1. 预焙烧脱碳机理

1）钒页岩预焙烧过程主要反应及热力学

典型氧化型钒页岩 TG-DSC 曲线由图 5-1 给出,研究钒页岩预焙烧过程的主要化学反应。

由图 5-1 可知，钒页岩的质量损失大致可分为四个阶段：①温度<350 ℃，在 80～100 ℃出现较小的吸热峰，该阶段主要是自由水和结晶水的脱失；②350～520 ℃，该阶段存在放热现象且在 444.7 ℃时放热达到峰值，该放热峰为黄铁矿发生氧化反应的热效应，因此在该阶段主要发生的反应是黄铁矿的氧化；③520～725 ℃，该阶段发生显著的放热反应，主要为碳的燃烧反应，碳燃烧的速度在 614.6 ℃达到最大；④725～850 ℃，在 750～800 ℃出现小的吸热峰，该阶段的质量损失是由于方解石分解释放 CO_2 所致，其中，主要的氧化还原反应为黄铁矿、碳质及云母中钒的氧化。

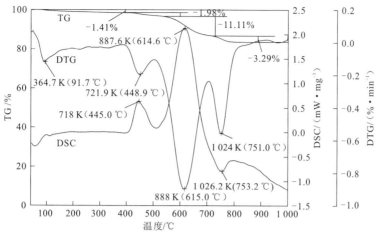

图 5-1 钒页岩原矿的 TG-DSC 图谱

热力学计算判定，当温度大于 973 K 时，碳燃烧和黄铁矿氧化反应的 $\Delta G^{\ominus}$ 值小于钒氧化反应的 $\Delta G^{\ominus}$ 值，说明在该温度条件下，碳燃烧和黄铁矿的氧化相较于钒的氧化更容易进行，消耗反应体系中的氧气，从而抑制钒的氧化。

2）还原性物质对钒氧化及转化的影响

图 5-2 是钒页岩预焙烧脱碳过程中，固定碳和黄铁矿的含量变化。结果表明，在预焙烧脱碳过程中，黄铁矿和固定碳含量开始显著降低的温度点分别在 400 ℃和 500 ℃。在预焙烧过程中黄铁矿的氧化先于碳燃烧进行，黄铁矿含量在预焙烧升温阶段已趋于零，固定碳含量则在预焙烧的恒温阶段逐步减少，所以碳质含量是预焙烧过程钒氧化-转化的控制因素。

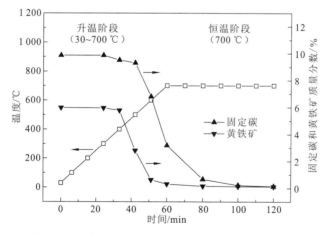

图 5-2 预焙烧过程温度制度及还原性矿物含量变化

利用预焙烧脱碳过程制得的脱碳样，测定不同还原性矿物含量与钒价态分布的相互关系，结果如图 5-3 所示。图 5-3 的横坐标中 A、B、C、D、E、F、G 和 H 分别表示脱碳预焙烧的升温和恒温过程 300 ℃、400 ℃、500 ℃、600 ℃、700 ℃ 0 min、700 ℃ 20 min、700 ℃ 40 min 和 700 ℃ 60 min 时取出的脱碳样。

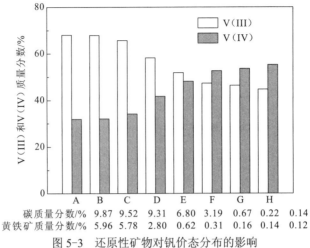

	A	B	C	D	E	F	G	H
碳质量分数/%	9.87	9.52	9.31	6.80	3.19	0.67	0.22	0.14
黄铁矿质量分数/%	5.96	5.78	2.80	0.62	0.31	0.16	0.14	0.12

图 5-3　还原性矿物对钒价态分布的影响

由图 5-3 可知，随着预焙烧脱碳的进行，脱碳样中碳质和黄铁矿含量逐渐减少，同时 V（III）含量减少，V（IV）含量增加，因此，随着碳质和黄铁矿等还原性矿物含量的减少，脱碳样中 V（III）逐渐氧化为 V（IV）。碳质和黄铁矿等还原性矿物的存在会抑制钒的氧化。

不同还原性矿物含量的脱碳样复合氧化焙烧后，在相同的条件下浸出，得到钒的水浸和总浸出率，分析还原性矿物对钒转化的影响，如图 5-4 所示。

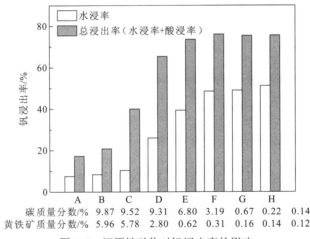

	A	B	C	D	E	F	G	H
碳质量分数/%	9.87	9.52	9.31	6.80	3.19	0.67	0.22	0.14
黄铁矿质量分数/%	5.96	5.78	2.80	0.62	0.31	0.16	0.14	0.12

图 5-4　还原性矿物对钒浸出率的影响

随着脱碳样中还原性矿物含量的减小，钒的水浸率和总浸出率逐渐增大并最终趋于稳定。由 400 ℃升到 500 ℃，碳含量变化微小，黄铁矿含量由 5.78%减小至 2.80%，此时水浸率变化不大，但总浸出率大幅增加，所以黄铁矿的存在抑制钒转化为酸溶性的钒氧化物或钒酸盐。从 700 ℃/0 min 延长至 700 ℃/20 min，碳含量由 3.19%减小至 0.67%，黄铁矿含量变化不大，此时钒的水浸率增加约 10%，总浸出率略有增加，所以碳质主要抑制钒转化为水溶性的钒氧化物或钒酸盐。

Hu Y J 等（2012）采用 QEMSCAN 矿物定量分析法对预焙烧脱碳样进行分析，获得脱碳样的矿物组成由表 5-1 给出。

表 5-1　脱碳样的矿物组成

矿物	石英	白云母	长石	赤铁矿	方解石	高岭石	硅酸盐	硫酸盐	其他
质量分数/%	35	13	13	11	6	5	4	4	8

表 5-1 示出，脱碳样相较于钒页岩原矿，其中大部分碳质被脱除，硫含量大幅降低，随着碳质的脱除和硫的挥发，脱碳样中的钒品位也得到了一定程度的增加。预焙烧脱碳过程中，方解石分解，黄铁矿转化为赤铁矿，另外伴随着部分长石的生成，石英和白云母含量略微减少。

由表 5-2 可知，预焙烧脱碳样中 V（III）、V（IV）和 V（V）质量分数分别为 44%、52% 和 4%，钒主要以 V（III）和 V（IV）形式存在，V（V）含量极低。脱碳预焙烧过程中，钒的氧化率较低，钒解离并氧化、转化为可溶性的钒酸盐或氧化物含量较少。

表 5-2　脱碳样中钒价态的分布

钒的价态	V（III）	V（IV）	V（V）
质量分数/%	44	52	4

2. 复合氧化焙烧机理

钒页岩经过预焙烧脱碳过程，大部分还原性物质被脱除，但脱碳样中含钒矿物的结构尚未得到有效解离，钒的氧化效率仍然较低，脱碳样需在添加剂作用下进一步经过高温焙烧，使钒解离并氧化和转化为可溶性的钒酸盐。

1）氧化焙烧温度对钒氧化-转化的影响

向预焙烧脱碳样中加入一定量 NaCl 和 Na₂SO₄ 作为氧化焙烧添加剂，考察不同氧化焙烧温度对钒浸出率的影响。

由图 5-5 可知，随着氧化焙烧温度的升高，钒的水浸率和总浸出率呈现先增加后减小的趋势。当氧化焙烧温度由 700 ℃升至 800 ℃时，钒的水浸率增幅显著，由 12.61%增加至 43.95%；在 800～950 ℃时，钒的水浸率呈现先增后减的趋势，在 850 ℃时达到

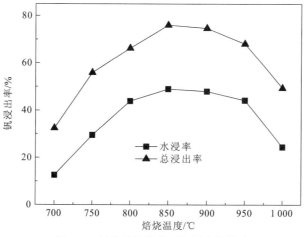

图 5-5　氧化焙烧温度对钒浸出的影响

最大值 49.02%，但在相同温度范围内水浸率变化不显著；当温度达到 1 000 ℃时，钒的水浸率显著降低至 24.41%。总浸出率的变化趋势和水浸率的变化趋势一致，当氧化焙烧温度由 700 ℃升至 850 ℃时，钒的总浸出率显著增加；氧化焙烧温度在 850 ℃时，钒的总浸出率达到最大值 76.07%；随着氧化焙烧温度的继续升高，总浸出率开始下降，在 900～1 000 ℃时，钒的总浸出率急剧下降，当氧化焙烧温度为 1 000 ℃时，钒的总浸出率仅为 49.44%。

图 5-6 显示了不同氧化焙烧温度下焙烧样的 XRD 图谱。随着焙烧温度的升高，白云母的特征衍射峰逐渐减弱，白云母的结构逐步被破坏，为钒的解离提供了基础。伴随着白云母特征衍射峰的减弱，长石的特征衍射峰逐渐增强，白云母逐渐向长石转变。随着焙烧温度的增加，硬石膏的特征衍射峰逐渐减弱，在 850 ℃时基本消失，部分硬石膏发生了转变，逐渐转化为钙长石矿物。

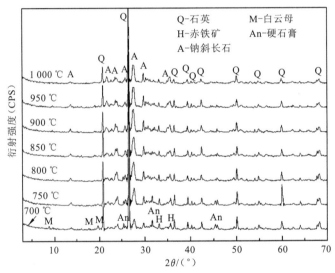

图 5-6　不同氧化焙烧温度下焙烧样的 XRD 图谱

图 5-7 显示了不同氧化焙烧温度下焙烧样的 FTIR 图谱。由图可见，3 430 cm^{-1} 和 1 623 cm^{-1} 特征波数分别归属于吸附水的伸缩振动和弯曲振动。778 cm^{-1} 和 796 cm^{-1} 波数处中等强度的一对锐双峰，对应于 Si—O—Si 的伸缩振动，是石英族矿物的特征峰。461 cm^{-1} 和 514 cm^{-1} 特征波数属于石英的 Si—O 弯曲振动，461 cm^{-1} 波带为第二强吸收带。1 082 cm^{-1} 附近的波数属于 Si—O—Si(Al) 的伸缩振动，随着焙烧温度的增加，该吸收峰逐渐向高频方向移动，当焙烧温度为 1 000 ℃时，该吸收峰的波数增加至 1 097 cm^{-1}，谱带向高频方向位移，硅酸盐晶体结构从岛状、链状、层状向架状变化，即由层状结构白云母转变为架状结构的长石类矿物导致的，与 XRD 分析的结果一致。当焙烧温度为 800 ℃时，在 1 040 cm^{-1} 附近出现中等强度的吸收峰，归属于长石类矿物中 Si(Al)—O 的伸缩振动，钾长石、钠长石和钙长石在该谱带吸收峰的特征波数分别为 1 048 cm^{-1}、1 033 cm^{-1} 和 1 010 cm^{-1}，随着焙烧温度的增加，该谱带由 1 040 cm^{-1} 逐渐向低频方向位移至 1 029 cm^{-1}，钾长石和钠长石矿物为主的长石固溶体逐渐向以钠长石和钙长石为主的长石固溶体转变，XRD 图谱中硬石膏特征衍射峰消失。

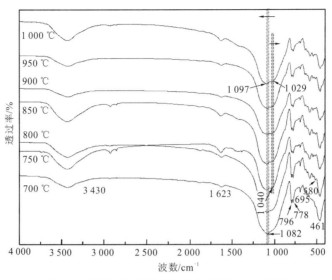

图 5-7　不同氧化焙烧温度下焙烧样的 FTIR 图谱

图 5-8 显示了不同氧化焙烧温度下焙烧样中钒的价态分布情况。随着焙烧温度的升高，焙烧样中 V（III）含量先减小而后趋于稳定，V（IV）含量先减小后增大，V（V）含量先增大后减小，V（III）含量在焙烧温度为 850 ℃后趋于稳定，V（IV）含量在焙烧温度为 800 ℃时达到最小值 16.29%，V（V）含量在焙烧温度为 850 ℃时达到最大值 73.51%。当焙烧温度在 700～850 ℃时，随着温度的增加，钒显著氧化，V（V）含量快速增加，符合该温度范围钒的水浸率和总浸出率的变化规律。当焙烧温度在 900～1 000 ℃时，温度的升高使 V（V）含量逐渐减小，焙烧样出现硅束缚现象，由于过高的焙烧温度使复合添加剂及低熔点矿物产生了较多量的液相，堵塞了部分氧气扩散的孔道，从而抑制云母中钒的氧化；另一方面液相的生成使一部分 V（IV）未及时被氧化为 V（V）即被液相包裹，难以进一步氧化。

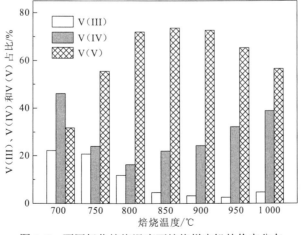

图 5-8　不同氧化焙烧温度下焙烧样中钒的价态分布

2）氧化焙烧温度对硅束缚程度的影响

分析不同氧化焙烧温度下焙烧样松装密度、孔结构和微观形貌的变化，焙烧温度与焙烧样松装密度之间的变化关系由图 5-9 给出。

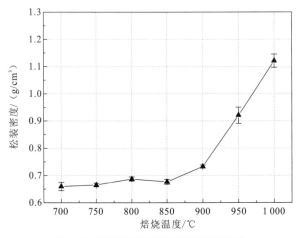

图 5-9　不同温度下焙烧样的松装密度

当焙烧温度为 700～850 ℃时，焙烧样的松装密度基本稳定；当温度为 850～1 000 ℃时，松装密度随着焙烧温度开始显著增大。焙烧温度过高，焙烧样硅束缚程度加剧，钒的浸出率显著降低。

氧化焙烧过程中，脱碳样会发生一系列物理化学变化，如添加剂的熔化、脱碳样中方解石的分解、钒的氧化、液相生成等，这些物理化学变化在受到矿物颗粒内部或颗粒之间孔结构影响的同时，也改变了这些颗粒的孔结构特征。

焙烧样在浸出过程中的化学反应多发生在固液两相的界面上，焙烧样颗粒内部或颗粒之间的孔隙越发达，越有利于浸出介质和浸出产物的扩散，有利于提高钒的浸出率。焙烧温度与焙烧样松装密度的关系示出当焙烧温度超过 850 ℃时，颗粒间会发生硅束缚现象，造成焙烧样中孔结构的变化，从而影响钒的浸出率。因此，孔结构的变化一定程度上反映了硅束缚程度。

孔的性质一般可通过物理吸附的方法来测定，在-195.73 ℃下测定不同焙烧温度下焙烧样的 N_2 吸附性能，并在 300 ℃真空脱附 3 h，获得不同温度下焙烧样的 N_2 吸附-脱附等温线。700 ℃、850 ℃和 1 000 ℃焙烧样的 N_2 吸附-脱附等温线分别如图 5-10 所示。

国际纯粹化学与应用化学联合会（IUPAC）将吸附等温线划分为（I、II、III、IV、V 和 VI）六种不同的类型。图 5-10（a）～（c）中，在相对压力大于 0.45 的相对高压区，出现迟滞环，发生毛细凝聚现象，符合 III 型吸附等温线特征，所以 700 ℃、850 ℃和 1 000 ℃焙烧样的 N_2 吸附类型均为 III 型，III 型的吸附等温线多表现为吸附剂与吸附质之间微弱的相互作用力。

由于毛细凝聚现象，若吸附剂对吸附质的吸附-脱附不完全可逆，则吸附-脱附等温线不完全重合，会出现迟滞环，IUPAC 根据迟滞环的形状将其分为 H1、H2、H3 和 H4 四类。图 5-10 中吸附-脱附等温线形成的迟滞环，归属于 H3 型，因此 700 ℃、850 ℃和 1 000 ℃焙烧样中形成了狭缝状孔隙，这些孔隙的形状和尺寸是非均匀的。

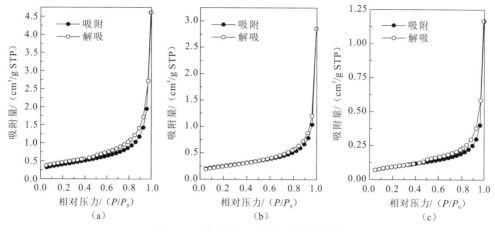

图 5-10　焙烧样 N_2 吸附-脱附等温线

（a）700 ℃；（b）850 ℃；（c）1 000 ℃

　　孔径分布是孔结构的重要参数之一。根据不同温度下焙烧样 N_2 的吸附-脱附等温线，采用 BJH[*]孔径分布计算模型解析获得 700 ℃、850 ℃和 1 000 ℃焙烧样中孔径的分布，见图 5-11。

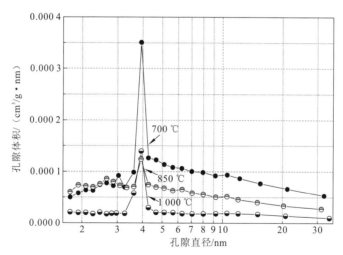

图 5-11　BJH 孔径计算模型解析焙烧样孔径分布

　　由图 5-11 可知，焙烧样中的孔容量随着焙烧温度的增加而逐渐降低，在焙烧温度由 700 ℃增加至 1 000 ℃时，孔容量的数量级由 10^{-4} $cm^3/g \cdot nm$ 减小至 10^{-5} $cm^3/g \cdot nm$，焙烧样中孔数量逐渐减少。虽然在 850 ℃时焙烧样中孔容量下降，但是其孔径由 4 nm 向 2～4 nm 转变，850 ℃时形成了较多微小的孔隙，这些微孔增强了浸出介质和浸出产物的扩散，有利于提高钒的浸出率。1 000 ℃时焙烧样中孔的数量显著降低，且孔径增大，在该温度下一些微孔被封闭堵塞，大孔生成。

　　根据不同焙烧温度下焙烧样的孔径分布可计算其比表面积、总孔容和平均孔径，

---

[*] BJH 是三位科学家巴雷特、乔伊纳、哈伦达（Barrett、Joyner、Halenda）的首字母缩写，后同。

700 ℃、850 ℃和 1 000 ℃下焙烧样的比表面积、总孔容和平均孔径结果如表 5-3 所示。

表 5-3　700 ℃、850 ℃和 1 000 ℃焙烧样的孔结构参数

样品	BET 比表面积/（m²/g）	总孔容/（cm³/g）	平均孔径/nm
700 ℃焙烧样	1.42	0.007 1	20.13
850 ℃焙烧样	1.27	0.006 4	17.47
1 000 ℃焙烧样	0.33	0.001 8	22.05

表 5-3 中，与 700 ℃焙烧样相比，850 ℃焙烧样 BET[*]比表面积、总孔容和平均孔径均略有降低。在该温度范围内，云母结构的破坏导致部分狭缝孔隙闭合，同时方解石、复合添加剂分解释放气体使微孔产生。当焙烧温度为 1 000 ℃时，比表面积和总孔容显著下降，过高的焙烧温度下颗粒发生熔融，颗粒内部的孔隙被液相填充后闭合。另一方面，熔融玻璃体在冷却时形成了一些较大的孔腔，使得 1 000 ℃焙烧样的平均孔径增大。这类孔内部结构致密，浸出介质等难以扩散进入，钒被包裹其中。

不同温度下焙烧样的微观形貌如图 5-12 所示。

（a）　　　　　　　　　　　　（b）　　　　　　　　　　　　（c）

图 5-12　焙烧样 SEM 形貌图

（a）700 ℃焙烧样；（b）850 ℃焙烧样；（c）1 000 ℃焙烧样

700 ℃焙烧样中矿物颗粒呈现鳞片状集合体，集合体上穿插有短柱状的颗粒，该鳞片状的集合体为白云母，短柱状颗粒为 Na_2SO_4 晶体[图 5-12（a）]。850 ℃焙烧样的鳞片状集合体边缘模糊，在该温度下白云母矿物结构被破坏，短柱状的 Na_2SO_4 晶体依然存在 [图 5-12（b）]。1 000 ℃焙烧样[图 5-12（c）]与 700 ℃和 850 ℃焙烧样相比，颗粒之间通过液相黏结成致密块状，形成一些较大孔腔的结构体。1 000 ℃时颗粒的棱角熔化，形成玻璃体。焙烧温度过低（700～750 ℃）易造成白云母结构破坏不完全，水和稀酸介质无法快速溶解云母结构，将钒释放出来，钒的解离成为影响钒浸出率的根本原因。当焙烧温度为 750～850 ℃时，白云母的结构被完全破坏，钒易发生氧化反应，钒的转价率升高，钒的浸出率增大。当焙烧温度过高时（950～1 000 ℃），焙烧样的硅束缚现象出现，焙烧样中微孔闭合，大孔生成，熔融玻璃相包裹钒，导致浸出过程的扩散阻力增大，钒无法被氧化转价，浸出率显著降低，焙烧样的硅束缚程度是影响钒浸出率的关键因素。

3）复合添加剂用量对钒氧化-转化的影响

复合添加剂用量对钒浸出的影响如图 5-13 所示。

---

[*] BET 是三位科学家布鲁诺尔、埃米特、特勒（Brunauer、Emmett、Teller）的首字母缩写，后同。

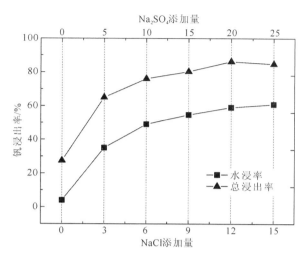

图 5-13　复合添加剂用量对钒浸出的影响

随着复合添加剂用量的增加，钒的水浸率和总浸出率变化大致分为 3 个阶段：第一阶段为快速增加阶段，该阶段复合添加剂用量由 0 增加至 6%NaCl+10%Na$_2$SO$_4$，钒水浸率和总浸出率快速增加；第二阶段为缓慢增加阶段，该阶段复合添加剂用量由 6%NaCl+10%Na$_2$SO$_4$ 增加至 12%NaCl+20%Na$_2$SO$_4$，钒水浸率和总浸出率增幅明显减缓；第三阶段为稳定阶段，该阶段复合添加剂用量由 12%NaCl+20%Na$_2$SO$_4$ 增加至 15%NaCl+25%Na$_2$SO$_4$，钒的水浸率和总浸出率变化趋于平稳。复合添加剂用量的增加，使焙烧样中水溶性钒酸钠含量增加，其在焙烧过程中可促进钒的钠化转化。

不同复合添加剂用量下焙烧样的物相变化如图 5-14 所示，白云母的特征衍射峰在复合添加剂为 3%NaCl+5%Na$_2$SO$_4$ 时已基本消失，此时白云母的晶体结构已被破坏；随着复合添加剂用量增加，石英的衍射峰显著减弱，硬石膏的特征衍射峰在复合添加剂用量为 3%NaCl+5%Na$_2$SO$_4$ 时减弱、钝化，伴随白云母、硬石膏特征峰的消失和石英特征峰的弱化，长石类矿物的衍射峰逐渐增强，由此可知白云母、硬石膏和石英参与反应，并

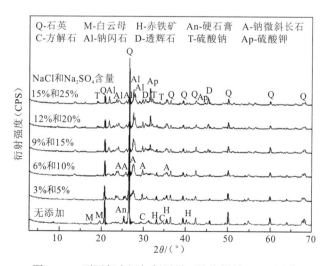

图 5-14　不同复合添加剂用量下焙烧样的 XRD 图谱

向长石类矿物转变。当复合添加剂用量为 6%NaCl+10%Na₂SO₄ 时，出现了较明显的 Na₂SO₄ 的特征衍射峰，Na₂SO₄ 开始过量。当复合添加剂用量为 9%NaCl+15%Na₂SO₄ 时，长石类矿物的特征衍射峰开始分裂，并向钠长石的方向转变，与此同时出现了钾芒硝和透辉石的特征衍射峰，赤铁矿的特征衍射峰明显减弱，原有的长石类矿物中钙长石和赤铁矿开始反应转变为透辉石，钾长石中的钾成为钾芒硝的组成元素。因此，复合添加剂的加入能够显著破坏白云母的结构，加速钒的解离；对于未使用复合添加剂的焙烧样，白云母的结构由于尚未被破坏，钒很难从白云母结构中解离出来。

利用 FTIR 进一步研究不同复合添加剂用量下各物相的特征吸收峰变化，结果如图 5-15 所示。

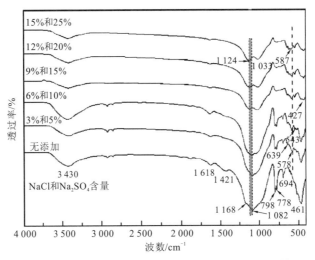

图 5-15　不同复合添加剂用量下焙烧样的 FTIR 图谱

未加入复合添加剂的焙烧样中，1 421 cm⁻¹ 处的波数由方解石中 CO₃²⁻ 基团的伸缩振动产生，1 168 cm⁻¹ 和 519 cm⁻¹ 处的波数分别由硬石膏的 v_3—SO₄²⁻ 和 v_2—SO₄²⁻ 振动产生。694 cm⁻¹ 特征波数对应于石英的 Si—O—Si 的伸缩振动，该处吸收峰在复合添加剂用量为 6%NaCl+10%Na₂SO₄ 时消失；461 cm⁻¹ 特征波数属于石英的 Si—O 弯曲振动，该吸收峰在复合添加剂用量为 9%NaCl+15%Na₂SO₄ 时明显宽化，随着复合添加剂用量的增加，焙烧样中石英的含量急剧下降。798 cm⁻¹ 和 777 cm⁻¹ 波数处为石英 Si—O—Si 伸缩振动的特征尖锐双峰，复合添加剂用量的增加使该尖锐双峰逐渐变成宽化的单峰，该宽化的单峰与蛋白石在此波数 Si—O—Si 伸缩振动的吸收峰类似，复合添加剂使石英的晶化程度下降，并向非晶态物质转变。1 082 cm⁻¹ 附近的波数属于 Si-O-Si(Al) 的伸缩振动，随着复合添加剂用量的增加，该吸收峰逐渐向高频发生位移，当复合添加剂用量为 15%NaCl+25%Na₂SO₄ 时，该吸收峰的波数增加至 1 124 cm⁻¹，该谱带向高频方向移动说明硅酸盐晶体结构向架状变化。1 082 cm⁻¹ 附近的波数属于长石中 O—Si(Al)—O 的弯曲振动，其频率随着长石中钙长石含量的增加渐向低频偏移，随着复合添加剂用量的增加，该吸收峰的频率由 578 cm⁻¹ 增加至 587 cm⁻¹，向高频方向移动，焙烧样中钙长石的含量减小。钠长石在 1 000 cm⁻¹ 处的分裂较好，谱带窄而锐，是钠长石和其他斜长石的重要区别之一。由图 5-15 可知，1 033 cm⁻¹ 波数的吸收峰随着复合添加剂用量的增加，谱带逐渐变窄、变锐，长石类矿物逐渐向单一钠长石转变。

测定不同复合添加剂用量下焙烧样的 V（III）、V（IV）和 V（V）含量，考察复合添加剂用量与钒价态分布的关系，结果如图 5-16 所示。

随着复合添加剂用量的增加，焙烧样中 V（III）含量先增加后趋于稳定，当复合添加剂用量由 0%增加至 6%NaCl+10%Na$_2$SO$_4$ 时，焙烧样中 V（III）含量显著降低，由 39.67%降低至 4.58%；继续增加复合添加剂用量时，V（III）含量趋于稳定。复合添加剂用量由 0%增加至 15%NaCl+25%Na$_2$SO$_4$ 时，焙烧样中 V（IV）含量逐渐降低，由 51.35%逐渐降低至 7.31%；焙烧样中 V（V）含量先快速后缓慢增加，当复合添加剂用量由 0%增加至 6%NaCl+10%Na$_2$SO$_4$ 时，焙烧样中 V（V）含量由 8.98%大幅增加至 73.51%；当复合添加剂用量由 6%NaCl+10%Na$_2$SO$_4$ 增加至 15%NaCl+25%Na$_2$SO$_4$ 时，焙烧样中 V（V）含量增速放缓，由 73.51%缓慢增加至 89.81%。

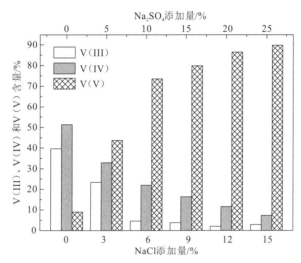

图 5-16　不同复合添加剂用量下焙烧样中钒价态的分布

在一定复合添加剂用量（低于12%NaCl + 20%Na$_2$SO$_4$）下，云母结构的瓦解和钒的解离是影响钒浸出率的根本原因。当复合添加剂用量超过 12%NaCl+20%Na$_2$SO$_4$ 时，钒的氧化程度虽然继续增强，但是钒浸出率已趋于稳定，此时钒的氧化不再是影响钒浸出率变化的控制因素。

4）复合添加剂用量对硅束缚程度的影响

复合添加剂的加入使焙烧原样的熔融性能发生变化。熔融性能反映焙烧过程的液相生成的数量，关系着焙烧过程中的传质和传热行为。测定了不同复合添加剂用量下焙烧原样的灰熔点，包括变形温度（deformation temperature，DT）、软化温度（softening temperature，ST）、半球温度（hermispherical temperature，HT）和流动温度（flow temperature，FT），各温度下灰锥的熔融特征如图 5-17 所示。

根据图 5-17 所示灰锥的变形温度、软化温度、半球温度和流动温度的特征，选择不同复合添加剂用量下焙烧原样的变形温度、软化温度、半球温度和流动温度数据见图 5-18。

随着复合添加剂用量的增加，软化温度、半球温度和流动温度的变化趋势基本相同。当复合添加剂用量由 0%增加至 3%NaCl+5%Na$_2$SO$_4$ 时，焙烧原样的变形温度由 1 250 ℃

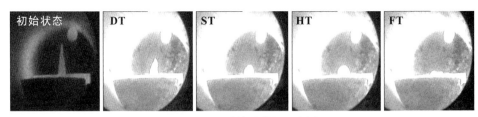

图 5-17　灰锥熔融特征示意图

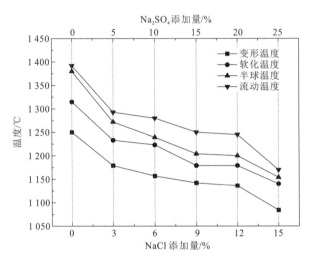

图 5-18　不同复合添加剂用量下焙烧原样的灰熔点

降低至 1 179 ℃，软化温度由 1 315 ℃降低至 1 233 ℃，半球温度由 1 380 ℃降低至 1 272 ℃，流动温度由 1 392 ℃降低至 1 293 ℃。钒页岩的焙烧温度通常在 800～900 ℃，复合添加剂用量为 3%NaCl+5%Na$_2$SO$_4$ 时的变形温度为 1 179 ℃，高出焙烧温度 250～350 ℃，因此在该焙烧温度范围内，焙烧样灰熔点的降低，有利于焙烧过程传质，降低硅束缚发生。当复合添加剂用量由 3%NaCl+5%Na$_2$SO$_4$ 增加至 12%NaCl+ 20%Na$_2$SO$_4$ 时，焙烧样的变形温度、软化温度、半球温度和流动温度缓慢降低，复合添加剂用量继续增加至 15%NaCl+25%Na$_2$SO$_4$ 时，焙烧样的灰熔点开始显著下降，焙烧样的变形温度由 1 136 ℃降低至 1 084 ℃、软化温度由 1 179 ℃降低至 1 140 ℃、半球温度由 1 200 ℃降低至 1 154 ℃、流动温度由 1 245 ℃降低至 1 117 ℃。复合添加剂用量为 15%NaCl+25%Na$_2$SO$_4$ 时，极易造成焙烧过程中的硅束缚，阻碍钒的浸出。

　　测定不同复合添加剂用量下焙烧样的松装密度，研究复合添加剂用量与焙烧样松装密度的关系，如图 5-19 所示。

　　随着复合添加剂用量的增加，焙烧样的松装密度先降低后缓慢升高，最后迅速增加。当复合添加剂用量由 0 增加至 3%NaCl+5%Na$_2$SO$_4$ 时，焙烧样的松装密度减小，这是因为复合添加剂的加入降低焙烧样中方解石的分解温度，CO$_2$ 的释放使焙烧体系的质量减少，导致松装密度的下降；当复合添加剂用量由 3%NaCl+5%Na$_2$SO$_4$ 增加至 12%NaCl+20%Na$_2$SO$_4$ 时，焙烧样的松装密度缓慢线性增加，由复合添加剂加入后焙烧原样的初始密度增加所致；当复合添加剂用量由 12%NaCl+20%Na$_2$SO$_4$ 增加至 15%NaCl+25%Na$_2$SO$_4$ 时，焙烧样的松装密度增幅加速，松装密度的大幅突跃，表明焙

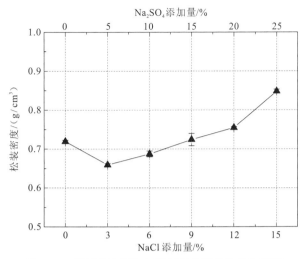

图 5-19 不同复合添加剂用量下焙烧样的松装密度

烧样中发生硅束缚。

当复合添加剂用量在 3%NaCl+5%Na_2SO_4 至 12%NaCl+20%Na_2SO_4 时,白云母的结构被有效破坏,钒发生解离,不溶于水的 V(III) 逐渐转化为溶于水的 V(V) 和不溶于水但溶于酸的 V(IV),钒的氧化成为影响钒浸出率的主要原因;当复合添加剂用量超过 12%NaCl+20%Na_2SO_4 后,钒的氧化虽然进一步增强,但是过高的复合添加剂用量使焙烧样的松装密度快速增大,发生硅束缚,使焙烧样中孔的数量降低,微孔闭合,造成浸出过程中浸出介质和产物的扩散阻力增大。在该复合添加剂用量范围内,钒的氧化和焙烧样的硅束缚程度共同影响钒的浸出率,并在一定程度上达到平衡互补,促使钒的浸出率趋于稳定。

3. 富钒渣的形成及作用机理

1)酸浸液亚铁沉钒

水浸渣经盐酸浸出得到酸浸液,其中钒质量浓度仍约有 0.23 g/L,酸浸液的 pH 为 1.5~2.0。酸浸液中除含有 V 离子,还有大量的 Al、Zn、Cu、Fe、Ca、Si 和 P 等杂质离子,且浓度均较高。

在含钒废液的处理工艺中,钒酸铁沉淀法是一种有效的处理方法,钒沉淀率通常大于 99%。因此,对于含有低浓度钒的酸浸液,可选用钒酸铁沉淀法回收酸浸液中的钒(式 5-1)。研究表明,十钒酸根与铁离子反应可形成钒酸铁类混合物(即富钒渣),其作为钒的中间产物,返回复合氧化焙烧阶段,能够显著降低云母长石化的相变温度。再通过水浸作业进行回收,使钒的总浸出率显著提高。

$$2NaVO_3 + FeSO_4 = Fe(VO_3)_2\downarrow + Na_2SO_4 \qquad (5-1)$$

由表 5-4 可知,当沉淀的初始 pH 为 5 时,随着 $FeSO_4 \cdot 7H_2O$ 加入量 n 值(n=加入的亚铁与酸浸液中钒的物质的量之比)的增大,酸浸液中钒的沉淀率随着 n 的增大而增大,反应(5-1)进行越完全。

表 5-4　FeSO₄·7H₂O 加入量试验结果

比值 n	0.3:1	0.5:1	0.8:1	1:1	1.2:1	1.5:1	2:1
钒沉淀率/%	97.89	98.53	99.06	99.53	99.75	99.87	100

由表 5-5 可知，酸浸液中钒的沉淀率与溶液初始 pH 关系也较为密切，pH 升高，钒沉淀率也相应增大。同时发现，n 值越高，钒沉淀率达到平衡（>98%）所需溶液初始 pH 越低，表明钒酸铁沉淀能够稳定存在于较宽的 pH 范围内，n 值的影响更为显著。

表 5-5　pH 对铁沉钒的影响

n	pH	钒沉淀率/%
0.5:1	4.0	89.79
	4.9	98.03
	5.0	98.69
	5.1	98.36
	5.2	99.13
	5.3	100.00
	5.4	99.13
	5.5	99.00
	5.8	100.00
1:1	4.0	98.06
	5.0	99.53
	6.0	100.00
2:1	3.8	98.23
	4.0	98.45
	5.0	99.77
	6.0	100.00

2）富钒渣返回焙烧

酸浸液亚铁沉钒所得的富钒渣，其化学成分较复杂，主要成分为 Fe、Al、Si、P、V、Mn 等（表 5-6）。

表 5-6　富钒渣的化学分析　（单位：%）

SiO₂	Al₂O₃	CaO	Fe₂O₃	MgO	Cr	V₂O₅	Zn	S	Mn	P	LOI
9.56	12.37	2.79	18.03	0.13	0.03	4.92	1.68	0.17	3.47	6.77	23.64

（1）富钒渣单独焙烧后的浸出性。分析富钒渣返回焙烧的性能，富钒渣单独焙烧实验主要用于研究焙烧添加剂（CF）用量、焙烧温度、焙烧时间等因素的影响，见图 5-20。当富钒渣单一焙烧时，仅配 4% 的 CF 添加剂即可达到较高的水浸率，富钒渣具有良好的浸出性。由于富钒渣中钒主要以四价为主，且多以游离的矿物存在，仅需少量添加剂，在 780 ℃焙烧 60 min，即可转化为水溶性钒酸盐，钒转化率高达 95%～98%。

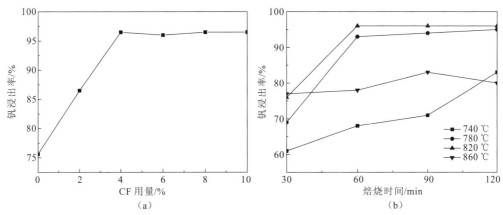

图 5-20　添加剂用量（a）和时间及温度（b）对富钒渣焙烧的影响

（2）富钒渣-原矿混合焙烧后的循环浸出性。富钒渣与预焙烧料混合，并配加一定量 CF 添加剂，在 820 ℃下焙烧 60 min，不同富钒渣配比对水浸率的影响见图 5-21。

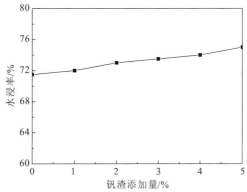

图 5-21　富钒渣添加量对水浸率的影响

富钒渣的加入可以促进原矿中钒的焙烧转化率，水浸率提高 4%～5%。在焙烧温度为 820 ℃、焙烧时间为 90 min、添加剂为 9%CF 的条件下，富钒渣返回进行循环氧化焙烧，经 5 次循环焙烧后的钒浸出率见表 5-7。研究表明，富钒渣的多次循环，其杂质成

表 5-7　循环氧化对钒转化的影响

循环次数	η_{RW} /%	$\eta_{\wedge}$ /%	M_A/%	η_w' /%
0	69.30	15.50	4.45	69.35
1	85.28	14.85	4.38	74.23
2	85.86	15.61	4.35	73.86
3	86.37	15.80	4.26	73.49
4	86.27	14.97	4.30	74.11
5	86.39	15.71	4.38	73.96

注：M_A 为酸浸中间产品占预焙烧样的质量分数，η_w' 为水浸液中的钒/（原矿样总钒量+酸浸中间产品中的钒），即代表水浸率

分不会对后续工艺造成影响。酸浸液中的钒完全可以通过中间产品返回再焙烧的方式得以回收，钒的浸出率从不足 70% 提高到 86% 左右。此外，循环氧化的方式可使水浸率提高 5% 以上，富钒渣在焙烧过程中有显著促进钒解离—转化的作用。

5.1.2　循环氧化提钒特点

循环氧化提钒（Zhang Y M 等，2010）主要特点：

（1）两段水浸后，增加废酸浸出工艺，并将酸浸沉钒中间产品返回氧化焙烧。不仅可提高回收率，同时避免了复杂酸浸液净化过程。其实质是，将水浸过程未能回收的三价、四价钒和经酸浸氧化的五价钒，通过氧化过程的循环进行，最终以五价形式产出。

（2）焙烧过程形成的不溶于水的四价钒和部分五价钒化合物如钒酸钙、钒酸铁等，通过酸浸—亚铁沉钒制得钒中间产物富钒渣，其返回焙烧时，能显著降低云母长石化的相变温度，为减少添加剂用量，缩短焙烧时间和降低焙烧温度提供了基础。该方法在保证回收率的同时降低污染排放，又可有效地避免焙烧介质诱导产生的硅束缚现象。

（3）增加预焙烧脱碳工艺，消除钒页岩中的有机质和黄铁矿等还原性矿物对钒氧化的抑制作用，同时充分利用钒页岩的低热值能源，实现钒的一定程度富集。

因此，循环氧化提钒以其工艺自身所产生的富钒渣为催化剂，加速复合添加剂分解的同时，强化对含钒矿物结构的高效解离，使焙烧添加剂用量由传统大于 20%，降低至不足 10%，且含氯添加剂含量大幅减少；钒回收率由传统提钒的 40% 提高到 80% 以上，水循环利用率达到 98% 以上。

5.2　沸腾氧化提钒

我国钒页岩资源 90% 以上为原生型云母钒页岩，该类型矿物中的钒多以Ⅲ价态类质同象赋存于云母矿物晶格中。云母四面体层结构稳定，严重阻碍氢离子对八面体层的侵蚀，钒提取异常困难。沸腾氧化提钒法（张一敏等，2016）是近几年形成的解决原生型云母钒页岩提取的有效方法。该方法能够消除焙烧硅束缚，强化云母结构弛豫，提高提取效率，已取得很好的工业推广应用。

5.2.1　沸腾氧化提钒机理

1. 沸腾转价焙烧机理

1）沸腾焙烧过程碳的反应行为

富氧沸腾焙烧过程中，需待流态化焙烧炉升至预设温度后加入钒页岩矿样，焙烧过程的温度变化如图 5-22 所示。

钒页岩沸腾氧化焙烧过程不是一个恒温的过程,焙烧温度随着焙烧时间变化而变化。焙烧初期，随着钒页岩中挥发分的溢出，以及达到着火点后碳的燃烧放热，使沸腾焙烧温度迅速上升，在焙烧时间 2 min 时出现一个温度峰值。图 5-22 示出了各温度下的峰值趋势，通常超出预设温度 30 ℃左右，当碳质燃尽后温度恢复至预设温度值。钒页岩焙烧过程中由于碳的燃烧而出现的温度峰值，对含钒云母结构的破坏具有促进作用。由于碳质在钒页岩中的浸染均匀分布，其燃烧所释放出来的热量能够更好地加热含钒物质。

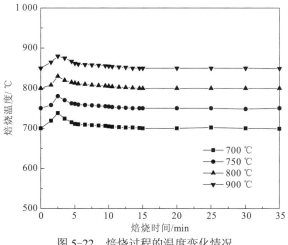

图 5-22　焙烧过程的温度变化情况

钒页岩沸腾富氧焙烧属于放热过程，在焙烧过程中由于物料强烈的混合，使物料在床层的温度分布均匀，可消除焙烧炉内各处的温度梯度，焙烧过程温度恒定（黄献宝，2015）。焙烧炉中的页岩颗粒在焙烧过程中具有流体特性，在焙烧炉中形成物料的循环运动，颗粒间强烈混合，使得颗粒在炉内分布均匀，有效克服了因物料受热不均匀而造成的硅束缚现象。

当焙烧温度为 800 ℃时，焙烧时间对钒页岩含碳量与钒浸出率的影响如图 5-23 所示，随着焙烧时间的增加，钒页岩含碳量快速减少，同时钒浸出率呈先升后降状态。根据还原性物质氧化反应的 $\Delta G_T^{\ominus}$，碳质的燃烧消耗大量氧气，钒的氧化由此受到抑制。在焙烧时间为 10 min 时，钒页岩中含碳量降至 4.56%，钒浸出率达到最大值，此后随焙烧

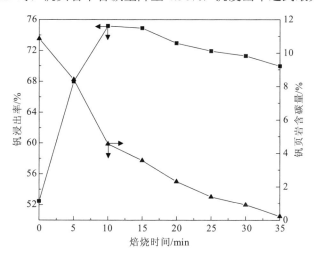

图 5-23　焙烧时间对钒页岩含碳量与钒浸出率的影响

时间的延长,虽然含碳量继续降低,但钒浸出率已开始缓慢下降。因此在钒页岩沸腾焙烧过程中,由于高速的气流交换,为焙烧过程提供富氧条件,加速还原性物质的氧化,缩短了钒氧化的时间。

同时,高强度的气流交换也使碳质燃烧释放 CO_2 形成的通道尚未闭合,有利于氧的进入,为钒的转价提供了氧化环境。

2)沸腾焙烧样中钒的赋存形式

钒页岩原矿和沸腾转价焙烧样的钒价态分布情况,如图 5-24 所示。

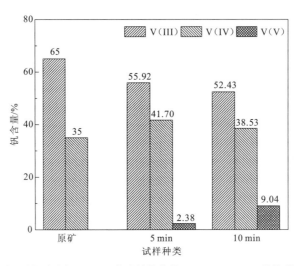

图 5-24 钒页岩原矿与 800 ℃沸腾转价焙烧 5 min、10 min 焙烧样的钒价态

原生型云母钒页岩中钒三价居多,极少部分为四价,不含有五价。经过沸腾转价焙烧后,短时间内钒可由三价转化为四价,四价钒含量大幅增多,同时转化生成一定量的五价钒。随着焙烧时间的继续延长,低价态钒转变为高价态的速度放缓。

分析原矿、沸腾焙烧样及酸浸渣的微区形貌和组成(图 5-25)发现,三种样品中均能检测到 V。在沸腾焙烧过程中,含钒云母受高温富氧作用,结构受到破坏,大部分含钒云母不再以完整的晶体形式存在,赋存于其中的小部分钒得以转价—解离,大部分的钒仍赋存于结构不完整的云母中,这部分钒经过酸浸作用即可被有效溶出。仅有少量的钒赋存于完整晶体结构的云母中,其释放难度较大,未得到有效回收。

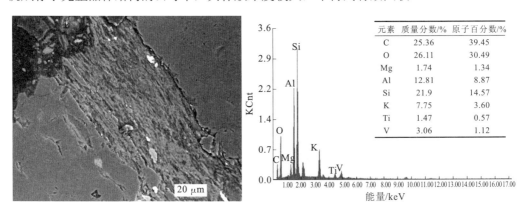

(a)

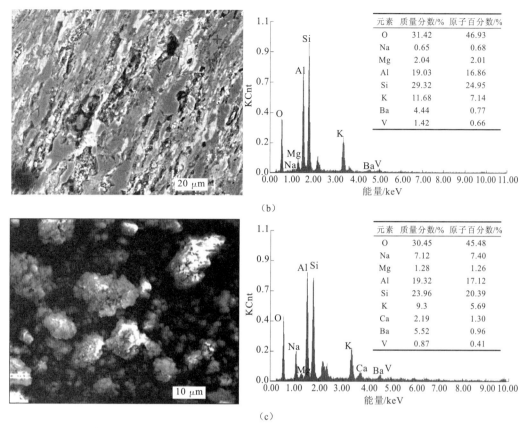

图 5-25　原矿、沸腾焙烧样以及沸腾焙烧样酸浸渣 SEM-EDS 分析
（a）原矿；（b）沸腾焙烧样；（c）沸腾焙烧样酸浸渣

3）钒页岩沸腾氧化转价机制

大多数含钒页岩对温度敏感，焙烧过程易产生非晶相而阻碍钒的释放。当页岩中 CaO 含量较低时，钙与钠长石、白榴石和石英反应生成非晶相，随着 CaO 含量的增高，钙能够抑制非晶相的生成，参与钙榴石和 $Na_2Ca_3Si_6O_{16}$ 的生成反应。同样 SiO_2 含量较低时，石英与钙长石、钙铁榴石、白榴石反应生成非晶相，随着 SiO_2 含量的增高，石英含量增大，有利于提高页岩灰熔点和非晶相的生成温度。Al 在焙烧过程中形成莫来石相，也避免了非晶相的生成。

由于焙烧产生玻璃相（即非晶相）后钒以化学结合和机械包裹两者形式共存，其中化学结合方式为 O-Al-V 的化合，这种化学结合使 V 不溶于水和稀酸。当体系中大量加入多种添加剂时，矿物中的硅质软融物质在较低温度下易过早熔融，产生硅束缚，使得以 O-Al-V-Si 稳定化学结合存在的钒更难以被浸出。

针对硅束缚严重阻碍钒释放的问题，通过原生型钒页岩高温下 O-Al-V-Si 的晶型畸变—弛豫重建—转价释放，消除因加入添加物而导致的硅束缚。将中温脱碳、高温转价合为一步，杜绝所有添加物，打破传统静态焙烧方式，进行富氧沸腾转价氧化，快速脱除碳质及其他还原性物质，促进云母重建转变，钒发生解离，V^{3+} 转价为 V^{4+} 和 V^{5+}。

富氧沸腾焙烧过程碳的脱除时间较短，为焙烧过程钒的转价提供了基础。钒页岩颗粒在高温沸腾状态中具有流体性质，炉内形成物料的循环运动，产生颗粒间的强烈混合，炉内的颗粒浓度分布均匀。同时，由于颗粒强烈的沸腾混合，使物料在床层内的温度也较为均匀，有利于钒页岩焙烧过程中实现等温操作。因此，钒页岩沸腾状态下各处物料温度一致，不易出现局部物料温度过高而诱发的硅束缚现象。

钒页岩经沸腾焙烧后，云母特征衍射峰在更低的温度条件下减弱并消失（图5-26），表明富氧沸腾加速了含钒云母结构的破坏。由于焙烧过程中快速的气流交换和短时的气固反应，气体通过产物层的"通道"尚未闭合，遗留形成多孔隙结构（图5-27）。焙烧过程孔隙的形成使氧气能够快速进入颗粒内部，创造富氧环境，强化钒的转价；在酸浸过程中孔隙的存在使H^+更容易到达矿物颗粒内部反应。颗粒沸腾焙烧所形成的多孔隙结构增强了焙烧和浸出的传质作用。

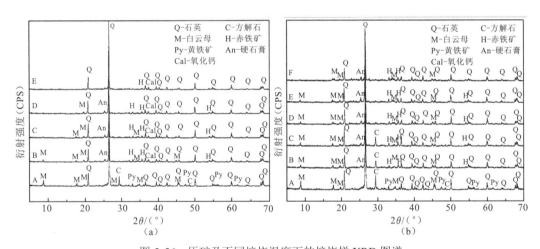

图 5-26 原矿及不同焙烧温度下的焙烧样 XRD 图谱
(a) 沸腾焙烧；(b) 静态焙烧
A-原矿；B-700 ℃；C-750 ℃；D-800 ℃；E-850 ℃；F-900 ℃

图 5-27 钒页岩焙烧样 SEM 图
(a) 静态焙烧；(b) 沸腾焙烧

颗粒多孔隙结构为其内部的固气反应界面创造了充足氧化气氛。相较于常规焙烧，沸腾焙烧增强了钒的转价——解离，使晶格钒转变为游离态而更易溶出。根据沸腾焙烧样的钒价态和赋存形式分析，沸腾焙烧过程中含钒白云母发生了化学键大面积断裂，晶格发生畸变，钒原子的氧配位数降低，钒氧八面体稳定性变差，钒原子无法存在于云母矿物晶格中，故钒原子发生解离。

2. 含氟介质激发强化浸出机理

针对常规助浸剂失效快、作用时间短等问题，浸出过程中引入氟系助浸剂显著提高了钒浸出率（图 5-28）。研究表明，氟系助浸剂在酸作用下能够有效缓释助浸离子 F^-，形成含氟介质（Wang F 等，2013）。该溶液介质促使含钒矿物晶格中的 Si—O 和 Al—O 键持续发生断裂，形成结构更稳定的 $[SiF_6]^{2-}$ 和 $[AlF_5]^{2-}$ 释放至溶液中，含钒矿物结构失稳，释放出的 V^{3+} 被转化为 V^{4+}，以 VO^{2+} 形式稳定存在于酸浸体系中（图 5-29）。氟系助浸剂使浸出反应活化能大幅降低，控制步骤从化学反应控制转变为分段扩散控制，内扩散速率成为浸出快慢的决定因素，化学反应对钒浸出过程的影响极大减弱，酸耗量降低。

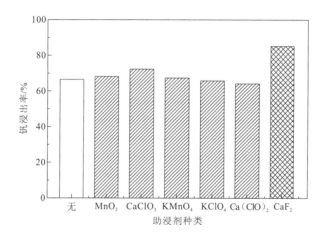

图 5-28　不同助浸剂对钒浸出率的影响

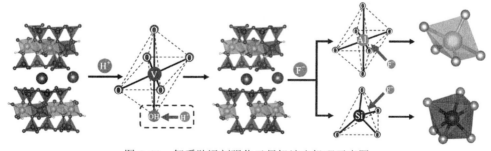

图 5-29　氟系助浸剂强化云母钒溶出机理示意图

含氟介质激发下 V 与 Fe 的浸出行为存在显著差异。在 CaF_2 形成的含氟介质激发下，V、Fe 浸出率随 CaF_2 用量的变化如图 5-30 所示，随着 CaF_2 用量的增多，钒浸出率逐渐升高，铁浸出率快速降低，CaF_2 激发下钒、铁发生选择性分离。

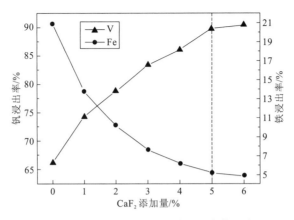

图 5-30　CaF$_2$ 用量对钒、铁浸出率的影响

钒页岩原矿中的 Fe 主要以黄铁矿的形式存在，700 ℃焙烧 1 h 后，黄铁矿（FeS$_2$）发生氧化反应生成赤铁矿（Fe$_2$O$_3$）。赤铁矿在酸浸过程中发生的溶解反应方程式如下：

$$Fe_2O_3(s)+6H^+(aq) \Longrightarrow 2Fe^{3+}(aq)+3H_2O(l) \tag{5-2}$$
$$Fe_2O_3(s)+2HF(aq)+4H^+(aq) \Longrightarrow 2FeF^{2+}(aq)+3H_2O(l) \tag{5-3}$$
$$Fe_2O_3(s)+4HF(aq)+2H^+(aq) \Longrightarrow 2FeF_2^+(aq)+3H_2O(l) \tag{5-4}$$
$$Fe_2O_3(s)+6HF(aq) \Longrightarrow 2FeF_3(s)+3H_2O(l) \tag{5-5}$$

图 5-31（a）为反应（5-2）～（5-5）的 $\Delta G_T^\ominus$ 与温度的关系，图 5-31（b）为反应（5-2）～（5-5）的 $\log K_T^\ominus$ 与温度的关系。

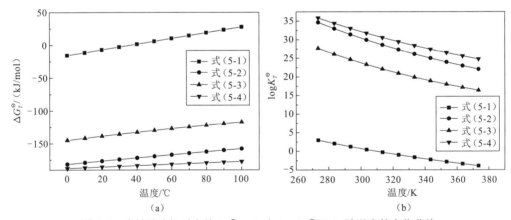

（a）　　　　　　　　　　　（b）

图 5-31　赤铁矿溶解反应的 $G_T^\ominus$（a）和 $\log K_T^\ominus$（b）随温度的变化曲线

Fe$_2$O$_3$ 溶解反应的 $\Delta G_T^\ominus$ 随着温度的升高而增加，如图 5-31（a）所示，当温度超过 313.15 K 后 $\Delta G_T^\ominus$ 大于 0，反应（5-2）无法自发进行，说明赤铁矿在无氟硫酸溶液中不易溶解。在含氟的硫酸溶液中，赤铁矿发生的溶解反应[反应（5-3）～（5-5）]的 $\Delta G_T^\ominus$ 均小于 0，各温度下 $\Delta G_T^\ominus$ 均低于反应（5-2），表明在含氟介质中，赤铁矿的溶解反应更容易发生。

图 5-31（b）显示，在含氟的硫酸溶液中赤铁矿发生的溶解反应[反应（5-3）～（5-5）]的 $\log K_T^\ominus$ 均大于 0，且各温度下 $\log K_T^\ominus$ 均高于无氟硫酸溶液中发生的溶解反应[反应（5-2）]。分析可知，反应（5-3）～（5-5）正向进行的程度较大，含氟介质中赤铁矿

的溶解反应进行得更完全，极易生成 FeF_3。

　　同时，含氟酸浸液中和渣中出现 $FeAlF_5$（图 5-32）。酸浸液中的 Fe 以及约 8%的 F 在中和渣中以 $FeAlF_5$ 形态存在，同样也起到了消除萃取乳化和降低萃原液 Fe 和 Al 杂质含量的作用；而无氟酸浸液中和渣中 Fe 则主要以 $Fe(OH)_3$ 形态存在，$Fe(OH)_3$ 沉淀极易吸附卷带钒，造成较高的钒损失。

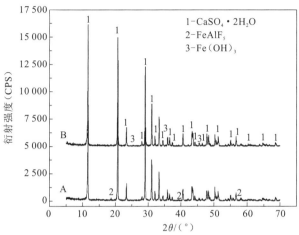

图 5-32　焙烧酸浸液的中和渣 XRD 图

A-氟化物参与；B-无氟化物参与

　　因此，在浸出过程中引入含氟介质对后续的萃取过程也能够产生促进作用。由于 F^- 与不饱和 Si 和 Al 原子生成 $[AlF_5]^{2-}$ 和 $[SiF_6]^{2-}$，阻止含硅胶体和微细固体颗粒以及有机界面膜的生成，同时酸浸过程 FeF_3 和中和过程 $FeAlF_5$ 的形成显著降低了萃原液中 Fe、Al 等杂质的含量，有利于钒萃取过程的正常进行，消除萃取乳化现象。

3. 多杂质含钒酸浸液净化富集机理

　　根据酸浸液的电位滴定检测和 V（IV）的 E_h-pH 图可知，酸浸液中超过 90%的钒为四价态的钒离子，以 VO^{2+} 形态存在。萃取剂 D2EHPA 的分子结构如图 5-33 所示，参与萃取反应的官能团为 P=O 和 P—OH，在萃取过程中 P—OH 中 H^+ 与溶液中金属阳离子进行离子交换反应，同时 P=O 参与配位生成金属萃取物，萃合物转移进入有机相从而与溶液中其他杂质离子分离。当分子结构中多一个与 P 相连的桥氧原子时，由于 O 原子具有较大的电负性，中心原子 P 的电子向 O 原子偏移，进而使 P—OH 中 O 原子电子发生偏移，在 D2EHPA 分子结构中这种偏移较强，故 D2EHPA 具有很强的萃取能力。选用 D2EHPA 对酸浸液进行萃取时，萃取过程中须另外加入协萃剂 TBP 以促进钒的萃取。

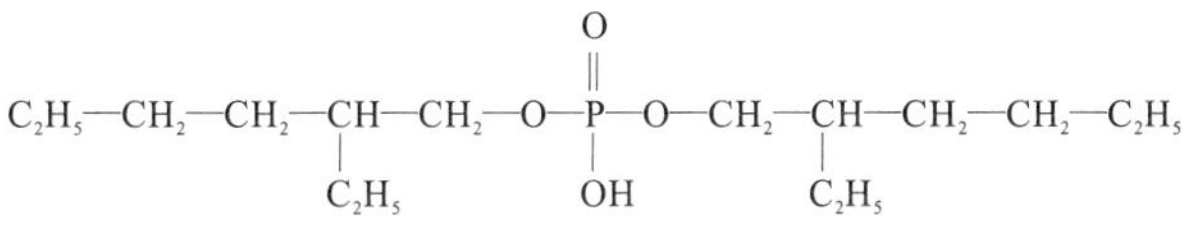

$$C_2H_5-CH_2-CH_2-CH-CH_2-O-\overset{\displaystyle O}{\overset{\|}{P}}-O-CH_2-CH-CH_2-CH_2-C_2H_5$$

$$\underset{C_2H_5}{|} \qquad \underset{OH}{|} \qquad \underset{C_2H_5}{|}$$

图 5-33　D2EHPA 的分子结构示意图

　　在溶液初始 pH 为 0.5～2.5，萃取有机相由 15 % D2EHPA、5 %TBP 和 80 %煤油组成，O/A 比为 1.0 的条件下，金属离子对 D2EHPA 萃取钒的影响由图 5-34 给出。当 Fe^{3+}

浓度由 5 g/L 升至 20 g/L 时，Fe^{3+}对钒萃取率的影响显著，钒萃取率由 67.05%降低至 34.77%。当 Fe^{2+}浓度由 5 g/L 升至 20 g/L 时，钒萃取率仅有小幅降低（86.62%降低至 83.77%）。在相同离子浓度条件下 Fe^{2+}萃取率明显低于 Fe^{3+}。此外，当 Al^{3+}浓度低于 10 g/L 时，钒萃取率略有降低；而当 Al^{3+}浓度由 10 g/L 增加至 20 g/L 时，钒的萃取率由 89.34% 降低至 76.97%。其他金属离子（Mg，Na 和 K）浓度对钒萃取率影响微弱。当 Al^{3+}和 Mg^{2+}的浓度控制在小于 10 g/L 时，可以忽略其对钒萃取的影响及其在有机相中的共萃。

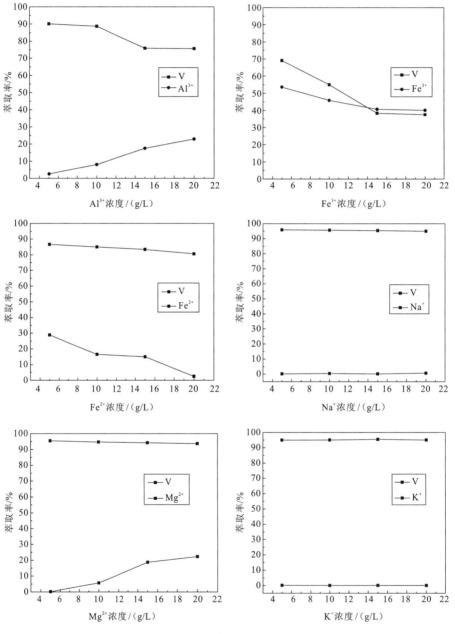

图 5-34　不同金属离子对钒萃取率的影响

作为酸性萃取剂，D2EHPA 以离子交换形式萃取金属阳离子。溶液 pH 对金属萃取的影响可由式（5-6）表示。

$$M^{n+}(aq)+ n(HA)_2(org)\Longrightarrow MA_n \cdot nHA(org)+ nH^+(aq) \qquad (5\text{-}6)$$

式中：M 表示金属阳离子，HA 表示 D2EHPA。在 H^+ 浓度较低的条件下，萃取反应（5-6）的平衡右移，从而提高金属的萃取率。

在 pH<2.0 条件下，V（V）的存在形式仅为 VO_2^+，而在 pH 为 2.0～6.0 时，V（V）的存在形式包括 $H_2V_{10}O_{28}^{4-}$、$HV_{10}O_{28}^{5-}$ 和 $V_{10}O_{28}^{6-}$，无法与阳离子萃取剂 D2EHPA 发生交换，所以 V（V）萃取率随溶液 pH 升高而先升后降，如图 5-35 所示。当 pH 小于 3 时，溶液中的 V（IV）主要以 VO^{2+} 形式存在。此外，在 pH 为 0.5～2.5 时，Fe（III）的萃取率大幅提升至 87.4%。Fe（II）的萃取率在 pH 小于 1.5 时保持较低值，当 pH 超过 1.5 后 Fe（II）萃取率有明显上升，但远小于同等萃取条件下 Fe（III）的萃取率。在 pH≤2.5 时，Al（III）的萃取率最高可达 20%，Na 和 K 基本不被萃取。

在萃取剂 D2EHPA 结构中，两个烷氧基 RO—的吸电子效应诱导—P—(OR)$_2$ 中 P 的电子云向 O 偏移，P 的电子云密度降低，进而导致—P—OH 和—P═O 的电子云向 P 方向偏移，烷氧基使得 P 的电子云偏移程度越大，则 P—OH 键中 H 更容易解离，即—P—OH 酸性增强，萃取能力增加。

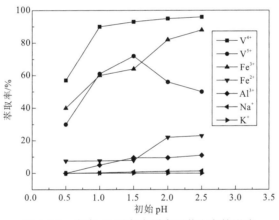

图 5-35　溶液 pH 对各金属离子萃取率的影响

V（IV）萃取前后的 D2EHPA 有机相 FTIR 图谱如图 5-36 所示，在空白 D2EHPA 图谱中，2 331 cm^{-1} 为 P—OH 伸缩振动吸收峰，1 035 cm^{-1}、1 231 cm^{-1}、1 682 cm^{-1} 分别归属于 P—O—C、P═O、分子间氢键的特征吸收峰；D2EHPA 负载有机相中 P═O 和 P—OH 的特征吸收峰与空白有机相相比出现明显的减弱，氢键的特征吸收峰无明显变化，说明 P—OH 与 VO^{2+} 发生离子交换反应，同时由于 P═O 具有孤对电子在萃取过程中配位反应，所以 V（IV）的萃取过程是离子交换与配位反应的共同作用，且在萃合物中存在氢键，其萃取反应式如式（5-7）所示。

$$VO^{2+}(aq)+(a+b)(H_2R_2)(org)\Longrightarrow VOR_{2b}^{2-2b} \cdot (HR)_{2a}(org)+2bH^+(aq) \quad (5\text{-}7)$$

D2EHPA 萃取 V（IV）的反应平衡常数 K_{ex} 可由式（5-8）计算得到

$$K_{ex}=\frac{[VOR_{2b}^{2-2b} \cdot (HR)_{2a}]\times[H^+]^{2b}}{[VO^{2+}]\times[H_2R_2]^{(a+b)}} \qquad (5\text{-}8)$$

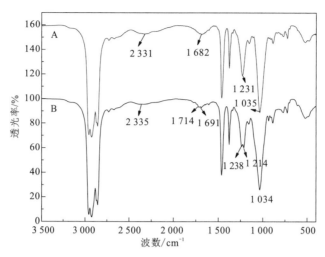

图 5-36　萃取有机相 FTIR 图谱

A-空白有机相；B-负载有机相

式中：HR 表示液体阳离子交换剂 D2EHPA；a 表示 H_2R_2 在反应中消耗的数量；b 表示反应中游离 H^+ 离子的数量。

酸浸液中 VO^{2+} 的分配比（D）为萃取反应后有机相的钒浓度和萃余液的钒浓度之比，可表示为

$$D = \frac{[VOR_{2b}^{2-2b} \cdot (HR)_{2a}]}{[VO^{2+}]} \qquad (5-9)$$

根据式（5-9）和式（5-8）整合后取对数得到

$$\lg D = \lg K_{ex} + (a+b)\lg[H_2R_2] - 2b\lg[H^+] \qquad (5-10)$$

将不同 D2EHPA 浓度下的 D 值（表 5-8），代入式（5-10）中，通过线性拟合确定：

$$\lg D = 2.01\lg[H_2R_2] + 2.6624 \qquad （pH=0.5 时） \qquad (5-11)$$

$$\lg D = 1.3\lg[H_2R_2] + 2.9615 \qquad （pH=1.5 时） \qquad (5-12)$$

表 5-8　D2EHPA 浓度对 V（IV）分配比 D 的影响

$[H_2R_2]/10^{-2}$（mol·L^{-1}）	1.55	3.10	4.65	6.20	7.75
$D_{0.5}$	0.105	0.429	1.05	1.739	2.571
$D_{1.5}$	4.00	10.27	16.97	24.84	32.33

注：pH 为 0.5 和 1.5；萃取反应温度 25 ℃；$[V_2O_5]$=1.65×10^{-2} mol/L

以 $\lg D$ 对 $\lg[H_2R_2]$ 作图，由该直线斜率求得萃取反应 K_{ex}，结果见图 5-37。

因此，D2EHPA 萃取 V（V）反应方程式可写为

$$VO^{2+}(aq)+2(H_2R_2)(org)\!=\!\!=\!VOR_2 \cdot (HR)_2(org)+2H^+(aq) \qquad （pH=0.5 时）(5-13)$$

$$VO^{2+}(aq)+(H_2R_2)(org)\!=\!\!=\!VOR_2(org)+2H^+(aq) \qquad （pH=1.5 时）(5-14)$$

当溶液初始 pH 为 0.5 和 1.5 时，V（IV）在有机相和萃余液的分配比 $\lg D$ 对萃取剂浓度 $\lg[H_2R_2]$ 作图所得直线斜率分别为 2.01 和 1.3。这说明在较高的平衡 pH 范围内，VO^{2+} 与有机膦酸萃取剂 D2EHPA 的萃取反应按物质的量之比 1:1 进行，形成 VOR_2 形式

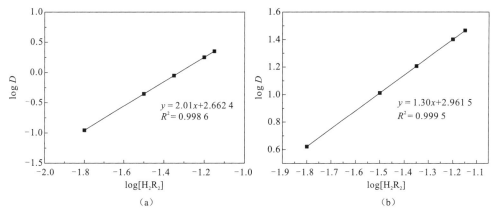

图 5-37　V（IV）分配比 lg$D$ 对萃取剂浓度 lg$[H_2R_2]$ 的拟合曲线

（a）pH=0.5；（b）pH=1.5

的萃合物，如式（5-13）所示。而在低 pH 条件下，VO^{2+} 与萃取剂 D2EHPA 的萃取反应物质的量之比为 1:2，形成 $VOR_2 \cdot (HR)_2$ 形式的萃合物，如公式（5-14）所示。V 萃取反应对溶液初始 pH 的依赖性，其机理可能是随着酸性的增加，二元酸对离子化的抑制弱于一元酸（Li W 等，2013）。

5.2.2　沸腾氧化提钒特点

将破碎后的钒页岩原矿在沸腾炉中进行一步焙烧，脱除有机碳，含钒云母结构发生长石化转变；再将焙烧后的熟样细磨至合适粒度，在氟系助浸剂和硫酸的共同作用下循环浸出，使焙烧样中 85% 以上的钒转入酸浸液；对获得的含钒酸浸液采用萃取法选择性分离钒；负载有机相反萃后采用酸性铵盐沉钒，沉淀多聚钒酸铵（APV）；最后，APV 煅烧脱氨后制得工业 98 级以上的 V_2O_5 产品。该工艺具有如下技术特点：

（1）焙烧过程不添加任何添加剂，无污染性气体排放，消除了添加剂分解所诱导的低温玻璃相硅束缚；采用新型沸腾炉进行快速焙烧，脱碳和焙烧一步完成，焙烧能耗降低，焙烧时间显著缩短。沸腾焙烧过程颗粒形成的多孔隙结构，加快氧气在云母颗粒内部的传质速率，钒的转价率大幅提高。

（2）在酸浸过程引入含氟介质，降低钒浸出反应对酸的依赖度，钒浸出率大幅提升的同时酸用量降低 30% 以上；同时浸出过程中含氟介质的引入对萃取过程也具有促进作用。$[AlF_5]^{2-}$ 和 $[SiF_6]^{2-}$ 阻止了含硅胶体和微细固体颗粒以及有机界面膜的生成，而酸浸过程中 FeF_3 和中和过程 $FeAlF_5$ 的形成再次降低了萃原液中 Fe、Al 等杂质的含量，有利于钒萃取过程的正常进行，消除了萃取乳化现象。

（3）含钙介质替代氨水中和酸浸液，使浸出液中氨氮浓度小于 18.5 mg/L，氨氮排放源头一次性削减 99.5%，总钒回收率提高到 80% 以上。

（4）含钒酸浸液的离子组分体系对 D2EHPA 萃取作业的适应性强，杂质离子干扰小，能够一步制得纯度 98.5% 以上的 V_2O_5 产品。

（5）相比循环氧化提钒技术，沸腾氧化提钒技术对我国普遍存在的原生云母型钒页岩具有更优异的适用性，且工艺流程简单，提钒效率高。

5.3　低温酸化焙烧提钒

酸化焙烧在稀土矿、含砷铜矿等难冶矿种及阳极泥、废催化剂、废电池等二次资源方面具有较广泛的研究和应用，但在页岩提钒领域中相关基础研究较少，且尚未工业应用。研究表明，酸化焙烧工艺对我国各地区不同类型的钒页岩具有良好的适应性，且具有矿物分解效率高和焙烧矿易浸出的优点。因此，酸化焙烧提钒工艺具有一定的工业应用前景。

原生云母型钒页岩中钒的赋存状态稳定，在无焙烧或浸出的强化措施辅助下含钒云母结构极难被瓦解。钒页岩酸化焙烧提钒工艺是将浸出剂硫酸与钒页岩混合后在 150～300 ℃温度条件下进行焙烧或熟化使含钒矿物分解，金属元素转化为硫酸盐，再通过水浸实现页岩钒的提取。与硫酸溶液浸出相比，硫酸化焙烧可在常压条件下将反应温度提高至 100 ℃以上，不仅使矿物与硫酸在相对较高的温度下发生反应，而且提高了硫酸反应效率，强化了矿物结构解离，矿物中的金属元素转变为硫酸盐使浸出难度显著下降。为了防止硫酸的挥发及硫酸氧钒的分解，钒页岩酸化焙烧宜控制在硫酸沸点 330 ℃以下进行，与常规焙烧温度相比，酸化焙烧温度相对较低，属于低温焙烧范畴。

5.3.1　低温酸化焙烧提钒机理

酸化焙烧是介于传统浸出与焙烧之间的一种矿物分解方法，属于液-固反应，不同于传统焙烧过程中的固-固反应、固-气反应，且酸化焙烧反应产物主要为固相硫酸盐，与传统浸出反应产物存在形态不同。因此，酸化焙烧反应原理与传统焙烧浸出工艺中矿物分解原理不同，钒页岩酸化焙烧主要分为硫酸扩散、浓酸介质形成、脱羟基与金属元素硫酸化、钒物相转化等反应过程。

钒页岩与一定量浓硫酸、外配水混合后，产生大量稀释热使体系温度升高，硫酸黏度降低，促进硫酸扩散分布到矿物颗粒表面。在 150～300 ℃条件下，混合体系中水分迅速被蒸发，扩散至矿物颗粒表面的硫酸浓度增大形成了浓酸介质。在浓酸体系中，pH 相差不大，但其质子化能力却随浓度增加而稳步增长，这是由于在浓酸介质中，除 H_3O^+ 外还存在大量 H_2SO_4 和 $H_3SO_4^+$ 作为强质子给体。根据哈米特（Hammett）酸度函数［式（5-15）］（郭佃顺等，2010）对不同浓度硫酸对应的酸度值进行计算，结果如图 5-38 所示。

$$H_0 = pK_{AH^+} + \log\frac{[A]}{[AH^+]} \tag{5-15}$$

式中：H_0 为酸度函数；pK_{AH^+} 为热力学平衡常数；AH^+ 为与溶剂无关的酸；A 为 AH^+ 的共轭碱。

H_0 代数值越小，则酸性越强，酸度函数值每减小 1 个单位，酸性增强 10 倍（见图 5-38）。在常规硫酸浸出过程中，硫酸浓度一般小于 60 %，其酸度值均大于-4.5；在硫酸焙烧过程中，由于水分蒸发，硫酸浓度趋向 100 %，其酸度值接近-11。与常规硫酸浸出相比，硫酸酸度值显著降低，硫酸供给质子的能力及反应活性大大增加，其在焙烧过程中更容易与含钒矿物发生反应使其结构解离。

层状铝硅酸盐白云母是钒页岩中的典型含钒矿物，其结构单元中硅氧四面体[SiO$_4$]通过三个桥氧相连形成平面六方网状结构，在二维方向无限延伸构成硅氧四面体层。硅氧四面体中非桥氧由六配位的阳离子 Al 相连构成铝氧八面体[AlO$_4$(OH)$_2$]。白云母硅氧四面体中 1/4 的 Si 会被 Al 取代，导致四面体层呈带负电，为平衡结构中多余的电荷，在层间引入低价、半径大的阳离子 K$^+$并形成离子键。钒页岩中 V（III）主要取代八面体中的 Al（III）存在于白云母晶格中，酸化焙烧提钒原理可根据白云母八面体中 Al 的释放迁移进行阐释。

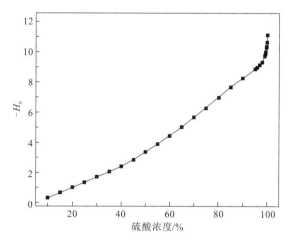

图 5-38　不同浓度的硫酸溶液的酸度值 H_0

白云母主要由 O、Si、Al、K、V、Fe、Mg 等元素组成，在结合过程中，氧原子与硅原子或金属原子通过共用电子（共价键）或电子转移（离子键）形成不同类型的化学键。氧原子与硅原子或金属原子之间不同的电负性差值导致其化学键类型不同。根据价键理论，电负性数值相差越大，则容易形成离子键，而相差越小，则容易形成共价键。白云母中 O、Si、Al、K、V 的电负性分别为 3.44、1.98、1.61、0.82、1.63，O 与其他原子形成的化学键中离子键所占比例可根据式（5-16）计算（马伟，2011），计算结果如表 5-9 所示。

$$\xi = 1 - \exp[-(x_O - x_M)^2 / 4] \tag{5-16}$$

式中：ξ 为离子键所占比例，%；x_O、x_M 分别为 O 和 Si、Al、K、V 等电负性。

表 5-9　白云母化学键中离子键与共价键比例分布

化学键	Si—O	Al—O	K—O	V—O	Fe—O	Mg—O
电负性差值	1.7	2.0	2.7	1.9	1.7	2.3
离子键占比/%	51.4	63.2	83.8	59.4	51.4	67.8
共价键占比/%	48.6	36.8	16.2	40.6	48.6	32.2

在不同原子间所形成的化学键中，由于电负性不同，电负性较大的原子一端带部分负电，电负性较小的原子一端带部分正电，所以在化学键的两端出现极性，且成键原子

电负性相差越大，键极性越强，共价键极性越强，其具有离子键性质的比例越大。由表5-10 可知，在白云母所涉及的化学键中，离子键占比大小顺序依次为 K—O > Mg—O > Al—O > V—O > Fe—O ≡ Si—O。由于共价键较离子键键能大得多，离子键占比越大，该化学键稳定性越差，断裂时所需能量越小，在白云母结构中 K—O 键最弱，Si—O 键最为稳定。

根据层状铝硅酸盐晶格结构内部电荷电子的分布特性，白云母矿物颗粒表面最丰富、最具活性的官能团为裸露在断面点位上的铝羟基（Al—OH）。由于 Al 的电负性较小，O—H 之间的共价键很强，根据酸碱理论可以判定 Al—OH 属于路易斯（Lewis）碱。在酸化焙烧体系中，浓硫酸介质具有极强的供给质子能力，可与白云母结构中羟基结合生成 H_2O 使白云母结构中的羟基被脱除。在 150~300 ℃ 条件下，反应生成的 H_2O 以气相形式逸出，钒页岩与硫酸的混合物基本为无水的组分体系。在无水组分体系中，由于 H_2SO_4 反应生成的 $[SO_4^{2-}]$ 不能以稳定的离子形态存在，带负电的基团 $[SO_4^{2-}]$ 具有良好的化学活性；而在白云母结构中，与硅氧四面体相比，K—O、Mg—O、Al—O、V—O 离子键占比大，极化程度大，Mg、Al、V 原子周围呈正电性，所以 K—O、Mg—O、Al—O、V—O 键中带正电荷一端容易受到化学活性基团 $[SO_4^{2-}]$ 攻击而断裂，K、Mg、Al、V 等金属离子与 $[SO_4^{2-}]$ 结合形成硫酸盐，即金属元素硫酸化过程。不同硫酸用量下钒页岩焙烧样 XRD 图谱见图 5-39。

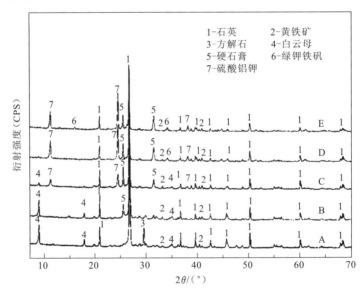

图 5-39　不同硫酸用量条件下钒页岩焙烧样 XRD 图谱

A-0%；B-15%；C-30%；D-45%；E-60%

在白云母结构中，Si、K、Mg、Al、V 等中心原子通过桥氧原子彼此相连。当 K、Mg、Al、V 原子转变为硫酸盐后，这些金属原子从白云母晶格中释放，致使白云母硅氧骨架崩解，形成蜂窝多孔结构（图 5-40），钒则摆脱白云母晶格束缚成为游离态。综上所述，钒页岩酸化焙烧反应的原理是强酸介质对固液界面碱性官能团的脱除及无水体系中活性 $[SO_4^{2-}]$ 对极性 M—O 键的破坏，两者共同作用强化页岩中含钒矿物的分解，并促进钒的物相转变。

酸化焙烧使目的元素由难浸出的稳定物相转变为易浸出物相，从而通过浸出实现目的元素的溶出。页岩钒化学物相分析表明，含钒物相主要包括游离氧化物（游离态）、硅酸盐和有机碳中的钒三类。其中，游离态的钒多吸附于矿物表面，最易被浸出；有机碳中的钒多以有机螯合物形式存在，结构较为稳定，通过高温焙烧使碳质燃烧后钒可转化为游离态，但此部分钒占比较少，其能否被溶出对钒的回收率影响较小；钒大多赋存于层状铝硅酸盐，其能否有效转化将直接影响后续钒的溶出。

图 5-40 不同硫酸用量条件下硫酸焙烧样 SEM 图
(a) 15%; (b) 30%; (c) 45%; (d) 60%

酸化焙烧的反应产物为固相，按照浸出过程动力学研究方法以钒浸出率作为分析指标，存在以下问题：①硫酸焙烧产物含有未反应的硫酸，焙烧产物在酸性溶液中被加热浸出，焙烧过程未被分解的含钒矿物与硫酸进一步反应，难以区分硫酸焙烧与浸出对钒浸出率的影响程度。②页岩中钒主要分布在游离氧化物和层状铝硅酸盐矿物两个不同的物相中，不同物相中钒的浸出动力学控制步骤不同。钒浸出率是各含钒物相在酸化焙烧—浸出后的综合指标，难以准确反映硫酸焙烧在整个钒提取过程的作用。

基于页岩中钒的物相分布特点，在硫酸酸化焙烧动力学研究中忽略碳质含有的少量钒，同时去除页岩原矿游离氧化物中的钒，根据公式（5-17）计算铝硅酸盐中钒的转化率，并作为硫酸焙烧动力学评判指标。在上述基础上，采用经典未反应核收缩模型分析硫酸焙烧动力学控制步骤，动力学拟合结果如图 5-41 所示。

$$\eta = \frac{\Psi - \Psi_0}{\varepsilon} \times 100\% \tag{5-17}$$

式中：η 为铝硅酸盐中钒的转化率，%；Ψ、Ψ_0 分别为页岩硫酸焙烧前后游离氧化物中钒的质量分数，%；ε 为页岩硫酸焙烧前铝硅酸盐中钒的质量分数，%。

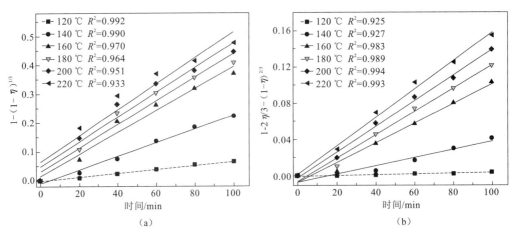

图 5-41 不同温度条件下硅酸盐中钒的转化动力学拟合结果
（a）化学反应控制拟合；（b）内扩散控制拟合

在焙烧温度为 120～140 ℃时，拟合关系式与 $1-(1-\eta)^{1/3}=kt$ 具有较好的相关性，拟合曲线经过原点附近，拟合相关性系数 R^2 均大于 0.99，说明该温度范围内酸化焙烧反应动力学为化学反应控制；在焙烧温度为 160～220 ℃时，拟合关系式与 $1-2/3\eta-(1-\eta)^{2/3}\sim t$ 具有较好的相关性，拟合曲线经过原点附近，拟合相关性系数 R^2 均大于 0.98。该温度范围内酸化焙烧反应动力学为内扩散控制。焙烧温度升高，酸化焙烧反应控制步骤由化学反应控制转变为内扩散控制，说明温度升高使酸化反应能垒降低，反应速率加快。

5.3.2　低温酸化焙烧提钒特点

酸化焙烧实现了在无氟常压条件下含钒矿物从铝硅酸盐矿物晶格向游离态及从难溶低价钒 V（III）向易溶高价钒 V（IV）的转变，矿物分解程度彻底，浸出难度小（Shi Q H 等，2018）。采用水作为浸出剂即可将焙烧样中钒转溶至浸出液中，但由于钒页岩在酸化焙烧过程中矿物结构解离程度较为完全，在浸出过程中 Al、K、Mg 等金属离子随钒溶出导致浸出液具有高铝多杂质的特点，钒杂分离困难。因此后续采用冷却结晶去除了浸出液中含量最大的杂质铝离子，抑制铝的共萃，促进钒的萃取；协同萃取通过 D2EHPA 与 PC88A 之间的协同效应，强化了钒的萃取过程（Shi Q H 等，2017）。采用该技术路线，云母型钒页岩中钒的总回收率可达到 83.8%，纯度大于 99%，能够实现页岩钒的高效提取。

5.4　介质激发下的压力浸出提钒

钒页岩中 V（III）对 Al（III）的同晶置换，对 V（III）产生了强烈的晶格束缚，常压直接酸浸释放 V（III）非常困难，一般需经焙烧或强化浸出等方式，使含钒云母结构得到破坏。所以，浸出是页岩钒释放进入液相的关键步骤，提升浸出温度是强化钒释放的一种有效途径。

　　常压条件下直接酸浸工艺由于受到环境大气压的限制，浸出温度一般小于 100 ℃。由于低温下硫酸的反应活性不足，须延长浸出时间或提高硫酸浓度来获得较好的钒浸出效果。加压浸出工艺的特征在于：在密闭容器内，提高体系环境压强，使浸出温度提升至较高温度（$T>150$ ℃），加快钒的溶出。在高温水溶液中，随着液态水被迅速蒸发为气态，扩散至矿物颗粒表面的硫酸溶液一定程度上被浓缩成了高酸介质，其质子化能力随浓度的增加而稳步增长，硫酸反应活性增强，强化钒的浸出。基于这一优势特点，压力浸出更适用于难处理的云母型钒页岩（黄俊，2016；冯雅丽等，2012；Li M T 等，2009）。

　　加压浸出被国外学者认为是一种可持续发展的资源加工利用技术，目前在有色金属铜、铅、锌等金属湿法冶炼领域里得到广泛的工业应用，相关工艺及机理较为成熟。但在页岩提钒领域中此工艺目前尚未得到工业应用，仍处于试验研究阶段，存在许多科学问题亟待解决。主要问题有：①常规压力浸出的提钒效率不理想，造成浸出时间较长和酸耗量大。② Al、Fe 是钒页岩的两大主要杂质元素，V 的溶出也伴随 Al、Fe 的大量溶出，导致 V 浸出的选择性较差，不利于钒的净化富集。

　　因此，针对上述主要技术问题，研究对云母型钒页岩具有良好适用性的压力浸出提钒工艺及机理，对页岩钒的高效提取提供了重要的技术与理论支持。

5.4.1　压力浸出提钒机理

　　图 5-42 是不同直接酸浸制度下云母型钒页岩的钒浸出率随时间的变化规律。由图可知，钒浸出率随时间而增加，浸出制度 A 和 B 下的钒浸出率大于浸出制度 C 和 D。压力浸出的钒浸出效果要优于常压浸出，压力浸出工艺更适用于云母型钒页岩。在激发剂 K_2SO_4 的强化下，当浸出 5 h 后压力浸出的钒浸出率可达 91.45%。

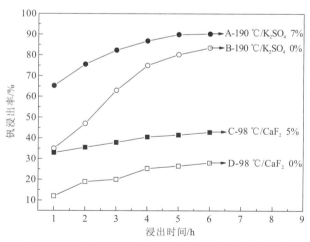

图 5-42　不同直接酸浸制度下钒浸出率随时间的变化

1. 介质激发下颗粒应力裂解强化钒溶出

　　钒页岩压力浸出过程中，K_2SO_4 激发能够加速云母颗粒裂纹的形成，从而强化云母颗粒的溶解。K_2SO_4 激发促进云母溶解的关键在于：① $CaSO_4$（CSA）晶体的界面稳定生长；②生长过程中产生使白云母基体开裂的应力应变。

K₂SO₄用量与CaSO₄(aq)初始浓度紧密相关，K₂SO₄用量越高，越有利于CaSO₄(s)的溶解，这直接影响CSA的水化率，间接影响CSD向CSA的转化，并决定了基体表面的CSA晶体排布密度；浸出体系温度的变化会带来晶体结构中化学键的伸缩和弯曲振动变化，直接影响相界面上CSA晶体生长的稳定性。CSA在云母颗粒表面先后经历界面成核、界面生长、界面脱黏三个阶段，裂纹形成于界面生长和界面脱黏阶段。因此，颗粒的孔隙度主要受到K₂SO₄用量和浸出温度的影响。

CSA在云母基体上的界面生长，使云母颗粒粒度增大。在硫酸浓度20%、温度150 ℃、液固比1.5 mL/g、氧分压1.5 MPa、浸出时间3 h的条件下，K₂SO₄激发前后浸出得到的酸浸渣和钒页岩原矿的粒度分布由图5-43示出。K₂SO₄激发的压力浸出后酸浸渣中新粒级300～600 μm出现，粒级15～70 μm和细粒级0.5～2.5 μm的含量增多；而无激发的压力浸出后酸浸渣的粒级含量分布与原矿基本无差别。再对K₂SO₄激发所得酸浸渣进行SEM形貌分析（图5-44），图中颗粒粒度恰位于15～70 μm，故粒级15～70 μm含量的升高可能是由CSA界面生长引起的粒度增大所致。

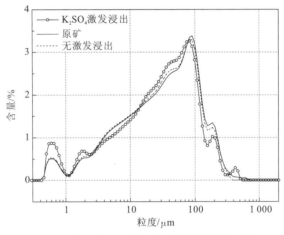

图 5-43　钒页岩原矿和酸浸渣的粒度分布曲线

图 5-44　CSA界面生长下的基体颗粒微观形貌SEM图

观察K₂SO₄激发前后CSA晶体的结晶形貌（图5-45）发现，与无激发形成的CSA晶体相比，K₂SO₄激发后CSA晶体结构完整，侧向尺寸增大，彼此间搭接。由于K₂SO₄

激发下 CSA 发生重结晶，一方面使其结晶度提高，晶体韧性和塑性增强，能够对云母基体产生较强拉应力；另一方面，也使其粒度增大和横向生长加快，增强了晶体拐角处的应力集中及与晶体拐角相临近基体上的应变集中。这两方面共同促使基体上的横向裂纹生长，有效破坏云母与 CSA 晶体之间的相界面，有助于基体颗粒的裂解。高密度位错也产生了 CSA 晶体之间的搭接，由于单一 CSA 晶体颗粒尖端所产生的应力集中较弱，而搭接生长使 CSA 晶体之间产生相互作用力，当作用力传递到基体上时增大了基体表面横向裂纹处应变集中，促使横向裂纹增殖进入基体内部。

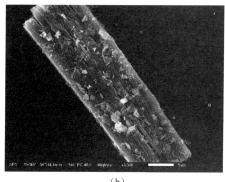

(a)　　　　　　　　　　　(b)

图 5-45　CSA 晶体微观形貌 SEM 图

(a) K$_2$SO$_4$ 激发的 CSA；(b) 无激发的 CSA

在界面脱黏阶段，CSA 与云母基体的界面结合减弱，CSA 逐渐从基体上脱落，在基体上留下裂隙。基体表面的 CSA 晶体排布密度越高，CSA 界面脱黏后形成的裂隙越多，越有利于云母的溶解。对比不同 K$_2$SO$_4$ 用量下云母基体的微观形貌进行 SEM 观察，如图 5-46 所示。随着 K$_2$SO$_4$ 用量或初始 CaSO$_4$(aq) 浓度的增多，水膏比降低，CaSO$_4$ 的水化率先保持不变后逐渐降低，CSD 产量增多，增强了 CSD 向 CSA 固相转化，提高了基体表面的 CSA 晶体的密度。但当初始 CaSO$_4$ 浓度过高时，CaSO$_4$ 的水化率低，CSD 产量少，在 CSD 向 CSA 转化过程中液相 Ca^{2+} 和 SO$_4^{2-}$ 浓度减少，CSA 过饱和度降低，导致成核和生长缓慢，使基体表面的 CSA 晶体排布密度降低。由此判定，新粒级 300～600 μm

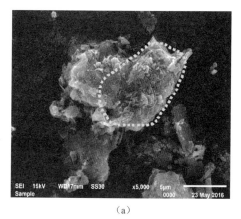

(a)　　　　　　　　　　　(b)

图 5-46　CSA 界面脱黏后的基体颗粒微观形貌 SEM 图

(a) K$_2$SO$_4$ 用量 7%；(b) K$_2$SO$_4$ 用量 3%

的出现是由 CSA 晶体界面脱黏后长大所致。

　　随着温度的升高，云母基体颗粒的形貌也产生了不同的变化。从图 5-47 中可观察到，在 140 ℃时，白云母颗粒上形成了较深的塌陷凹坑。在 170 ℃，白云母颗粒表面分布着许多较浅的凹坑，表明温度>150 ℃后，白云母颗粒的表面损伤减弱。这些凹坑由 CSA 晶体脱落后所产生的。界面脱黏后由于应力松弛，会阻止裂纹的继续增大。在高温和 H^+ 交换反应作用下，由于白云母结构缺陷增多、化学键强度减弱，白云母基体会发生一定程度的膨胀，使 CSA 界面生长的稳定性减弱。此外，温度越高，H^+ 交换反应加快，使白云母基体强度降低，相界面强度减弱，这也会导致 CSA 晶体难以稳定地在基体界面生长。因此，温度过高，CSA 晶体的界面脱黏增强，使裂纹应力松弛，减弱了其对白云母基体的应力作用。然而，由于此时凹坑中已形成裂纹，虽然裂纹未发生进一步的增殖，但仍产生了新的反应界面。同时由于温度越高，H^+ 的交换速率越快，云母的溶解加快。所以当温度超过 150 ℃后 V 浸出率仍保持稳定。

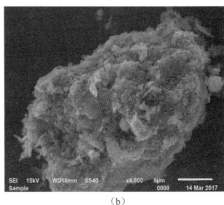

(a)　　　　　　　　　　　　　　　(b)

图 5-47　界面脱黏后基体颗粒微观形貌 SEM 图

(a) 140 ℃；(b) 170 ℃

2. 杂质 Al、Fe 的直接沉淀分离

　　在氧分压 2.0 MPa、液固比 1.5 mL/g、体系温度 190 ℃、硫酸浓度 15%和 K_2SO_4 用量 7%的条件下，考察 K_2SO_4 激发下 Al、Fe 浸出率及其与 V 的分离系数随时间的变化，结果如图 5-48 所示。

　　随着浸出时间的延长，Al、Fe 浸出率均先升高后降低，Al/V 和 Fe/V 的分离系数也呈现相同的变化趋势。由于 K_2SO_4 激发下 V 浸出率随时间增加，随着钒的不断溶出，Al/V 与 Fe/V 的分离效果也呈现了先减弱后增强的趋势，说明浸出初期 K_2SO_4 激发下云母、黄铁矿溶解增强，由于此时液相 Al^{3+} 和 Fe^{3+} 浓度较低而无法发生沉淀反应，云母和黄铁矿的溶解反应占主导；随着时间的继续增加，当液相 Al^{3+} 和 Fe^{3+} 浓度达到其沉淀反应发生的初始浓度时，Al^{3+} 和 Fe^{3+} 开始沉淀，沉淀速率先快后慢。K_2SO_4 激发的氧压酸浸过程中 V 与杂质 Al、Fe 有效分离，V、Al、Fe 浸出率分别可达 90.20%、30.30%和 5.73%，V/Fe、V/Al 的分离系数分别为 0.064 和 0.336。

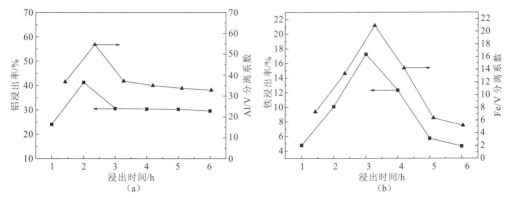

图 5-48　杂质 Al、Fe 浸出率（a）及其与 V 的分离系数（b）随浸出时间的变化

根据酸浸渣的物相变化表征显示，压力浸出后 $KAl_3(SO_4)_2(OH)_6$ 的晶面衍射峰出现，温度已达到 $KAl_3(SO_4)_2(OH)_6$ 的生成温度，Al^{3+} 能够以 $KAl_3(SO_4)_2(OH)_6$ 固相沉淀。与此同时，黄铁矿的晶面衍射峰消失，伴随着 $KFe(SO_4)_2$ 晶面衍射峰的出现。在压力浸出过程中 Al^{3+} 和 Fe^{3+} 发生了沉淀反应。

1）浸出过程中 Al^{3+} 的沉淀反应

Rudolph 等（2003）研究表明，在反应温度 190～205 ℃ 及反应试剂浓度相同的条件下，可获得结晶良好的钾明矾石、钠明矾石和水合钠明矾石沉淀，沉淀率大小依次为：钾明矾石>钠明矾石>水合钠明矾石，反应如下。

$$A^+ + 3Al^{3+} + 2SO_4^{2-} + 6H_2O \longrightarrow AAl_3(SO_4)_2(OH)_6 + 6H^+ \qquad (5\text{-}18)$$

式中：A 代表碱金属元素 K、Na。

根据酸浸渣孔隙分布情况［图 5-49（a）］可看出，浸出 5 h 所得酸浸渣的颗粒主要含有大孔，而浸出 40 min 所得酸浸渣的颗粒中大量存在的微孔与介孔消失，这是因为 $CaSO_4$ 晶体界面脱黏后遗留较大的裂隙，孔隙内 Al^{3+} 局部富集，在高于 190 ℃ 的温度环境下，$KAl_3(SO_4)_2(OH)_6$ 开始于裂隙内部沉淀。

观察图 5-49（b）可知，明矾石为立方几何形貌，结晶度高，晶体粒度为 8～15 μm，多数生长于云母颗粒中。所以，$KAl_3(SO_4)_2(OH)_6$ 在孔隙内生长引起的体积膨胀，对云母颗粒孔隙内壁产生了持续应力作用，促使裂纹和孔隙增殖，云母溶解反应进一步增强，孔隙内 Al^{3+} 局部浓度再次升高，$KAl_3(SO_4)_2(OH)_6$ 沉淀加快。

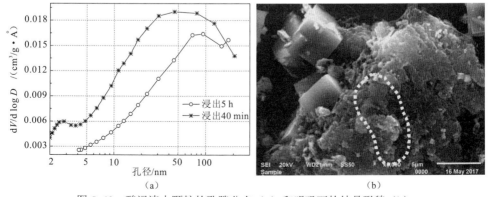

图 5-49　酸浸渣中颗粒的孔隙分布（a）和明矾石的结晶形貌（b）

2）浸出过程中 Fe^{3+} 的沉淀反应

Chandra 等（2010）与 Descostes 等（2004）都发现，在富氧硫酸溶液中黄铁矿能够被氧气直接氧化成 Fe^{3+}，然后部分 Fe^{3+} 被中间产物硫单质还原成 Fe^{2+}，黄铁矿溶解过程如式（5-19）～式（5-21）所示。

$$4FeS_2 + 2O_2 + 4H^+ \longrightarrow 4Fe^{3+} + 4S_2O_3^{2-} + 2H_2O \tag{5-19}$$

$$S_2O_3^{2-} \longrightarrow S^0 + SO_3^{2-} \tag{5-20}$$

$$SO_3^{2-} + 2Fe^{3+} + H_2O \longrightarrow SO_4^{2-} + 2Fe^{2+} + 2H^+ \tag{5-21}$$

Fe^{3+}-H_2SO_4-H_2O 体系中，当 $Fe_2(SO_4)$ 浓度较高时，在高酸度和温度 185～200 ℃的条件下，溶液中 Fe^{3+} 水解易生成碱式硫酸铁 $[Fe_x(OH)_y(SO_4)_z]$ 沉淀产物，随着酸浓度的降低，溶液中的 Fe^{3+} 转为水解生成 Fe_2O_3 沉淀。由于钒页岩氧压酸浸过程中溶液 pH 一般均小于 0，且 Fe^{3+} 水解产生 H^+，使溶液 pH 降低，导致碱式硫酸铁增多，难以形成大量而稳定的 Fe_2O_3 沉淀。因此，在高酸度条件下无法通过 Fe^{3+} 水解沉淀形成 Fe_2O_3 来实现 V 与 Fe 的有效分离。

在钒页岩氧压酸浸过程中加入 K_2SO_4 后，酸浸渣中检测到斜钾铁矾 $[KFe(SO_4)_2]$ 的衍射峰出现。一些研究发现，在 pH 为 1～3 的常温富氧硫酸盐溶液中，黄钾铁矾能够稳定存在，升高温度有利于铁矾的沉淀[式（5-22）]。

$$3Fe^{3+} + 2SO_4^{2-} + K^+ + 6H_2O \longrightarrow KFe_3(SO_4)_2(OH)_6 + 6H^+ \tag{5-22}$$

当溶液 pH 低于 0 时，黄钾铁矾却发生溶解，无法稳定存在于高酸度的溶液中。而添加 K_2SO_4 浸出后，由于体系中 K^+ 浓度的升高，促使 Fe^{3+} 通过化合反应生成更稳定的斜钾铁矾晶体。研究表明，斜钾铁矾能够在温度不低于 190 ℃，K/Fe 物质的量之比为 2～2.5，H_2SO_4 浓度为 10%～20 %的条件下稳定生成。

5.4.2 压力浸出提钒特点

在钒浸出率相当的情况下，压力浸出较常压浸出具有如下特点：

（1）通过建立硫酸钙及其水化产物间可逆转化机制，促使硫酸钙晶体在云母基体上生长，云母颗粒内裂隙快速形成，活性反应界面增大，实现 V 在短时间（$t<5$ h）内的高效释放（$\eta>90\%$），酸耗量降低 20%以上。

（2）富氧条件下 K_2SO_4 激发杂质离子 Al^{3+}、Fe^{3+} 固相迁移，促使其分别转化为渣相中的 $KAl_3(SO_4)_2(OH)_6$、$KFe(SO_4)_2$ 和 Fe_2O_3。由硫酸钙界面生长引发的云母颗粒裂隙增殖，使大量孔隙内 Al^{3+} 浓度显著升高，$KAl_3(SO_4)_2(OH)_6$ 快速沉淀；同时，Fe^{3+} 在低 pH 下以 $KFe(SO_4)_2$ 固态形式稳定沉淀，避免了液相中 $Fe_x(OH)_y(SO_4)_z$ 存在。该体系能显著抑制 Fe、Al 离子进入液相（薛楠楠，2017）。

压力浸出提钒的适宜工艺条件为体系温度 190～210 ℃、硫酸浓度 15%～20%、液固比 1.5～1.7 mL/g、氧分压 1.5～2.2 MPa、浸出时间 4～6 h 和 K_2SO_4 用量 5%～7 %。浸出获得的含钒酸浸液采用萃取法回收其中的钒，选用 P204（D2EHPA）作为萃取剂。最终获得的 V_2O_5 产品，纯度大于 98.5%。

5.5 外场微波提钒

微波加热凭借其特殊的加热原理及特点，在微波干燥、微波助磨、微波助浸、微波焙烧及微波烧结等领域得到了深入研究（Jones D A 等，2002）。关于将微波引入页岩提钒过程中的研究，国外可参考的文献资料较少，绝大部分的研究集中在国内。欧阳国强等（2008）进行微波和传统添加剂焙烧的对比研究，根据物料焙烧前后粒度的变化，提出微波焙烧过程中矿物的裂解模型，以解释微波焙烧可提高钒页岩中钒浸出率的原因。张小云等（2011）进行了微波空白焙烧-酸浸提钒和传统空白焙烧-酸浸提钒的比较研究，根据焙烧样中 Al 和 V 浸出行为的相关性，认为微波焙烧可以破坏云母的晶格结构。司世辉等（2009）的研究认为，微波焙烧可提高物料的比表面积，增加浸出过程中固液接触面积；微波加热浸出可提高浸出体系的电导率，促进固液反应。现有研究报道均表明，在页岩提钒过程中，用微波加热取代常规加热具有可行性。

在微波场中，当物质能够将电磁能转化为热能时，物质本身即热源。钒页岩由不同种类的矿物组成，矿物之间存在微波吸收特性差异，在微波焙烧过程中的升温特性不同，微波对矿物结构的影响也存在差异。研究（Yuan Y Z 等，2016，2017）表明，将微波加热用于钒页岩的焙烧过程，利用微波场的热效应和非热效应，有助于强化含钒云母结构的破坏。

5.5.1 外场微波提钒机理

1. 钒页岩及其组成矿物的微波吸收特性

1）钒页岩及其主要组成矿物微波加热升温特性

将钒页岩原矿及其主要构成矿物的纯矿物（白云母、碳质、黄铁矿、石英、方解石）置于 1 000 W 的微波外场中加热，测定物料实时温度，绘制各物料在微波场中的升温曲线（图 5-50）。

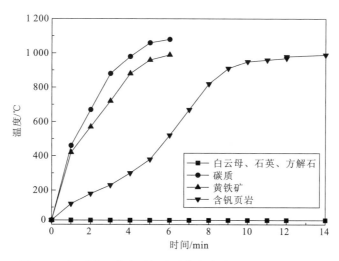

图 5-50 钒页岩及其主要组成矿物在微波外场中的升温曲线

　　钒页岩具有较强的微波吸收特性，原矿由常温开始接受微波辐射时，呈现较高的升温速率，能够在 10 min 之内升温至 1 000 ℃左右。钒页岩的主要组成矿物中碳质和黄铁矿在微波外场中的升温效率较高，能够在 5 min 内升温至 1 000 ℃左右，因此碳质和黄铁矿也具备较强的微波吸收特性。白云母、石英和方解石在常温条件下开始接受微波辐射，并不会产热升温，三种矿物在常温条件下的微波吸收特性较弱。

　　焙烧过程是在高温环境下进行，温度是物质介电特性很重要的影响因素。现有的研究表明，微波外场能够起到强化钒页岩焙烧效果的作用。焙烧过程温度的变化会引起钒页岩及其构成矿物对微波响应能力的变化。因此，钒页岩及其组成矿物，尤其是含钒云母矿物，在高温环境下的微波吸收特性变化是研究外场微波提钒原理的重要依据。

　　2）钒页岩及白云母纯矿物的介电特性

　　介电特性能够从本质上反映矿物的微波吸收特性，衡量介电特性的指标为复合介电常数。复合介电常数的实部 ε' 反映矿物储存微波的能力，其虚部 ε''（也称为损耗因子）反映矿物对微波能的损耗，通常情况下，ε'' 值越大，矿物损耗微波能而产热升温的能力越强。对不同温度条件下的钒页岩及白云母纯矿物进行复合介电常数测试，结果分别如图 5-51 及图 5-52 所示。

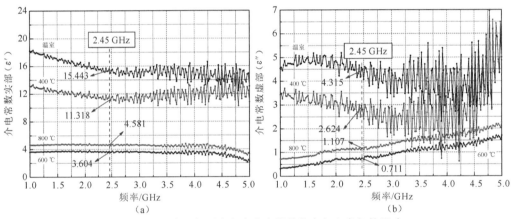

图 5-51　温度对钒页岩复合介电常数的实部和虚部的影响

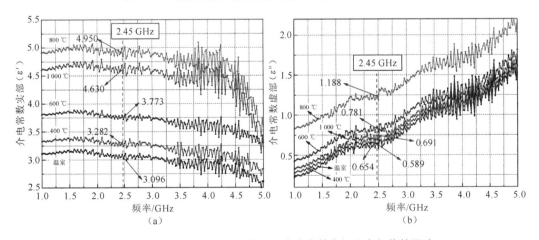

图 5-52　温度对白云母纯矿物复合介电常数实部和虚部值的影响

随着温度的升高，钒页岩的复合介电常数实部及虚部值在整体上均呈现出先大幅下降，后小幅回升的趋势。当温度由室温升高至 600 ℃时，钒页岩在 2.45 GHz 处的复合介电常数实部值由 15.433 大幅降低至 3.604，而当温度继续升高至 800 ℃时，其实部值由 3.604 又小幅回升至 4.581。钒页岩复合介电常数的虚部值由室温下的 4.315 降低至 600 ℃以下的 0.711，随着温度继续升高至 800 ℃，虚部值回升至 1.107。由图 5-52可知：温度对白云母纯矿物介电性能的影响较为显著。随着白云母纯矿物温度的升高，其复合介电常数的实部及虚部值均呈现出先升高后下降的趋势。当温度由室温上升至800 ℃时，白云母纯矿物的复合介电常数虚部值从 0.589 升高至 1.188；当温度继续升高至 1 000 ℃时，其复合介电常数虚部值从 1.188 再次降低至 0.691。白云母纯矿物复合介电常数虚部值随着温度的升高而升高，高温下白云母将微波能转化为热能的能力得到提升；当温度继续升高，白云母纯矿物的复合介电常数虚部值下降，其吸波产热能力随之下降。

钒页岩具备较强的微波吸收特性，在微波场中具有良好的升温特性。钒页岩中不同矿物之间吸波性差异明显，为微波场对页岩中不同矿物实现选择性加热提供了良好条件。碳质与黄铁矿作为页岩中主要的强吸波性物质，既能吸收微波为钒页岩体系提供必要的焙烧温度，也可获得较强反应活性，有利于其充分挥发。在高温条件下，云母的微波吸收特性发生改变，可显著强化云母的结构畸变。

2. 外场微波选择性强化云母结构解离

不同焙烧方式下纯矿物白云母中 Si、K、Al 和 Fe 的浸出规律，如图 5-53 所示。

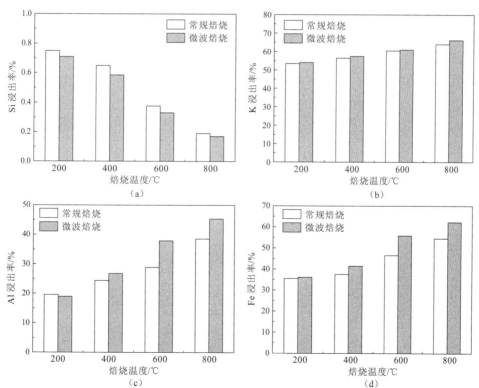

图 5-53　不同焙烧方式下白云母纯矿物中 Si、Al、K 和 Fe 的浸出规律

（a）Si 的浸出规律；（b）K 的浸出规律；（c）Al 的浸出规律；（d）Fe 的浸出规律

在不同的氧化焙烧方式下,白云母中 Si 的浸出率较低,且呈现出随着焙烧温度的升高而降低的趋势;在相同的焙烧温度下,微波焙烧后 Si 的浸出率要略低于常规焙烧。Al 的浸出率随焙烧温度的升高而显著增加;当温度小于 400 ℃时,两种焙烧方式下 Al 的浸出率接近,当温度大于 400 ℃时,微波焙烧样 Al 的浸出率明显高于常规焙烧样。K 的浸出率随着焙烧温度的升高亦呈现小幅升高的趋势,温度对 K 的浸出率影响不显著;相同的焙烧温度下,微波焙烧样中 K 的浸出率略高于常规焙烧样。Fe 的浸出规律与 Al 较为接近,随着焙烧温度的升高呈现出明显的上升趋势;在 400 ℃以下,两种氧化焙烧方式下 Fe 的浸出率接近,当温度大于 400 ℃时,微波焙烧样中 Fe 的浸出率明显高于常规焙烧样。相比于常规焙烧,微波焙烧对云母中 Al、Fe 的浸出有较为显著的选择性促进作用。同样,微波焙烧对云母晶格中 V(类质同象取代 Al)的浸出具有选择性促进作用。

云母的层状结构中,Si 处于[SiO₄]四面体层内,[SiO₄]四面体通过顶点处的氧原子连接成为一个极为稳定的平面六边形层。Al 多以六配位的形式存在,周围由四个 O 及两个 OH 构成 $AlO_4(OH)_2$ 八面体,因此 Al 主要存在于 $AlO_4(OH)_2$ 八面体层内,亦有少部分会取代 Si 而存在于[SiO₄]四面体层内。云母中常会有 Fe、V、Ti 等低价阳离子取代八面体结构中的 Al(极少数也可能取代四面体结构中的 Si),导致云母的结构单元层带负电,为了平衡电荷,离子半径较大的 K^+ 通过静电作用而存在于层间。

云母晶格结构中 Si 的浸出主要源于[SiO₄]四面体的破坏,而[SiO₄]四面体层作为云母结构单元的骨架层极为稳定,所以 Si 的浸出率相对其他元素较低。Al 和 Fe 的浸出则需要破坏 $AlO_4(OH)_2$ 八面体,八面体层的稳定性较四面体层弱,因此 Al、Fe 的浸出率明显高于 Si。K 的浸出仅需克服结构单元层间的静电作用,在云母的组成元素中 K 的浸出率相对较高。

云母在高温作用下将发生脱羟基反应,$AlO_4(OH)_2$ 八面体中的两个羟基受热效应作用而活性增强,形成一个 H_2O 分子逸出;被脱除的两个羟基位置上,一个被留下的 O^{2-} 取代(O'_{OH}),另一个由于羟基的脱除形成离子空位(V'_{OH})。为了平衡电荷,八面体失去平衡,Al^{3+} 发生偏移,配位数发生变化(图 5-54),致使云母晶格沿 c 轴方向上的晶面距扩大。

$$2OH^- \Longrightarrow O'_{OH} + V'_{OH} + H_2O \uparrow \tag{5-23}$$

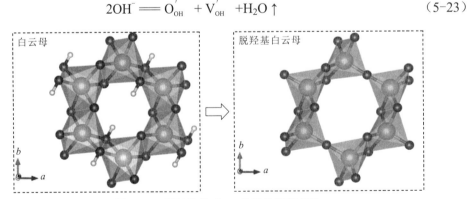

图 5-54　脱羟基前后 Al 的配位情况变化

图 5-55 中 D 值代表 K 所在的层间距与 TOT 结构单元间距的和,同时也是(001)晶面间距的 1/2。研究表明,由环境温度引发的云母结构中 D 值的扩大,其中 80%来自

于 TOT 层内（$D1$），另外约 20%发生在 K 所在的层间（$D2$）。由此可以合理地解释焙烧
过程对 K 浸出率的影响较其他元素小的现象。

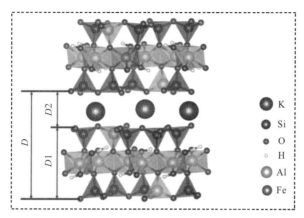

图 5-55　云母晶格结构图

　　采用密度泛函理论对白云母脱羟基前后 TOT 结构单元的结构参数进行计算。其中，
Z_{TOT} 代表整个 TOT 结构单元在 c 轴方向上的间距，Z_O 代表 $AlO_4(OH)_2$ 八面体层在 c 轴方
向上的间距，$T_{Si—O\alpha}$ 代表 $[SiO_4]$ 四面体中沿 c 轴方向上的 Si—O 键的键长，$T_{Al—O\alpha}$ 代
表 $[SiO_4]$ 四面体中沿 c 轴方向上的 Si—O 键的键长。白云母的初始原子坐标分别取 a=0.521
08 nm，b=0.903 99 nm，c=2.002 1 nm，以及 β=95.76。计算结果如表 5-10 所示。

表 5-10　白云母脱羟基前后 TOT 结构单元相应结构参数比较　　　　　　（单位：nm）

结构类型	白云母	脱羟基白云母
Z_{TOT}	0.688 66	0.701 95
Z_O	0.219 79	0.236 77
$T_{Si—O\alpha}$	0.164 15	0.163 45
$T_{Al—O\alpha}$	0.175 77	0.174 55

　　可以看出，白云母脱羟基后 TOT 结构单元中各结构参数发生了明显变化。沿 c 轴方
向上 TOT 结构单元整体距离（Z_{TOT}）理论上扩大约 0.013 nm，而 $AlO_4(OH)_2$ 八面体层距
离（Z_O）扩大约 0.017 nm，扩张幅度约为整个 TOT 结构单元的 1.3 倍，说明在脱羟基过
程中，上下两个硅氧四面体层的间距在缩小。在脱羟基过程中四面体层间距在缩小。
　　云母经过高温热处理后，发生脱羟基反应，晶格中 K、Al、Fe 所在的结构单元沿 c
轴方向上的间距都发生扩张，结合能降低，由此浸出率上升；但 Si 所在的硅氧四面体层
的间距却在减小，Si—O 键的键长缩小，使 Si 的浸出率下降。将不同焙烧方式下的白云
母焙烧样进行红外光谱吸收，观察两种焙烧方式对云母脱羟基反应的影响，结果见图
5-56。硅酸盐矿物的 FTIR 图谱中，在 1 000 cm^{-1} 和 500 cm^{-1} 处都会出现两个比较明显的
吸收峰[在该云母的图谱中即为 1 027 cm^{-1}、980 cm^{-1} 的两个 Si(Al^{IV})—O 伸缩振动峰，以
及 530 cm^{-1}、474 cm^{-1} 的两处 Si(Al^{IV})—O 弯曲振动峰]。这两处吸收峰在岛状硅酸盐矿物、
链状硅酸盐矿物、层状硅酸盐矿物及架状硅酸盐矿物中，由于硅氧四面体的聚合程度依

次增加，会呈现出向高频（高波数）带偏移的特性，并且吸收峰的波数范围变窄。硅氧四面体的聚合程度增加表明硅氧四面体层越发难以被破坏。由图 5-56 可知，在两种焙烧方式中，四处 $Si(Al^{IV})$—O 振动峰均出现向高频带偏移，且吸收峰波数范围变窄，所以随着氧化焙烧温度的升高，白云母结构中的硅氧四面体层会向更稳定的趋势转变，这能够合理地解释随着焙烧温度的升高，白云母纯矿物中 Si 的浸出率反而出现下降趋势的原因。

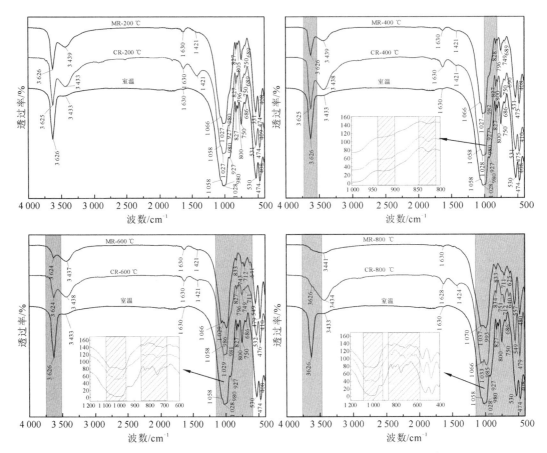

图 5-56　不同氧化焙烧方式下云母纯矿物氧化焙烧样的 FTIR 图谱

MR:微波焙烧；CR:常规氧化焙烧

比较两种焙烧方式下白云母焙烧样的 FTIR 图谱发现，当焙烧温度为 200 ℃时，两种焙烧方式下的白云母焙烧样 FTIR 图谱几乎与室温条件下一致，在该温度条件下白云母的结构未发生变化。当焙烧温度达到 400 ℃时，常规焙烧下的云母焙烧样的 FTIR 图谱与室温条件下一致；而微波焙烧下云母焙烧样在 3 626 cm^{-1} 处羟基的振动峰已经明显减弱，927 cm^{-1} 处羟基的摆动峰消失。这表明常规焙烧 400 ℃条件下，云母的结构仍然未发生变化，而微波焙烧 400 ℃时，云母已经开始发生脱羟基反应。当焙烧温度为 600 ℃时，常规焙烧方式下，3 624 cm^{-1} 处羟基的振动峰强度开始降低，927 cm^{-1} 处羟基的摆动峰消失，其他吸收峰无明显变化；而微波焙烧方式下，除 3 624 cm^{-1} 处羟基的振动峰继续弱化，1 029 cm^{-1}、986 cm^{-1} 两处 $Si(Al^{IV})$—O 的伸缩振动峰开始明显分裂，与常温条件相比发生了明显的高频偏移，这一现象充分证明 600 ℃时，常规焙烧样开始发生较轻微的脱羟基反应，而微波焙烧样已产生了较为剧烈的脱羟基反应，以致硅氧四面体开始向更为稳定的趋势发展。当温度为 800 ℃时，常规焙烧方式下 3 626 cm^{-1} 处羟基的伸缩振动峰模糊，1 033 cm^{-1}、985 cm^{-1} 两处的 $Si(Al^{IV})$—O 的伸缩振动峰发生明显分裂，且发生高频偏移；微波焙烧方式下羟基的吸收峰已彻底消失，1 037 cm^{-1}、993 cm^{-1} 两处的 $Si(Al^{IV})$—O 的伸缩振动峰相较常规焙烧发生了更为显著的高频偏移。所以当焙烧温度达到 800 ℃时，常规焙烧也能使云母发生脱羟基反应，但此时微波焙烧方式下，云母已彻底完成了脱羟基反应，产生更为显著的结构畸变。

因此，微波焙烧对云母纯矿物的脱羟基反应具有更显著的促进作用。由于羟基属于极性基团，且脱羟基反应产物水属于强极性分子，脱羟基反应物及产物在微波场中对电磁能的响应能力均较强，使微波外场能够选择性地促进云母的脱羟基反应。

不同焙烧方式下云母纯矿物焙烧样物相变化如图 5-57 所示。可以看出，在两种焙烧方式下，随着焙烧温度的升高，白云母的衍射峰均存在强度降低且向低角度偏移的趋势。衍射峰的强度减弱说明云母结构中该衍射峰对应的晶面数量减少，即在焙烧过程中，该晶面发生畸变或遭到破坏而失去了原有的衍射特性；衍射峰向低角度偏移说明该衍射峰对应晶面间的间距扩大。焙烧样中（004）晶面和（006）晶面是 c 轴方向上的典型晶面，以图谱中（006）晶面的衍射峰为代表，分析其衍射强度及衍射角度的变化，结果如表 5-11 所示。

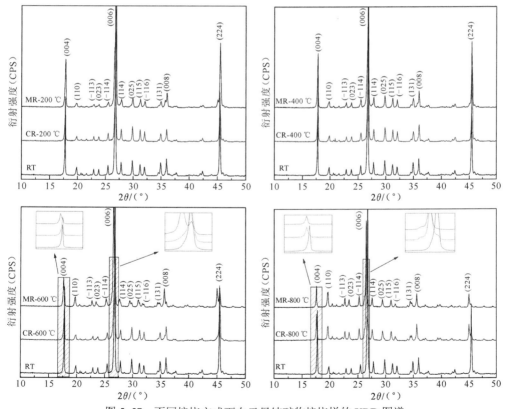

图 5-57　不同焙烧方式下白云母纯矿物焙烧样的 XRD 图谱

MR：微波焙烧；CR：常规焙烧；RT：室温

表 5-11　白云母焙烧样（006）晶面对应衍射峰的强度、衍射角及晶面间距变化

温度/ ℃	传统焙烧			微波焙烧		
	强度/cps	2θ /（°）	Δd /nm	强度/cps	2θ /（°）	Δd /nm
RT	11 999	26.815 1	0	11 999	26.815 1	0
200	11 997	26.815 1	0	10 905	26.814 5	2.12×10^{-5}
400	9 402	26.814 5	2.12×10^{-5}	7 910	26.782 3	1.94×10^{-3}
600	8 007	26.782 3	1.16×10^{-3}	7 829	26.552 8	9.38×10^{-3}
800	6 756	26.585 6	8.19×10^{-3}	5 304	26.520 1	1.06×10^{-2}

相较于常规氧化焙烧，白云母经微波焙烧后，其 c 轴方向晶面对应的衍射峰强度降低幅度更大，相应的衍射角也发生了更为明显的低角度偏移。根据布拉格公式（5-24）以及 XRD 测试数据，可计算相应氧化焙烧条件下云母结构中沿 c 轴方向晶面间距的变化（Δd），结果如表 5-11 所示。

$$2d\cdot\sin\theta=n\lambda \tag{5-24}$$

式中：d 为晶面间距；θ 为衍射角；n 为反射级数；λ 为入射线波长。

在相同的焙烧条件下，微波焙烧能够使云母晶格结构沿 c 轴方向的晶面间距获得更大程度的增加。将白云母近似地看成正交晶系，由正交晶系不同晶面间距的相互关系可知，对于一个完整的白云母晶格结构单元，c 轴方向（001）晶面的间距（$2D$），理论上为（006）晶面间距的 6 倍。计算可知常规焙烧 800 ℃条件下，白云母纯矿物的 D 值约增加 0.025 nm，微波焙烧 800 ℃条件下，D 值约增加 0.035 nm，约为前者的 1.3 倍。根据热效应对云母结构层间、[SiO4] 四面体层以及 AlO4(OH)2 八面体层间距扩张的比例关系，微波焙烧使白云母纯矿物中 AlO4(OH)2 八面体层的间距扩张约为 0.036 nm，而常规焙烧引发的 AlO4(OH)2 八面体层间距扩张约为 0.026 nm，微波焙烧对八面体层的影响明显大于常规焙烧。

在氧化焙烧过程中，八面体的扩张是云母晶格沿 c 轴方向间距扩大的主导因素。这种结构间距的扩大，理论上将引起 K、Al 的结合能降低，从而促进 K、Al 的浸出。对不同条件下的白云母纯矿物焙烧样中主要元素所处化学环境由图 5-58 和图 5-59 示出。

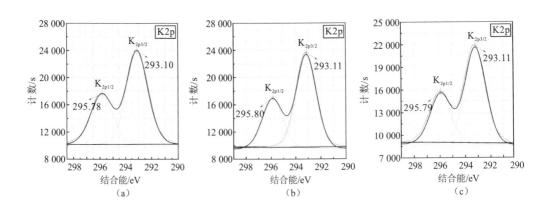

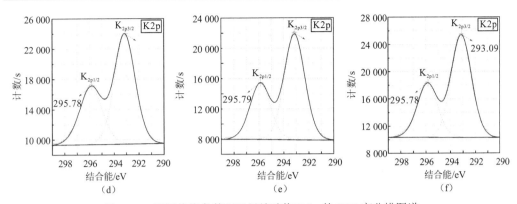

图 5-58　不同焙烧条件下云母纯矿物 K 2p 的 XPS 高分辨图谱

（a）微波 400 ℃；（b）微波 600 ℃；（c）微波 800 ℃；（d）常规 400 ℃；（e）常规 600 ℃；（f）常规 800 ℃

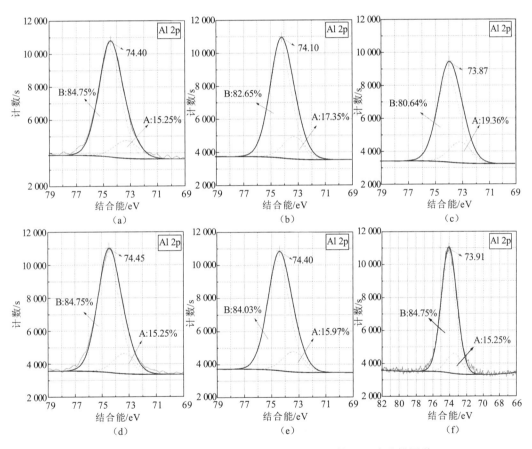

图 5-59　不同焙烧条件下白云母纯矿物 Al 2p 的 XPS 高分辨图谱

（a）微波 400 ℃；（b）微波 600 ℃；（c）微波 800 ℃；（d）常规 400 ℃；（e）常规 600 ℃；（f）常规 800 ℃

　　图 5-58 为白云母纯矿物在不同焙烧条件下 K2p 的 XPS 高分辨图谱及其拟合结果。K$_{2p1/2}$ 及 K$_{2p3/2}$ 的结合能在不同的焙烧方式及条件下几乎未发生变化，所以不同的焙烧方式对云母纯矿物中 K 所处的化学环境影响较小，较合理地解释了不同焙烧方式下云母焙烧样中 K 的浸出率差距不明显的现象，也进一步证明热效应对 K 所在层间的扩张作用不显著。

图 5-59 为白云母纯矿物在不同焙烧条件下 Al2p 的 XPS 高分辨图谱及其拟合结果。在不同的焙烧方式下，Al2p 均呈现出两个方面的特点：一是随着焙烧温度的升高，Al2p 逐渐向低结合能方向偏移；二是随着焙烧温度的升高，Al2p 分峰拟合结果中代表低配位数的 Al2p 峰比例逐渐升高。特征峰向低结合能偏移，以及低配位数峰比例增加均表明 Al 的反应活性增加。随着焙烧温度的升高，白云母纯矿物中的 Al 变得更不稳定，极易被浸出。在相同的焙烧温度下，微波焙烧云母中 Al2p 向低结合能方向发生偏移的幅度更大，并且低配位数 Al 的特征峰占比更高。微波焙烧能够使云母中的 Al 具有更高的反应活性，因此云母微波焙烧样中 Al 的浸出率明显高于常规焙烧样。

与 K2p 的 XPS 图谱对比，焙烧过程对云母中 Al2p 结合能的影响较 K2p 显著。因此，微波焙烧对 Al2p 结合能的影响更为显著，能够选择性地强化白云母纯矿物的 $AlO_4(OH)_2$ 八面体层的结构畸变，促进 Al 的浸出。在实际矿物中，微波焙烧能够对八面体层中的 Al、Fe 及 V 的浸出起到明显的促进作用。

微波焙烧对钒页岩中白云母结构影响是，当温度小于 400 ℃时，白云母的微波吸收特性较差，其温度的升高主要源于碳、黄铁矿等强吸波性物质的热传质作用；随着白云母温度的升高，$AlO_4(OH)_2$ 八面体中的极性基团羟基活性增加，此时白云母对微波的响应能力得到改善，微波外场通过强化白云母的脱羟基反应过程中离子偏移，选择性地促进白云母中 $AlO_4(OH)_2$ 八面体层的结构畸变，使八面体层层内距增大，Al 的结合能降低，低配位环境比例增加，反应活性升高。

3. 外场微波强化钒页岩氧化

焙烧对钒页岩矿物结构破坏的目的是促进钒的氧化转价，使钒页岩中难溶于酸的 V（Ⅲ）氧化为 V（Ⅳ）或 V（Ⅴ）而被溶出。因此，钒的氧化效率是钒页岩氧化焙烧效果的一个直观反映。

由图 5-60 可知，焙烧温度对钒氧化率的影响显著，随着焙烧温度的升高，钒氧化率及氧化速率均有明显提升。根据焙烧温度的不同，钒的氧化率存在两种变化规律：在较低的温度范围内，钒的氧化率随着时间呈现稳定升高的趋势；在较高的温度范围内，钒的氧化率呈现出先迅速升高后逐渐稳定的趋势。在相同的焙烧条件下，微波焙烧样钒的

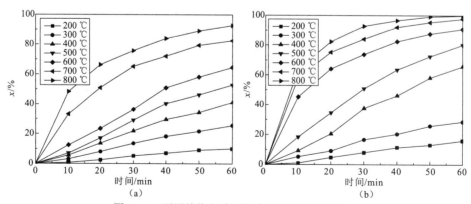

图 5-60　不同焙烧方式下温度对钒氧化率的影响

（a）常规焙烧；（b）微波焙烧

氧化率均高于常规焙烧，并且在微波焙烧过程中，钒氧化率变化趋势发生变化的温度区间为 500~600 ℃，而在常规氧化焙烧过程中这一变化则发生在 600~700 ℃。

　　焙烧传质效果反映的是反应物及产物在颗粒中的扩散情况。热力学上，碳质、黄铁矿等还原性物质的存在会抑制低价钒的氧化，还原性物质的脱除是低价钒发生氧化的前提。分别将微波焙烧及常规氧化焙烧颗粒制成薄片，抛光获取颗粒截面，对焙烧样颗粒的截面进行 SEM-EDS 分析，考察焙烧样中 C、S 的分布情况，如图 5-61 所示；并在光学显微镜下观测比较，如图 5-62 所示。

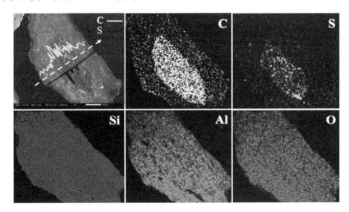

图 5-61　焙烧样颗粒截面的 SEM-EDS 分析

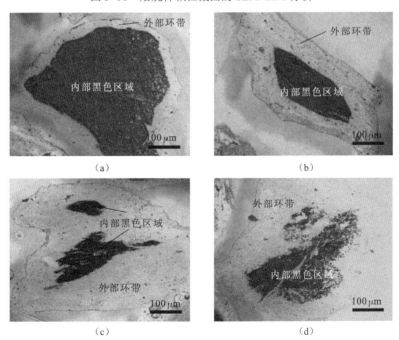

图 5-62　不同焙烧样的光学显微镜照片

（a）常规焙烧 600 ℃/20 min；（b）常规焙烧 600 ℃/30 min；（c）微波焙烧 600 ℃/20 min；（d）微波焙烧 600 ℃/30 min

　　在钒页岩焙烧样的颗粒截面上，明显存在内外两种不同的区域，外侧区域呈环带状将内部区域包裹。在颗粒截面贯穿内外区域的位置上进行 EDS 扫描分析，考察 C、S 在该位置上的分布情况。结果显示，钒页岩焙样中 C 和 S 的含量均呈现出外环区域含量低，内核区域含量高的特点。Si、Al、O 作为钒页岩中铝硅酸盐类矿物的构成元素，在焙烧样内外区域均匀分布；C、S 的分布与线扫结果一致，在外环区域分布少，内核区域分布多。碳质和黄铁矿在氧化焙烧过程中发生氧化挥发，C 和 S 以气态产物的形式从焙烧样中逸出，内核区域 C、S 含量高，所以在该区域碳质和黄铁矿的氧化反应不彻底，仍然属于还原性环境，对钒的氧化有抑制作用。比较微波及常规焙烧颗粒（图 5-62）发现，微波焙烧样中内核区域明显小于常规焙烧样，且呈疏散型。在相同的焙烧条件下，微波焙烧样中碳及黄铁矿等还原性物质脱除效率更高。

将焙烧样放大至 10 000 倍（图 5-63），观察颗粒表面形貌可知，微波焙烧样颗粒具有明显的空隙与裂纹，这是由于微波对钒页岩中不同物质的选择性加热产生了热应力，使得矿物颗粒发生裂解，产生裂纹与空隙，为 O_2、CO_2 及 SO_2 等反应物及产物提供了良好的传质条件；另外，碳质、黄铁矿等还原性物质在微波场中良好的反应活性，也为还原性物质的脱除提供了有利条件。相比之下，常规焙烧样颗粒较为致密，不利于反应物及产物的传质作用。因此，微波选择性加热所产生的矿物裂解作用，能够强化氧化反应的传质效果。

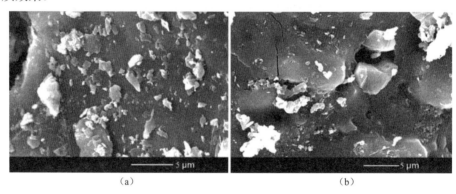

图 5-63　不同焙烧样的 SEM 图
（a）常规焙烧 800 ℃/30 min；（b）微波焙烧 800 ℃/30 min

相较于常规焙烧，微波焙烧能够使白云母的 $AlO_4(OH)_2$ 层内间距产生更明显的扩大，Al 的结合能降低，反应活性增强。由于钒页岩中的 V 是取代 Al 而存在于 Al(V)—O(OH) 八面体中，因而微波焙烧同样对 V 的反应活性具有强化作用。

Fe 在白云母中同样是取代 Al 而存在于八面体中，且 Fe 作为变价元素在焙烧过程会发生氧化，性质与八面体中的 V 接近。图 5-64 示出，白云母纯矿物中同时存在 Fe^{2+} 和

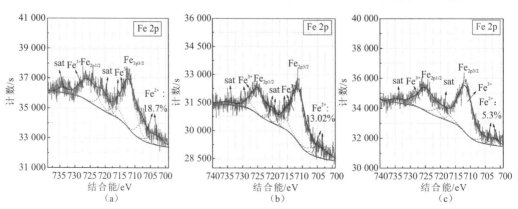

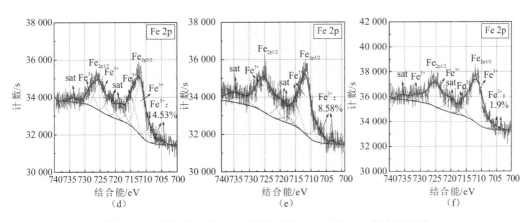

图 5-64　不同焙烧条件下白云母纯矿物 Fe 2p 的 XPS 高分辨图谱

（a）常规 400 ℃；（b）常规 600 ℃；（c）常规 800 ℃；（d）微波 400 ℃；（e）微波 600 ℃；（f）微波 800 ℃

Fe^{3+}，随着焙烧温度的升高，Fe^{2+}的峰面积在总的 Fe2p 峰面积中的占比逐渐降低，焙烧过程中 Fe^{2+}逐渐发生氧化。比较两种不同的焙烧方式，在相同的温度条件下，微波焙烧样中 Fe^{2+}峰的面积占比较常规焙烧低，云母中的 Fe^{2+}在微波场中的反应活性更强，更易发生氧化反应。

5.5.2　外场微波提钒特点

在钒浸出率相同情况下，微波焙烧较常规氧化焙烧，焙烧温度降低 115 ℃，焙烧时间缩短 32 min。在常规焙烧过程中，钒页岩中各构成矿物的升温速率接近，矿物之间不易因热应力而产生裂纹和孔隙，因此云母在热效应作用下虽发生脱羟基反应，但结构仍较为稳定，晶格 V 解离氧化困难。在微波焙烧过程中，由于吸波特性的差异，微波对钒页岩各构成矿物产生选择性加热。碳质、黄铁矿吸波性较强，升温速率快，氧化反应活性强；云母等硅酸盐矿物在低温阶段吸波性较差，不会自发产热，需由碳和黄铁矿进行热传导。由此形成矿物间的温度梯度，引发热应力，钒页岩颗粒产生丰富的裂隙，强化氧化反应的传质效果。高温改善云母对微波的响应能力，微波场通过强化云母的脱羟基反应，促进 $AlO_4(OH)_2$ 八面体层的结构畸变。使 V 与 O 的结合能降低，促进 V 的释放。

5.6　有机酸体系提钒

草酸、柠檬酸、酒石酸等有机酸，可作为浸出剂用于浸出过程。有机酸相较于无机酸具有明显的环保优势，可由生物发酵方式制得，同时废水中的有机酸也可被微生物降解；有机酸对矿物的破坏，一方面在于氢离子的酸解作用，另一方面在于络合离子对目的矿物的络合作用，能够实现对矿物中目的元素的选择性提取。根据文献报道统计，国内外学者在稀土、硅酸盐、钒渣、赤泥、废催化剂等资源领域开展了有机酸浸出工艺及机理研究（Daniel E L 等，2017）。

近些年来含钒资源的草酸浸出及萃取工艺的研究也得到了关注。Rasoulnia 等（2016）以电厂渣尘为原料，利用简青霉发酵产酸提取电厂渣尘中的钒和镍；Li M 等（2017）以钒渣为原料,利用草酸铵中的草酸根协同促进钒的溶出;Kim 等(2015)研究了利用草酸浸出-萃取工艺回收废催化剂中的钒。同样,在有机酸无铵沉钒方面,越来越多学者也致力于草酸体系下钒溶液制备结晶良好的 VO_2 的研究(毕爱红等,2014;Zhang 等,2013;Jiang 等,2011;Ji S D 等,2011)。在页岩提钒领域中,相关研究(Hu P C 等,2017)已表明,草酸的酸性和还原性,能够使页岩钒高效溶出的同时与杂质离子有效分离,实现页岩钒的高效选择性清洁提取。

5.6.1　有机酸体系提钒原理

1. 草酸浸出提钒

以云母型钒页岩原矿和焙烧样为原料(工业现场沸腾焙烧制度:焙烧温度 750~850 ℃和焙烧时间 50~60 s),采用草酸作为浸出剂,在 CaF_2 用量为 5% 和浸出温度为 95 ℃的条件下,查明直接酸浸和空白焙烧酸浸过程中钒和铁浸出规律,具体见图 5-65。

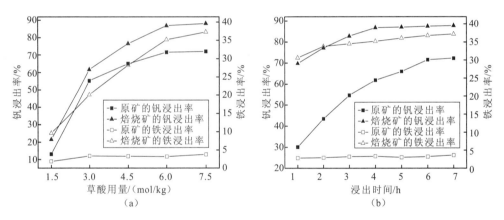

图 5-65　钒铁浸出率随草酸用量(a)和浸出时间(b)变化的影响

由图 5-65(a)可知,当草酸用量低于 6.0 mol/kg 时,钒页岩直接酸浸和钒页岩空白焙烧样酸浸过程中的 V 浸出率均随草酸用量的增加而显著升高;当草酸用量超过 6.0 mol/kg 时,两种工艺过程中 V 浸出率的增长趋于平缓。此外,两种工艺过程中 Fe 浸出率随着草酸用量的变化规律也存在显著差异,钒页岩直接酸浸工艺过程中 Fe 浸出率基本维持在较低水平(3%左右),而钒页岩空白焙烧样酸浸过程中 Fe 浸出率持续增加;当草酸用量为 6.0 mol/kg 时,对于钒页岩直接酸浸工艺,V 和 Fe 浸出率分别为 71.6% 和 3.2%;对于钒页岩空白焙烧酸浸工艺,V 和 Fe 浸出率分别为 86.8% 和 35.2%。

由图 5-65(b)可知,随着浸出时间的延长,V 浸出率逐渐趋于稳定,相较于钒页岩直接酸浸工艺,钒页岩空白焙烧酸浸工艺中钒浸出率更快趋于浸出平衡。在钒页岩空白焙烧酸浸过程中,当浸出时间大于 4 h 后,V 浸出率基本不再增加;对于钒页岩直接酸浸过程,当浸出时间大于 6 h 后,V 浸出率增长不明显;在其他浸出条件一定时,浸出时间对 Fe 浸出率的影响均较小,基本维持在稳定水平。对于钒页岩直接酸浸工艺,浸出时间宜控制在 6 h;对于钒页岩空白焙烧酸浸工艺,浸出时间宜控制在 4 h。

草酸酸浸过程中 V 和 Fe 的相关浸出反应如下：

$$2V_2O_3+8H^++8C_2O_4^{2-}+O_2 =\!\!=\!\!= 4VO(C_2O_4)_4^{2-}+4H_2O \tag{5-25}$$

$$V_2O_4+4H^++4C_2O_4^{2-} =\!\!=\!\!= 2VO(C_2O_4)_2^{2-}+2H_2O \tag{5-26}$$

$$V_2O_5+6H^++5C_2O_4^{2-} =\!\!=\!\!= 2VO(C_2O_4)_2^{2-}+3H_2O+2CO_2 \tag{5-27}$$

$$FeS_2+H_2C_2O_4+2H_2O =\!\!=\!\!= H_2S+S+FeC_2O_4 \cdot 2H_2O \tag{5-28}$$

$$Fe_2O_3+6H_2C_2O_4 =\!\!=\!\!= 2Fe(C_2O_4)_3^{3-}+6H^++3H_2O \tag{5-29}$$

　　两种工艺所产生的相关物相变化由图 5-66 和图 5-67 所示。钒页岩原矿中的方解石经草酸浸出后消失，对应生成了浸出渣中一水草酸钙的新物相；浸出后，白云母的衍射峰消失或减弱，其结构在草酸浸出过程中遭到破坏，钒得到释放；原矿中的黄铁矿在浸出前后并无明显变化，浸出过程中黄铁矿可以稳定存在。焙烧样经草酸浸出后云母的衍射峰基本全部消失，说明浸出过程中含钒云母结构得到了充分破坏，V 有效释放；赤铁矿的衍射峰强度在浸出后一定程度上减弱，在浸出过程中 Fe_2O_3 被溶解，Fe 随 V 一同进入溶液中；焙烧矿中的方解石和石膏物相转化为更稳定的一水草酸钙。

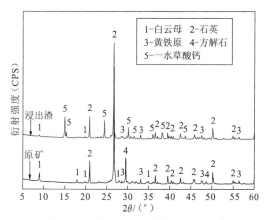

图 5-66　原矿及浸出渣的 XRD 图谱

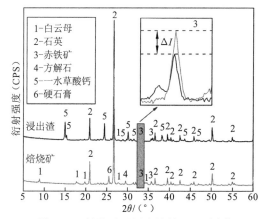

图 5-67　焙烧矿及浸出渣的 XRD 图谱

2. 还原沉淀除铁

对直接酸浸和空白焙烧酸浸工艺浸出液中 V 和 Fe 的浓度做了相关对比（表 5-12），

草酸可作为页岩提钒过程中的高效清洁浸出剂,直接酸浸对 V 的选择性明显高于空白焙烧酸浸,但钒浸出率低于空白焙烧酸液。空白焙烧浸出液中 c(V)=1 685.2 mg/L,但 c(TFe)=5 538.2 mg/L, c(Fe^{3+})=4 319.8 mg/L, c(Fe^{2+})=1 218.4 mg/L。Fe 的存在对萃取效率以及高纯钒产品的制备均有不利影响,选取空白焙烧浸出液进行萃取前,首先须对浸出液中的铁进行去除。

表 5-12 直接酸浸和空白焙烧酸浸工艺浸出液中 V、Fe 浓度对比

工艺	V/(mg/L)	Fe/(mg/L)	Fe/V 浓度比
直接酸浸	1 662.5	602.4	0.36
空白焙烧酸浸	1 685.2	5 538.2	3.29

可采用还原沉淀工艺将杂质 Fe 离子以草酸亚铁(K_{sp}=3.2×10⁻⁷)的形式有效去除。由于草酸浸出液中仍含有一部分 Fe(III)离子,因此为了更有效去除浸出液的杂质 Fe 离子,需将其中的 Fe(III)离子还原成 Fe(II)离子。以还原 Fe 粉作为还原剂时,有关还原沉淀反应见式 5-29 和式 5-30。

$$Fe+2Fe(C_2O_4)_3^{3-}+6H_2O === 3(C_2O_4)^{2-}+3FeC_2O_4 \cdot 2H_2O \downarrow \qquad (5-30)$$

还原沉淀过程中还原 Fe 粉加入量[以 Fe/Fe(III)物质的量之比计]、反应时间和反应温度对除铁率和钒损失率的影响,如图 5-68 所示。

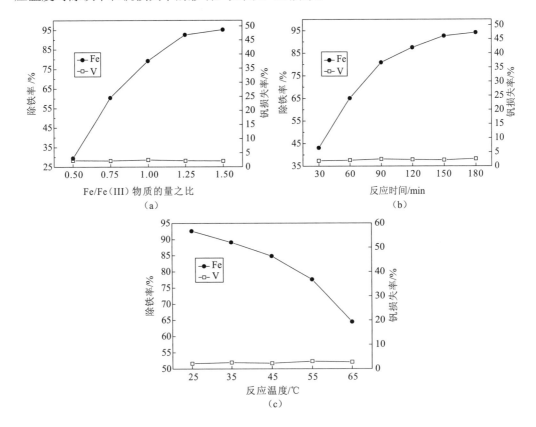

图 5-68 还原铁粉用量(a)、反应时间(b)和反应温度(c)对除铁率和钒损失率的影响

随着还原 Fe 粉用量的增加[图 5-68（a）]，Fe 的去除率持续增加，而 V 的损失率一直处于较低水平（2%左右），当还原 Fe 粉用量与溶液中 Fe（Ⅲ）的物质的量之比为 1.25 时，Fe 的去除率趋于稳定；随着反应时间的延长[图 5-68（b）]，Fe 的去除率随之增加，当反应时间超过 150 min 时，Fe 的去除率趋于稳定，因此选取反应时间为 150 min；随着沉淀温度的升高[图 5-68（c）]，Fe 的去除率持续降低，因为草酸亚铁沉淀溶解度随着温度的升高逐渐增大。在还原 Fe 粉用量与溶液中 Fe（Ⅲ）的物质的量比为 1.25、反应时间 150 min 和反应温度 25 ℃条件下，浸出液中 92.6%的杂质 Fe 离子以草酸亚铁沉淀形式被去除，此过程的 V 损失率只有 2.2%。还原沉淀工艺前后的浸出液成分如表 5-13 所示，还原沉淀工艺可实现草酸浸出液中 V 与 Fe 的高效选择性分离。

表 5-13　除铁前和除铁后浸出液性质分析

元素	V	TFe	Al	P	Mg	Si	pH
除铁前浓度/（mg/L）	1 458.1	4 791.9	14 675.2	1 283.3	2 763.5	15.3	0.65
除铁后浓度/（mg/L）	1 456.2	354.6	14 680.6	1 280.1	2 765.2	15.5	0.71

注：已根据质量守恒定律将除铁前浸出液离子浓度进行相应换算。

所得草酸亚铁沉淀的衍射峰峰形尖锐，未见弥散状衍射峰，结晶状态完好，颗粒尺寸均一，大部分呈现立方体状晶体物质（图 5-69）。同时，草酸亚铁沉淀中 Fe 元素的质量分数为 30.64%，接近于纯草酸亚铁（$FeC_2O_4 \cdot 2H_2O$）中 Fe 元素的质量分数 31.11%。因此所得草酸亚铁沉淀的纯度为 98.5%，可作为电池正极材料磷酸铁锂、照相显影剂和制药等行业的原材料。

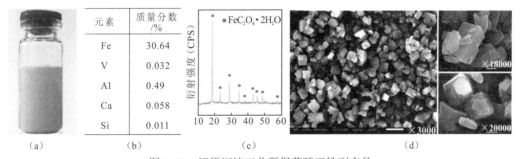

图 5-69　还原沉淀工艺所得草酸亚铁副产品

3. 草酸体系的萃取深度除杂

由表 5-13 可知，还原沉淀除铁后浸出液中杂质 Al 离子的含量仍较高，其次还含有 P、Mg 和 Si 等杂质离子，因此需对萃原液进行深度除杂以制备高纯度的钒产品。

针对除铁后浸出液（即萃原液）进行了萃取剂选型，萃取有机相组成为 40 %萃取剂，20%TBP 和 40%磺化煤油，萃取时间均为 5 min，溶液 pH 为 0.71（未调 pH），O/A 相比为 1:2，萃取温度为 25 ℃。具体结果如图 5-70 所示。阴离子萃取剂对钒的萃取效果较好，主要是因为草酸体系中钒主要是以 $VO(C_2O_4)_2^{2-}$ 络合离子的形式存在。在常用的胺类萃取剂中，N263（三烷基甲基氯化铵）具有良好的萃钒效果（图 5-70）。

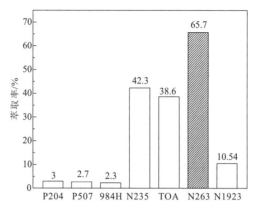

图 5-70　萃取剂选型试验

在 N263 萃取体系下,对比分析了除铁前后浸出液中钒和杂质离子的萃取行为(萃取条件:40 %N263、20 %TBP 和 40%磺化煤油,萃取时间均为 5 min,溶液初始 pH 为 0.70,O/A 相比为 1∶2,萃取温度为 25 ℃),结果见图 5-71。

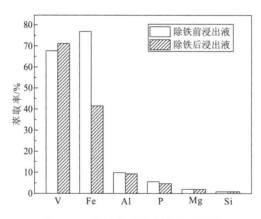

图 5-71　除铁前后浸出液萃取效果

图 5-71 显示,除铁前后浸出液中 V 与杂质 Al、P、Mg、Si 在 N263 萃取体系下可得到良好的选择性分离,且除铁前后浸出液中杂质离子共萃率均维持在较低水平。除铁前后 V 和 Fe 萃取率产生了明显变化:

(1)除铁后浸出液中杂质 Fe 的共萃率明显低于除铁前的杂质 Fe 共萃率;

(2)除铁后浸出液中 V 的萃取率略高于除铁前的 V 萃取率。

由此,页岩钒草酸浸出液中杂质 Fe 与 V 在萃取前的分离尤为重要,一方面显著降低杂质 Fe 的共萃率,同时也大幅减少了杂质 Fe 的萃取量;另一方面除 Fe 对 V 的萃取具有一定的促进作用。

以除铁后浸出液为原料,详细研究了 N263 体系下各金属离子萃取率的变化规律,如图 5-72 所示。

随着萃取剂浓度的增加[图 5-72(a)],V 的萃取率稳定增长,但 Fe 的共萃率也随之增加,当萃取剂浓度大于 40%时,V 的萃取率和 Fe 的共萃率趋于平衡,Al、P、Mg 和 Si

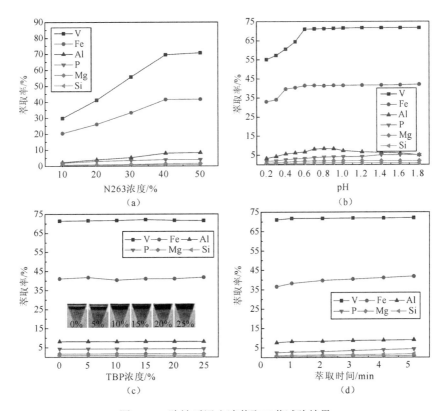

图 5-72　除铁后浸出液萃取工艺试验结果

的共萃率均稳定且较低；随着溶液初始 pH 的升高 [图 5-72（b）]，V 和 Fe 的萃取率均呈现先增加后稳定的趋势，Al、P、Mg 和 Si 的共萃率均低于 10%，当溶液初始 pH 大于 0.6 时，V 的萃取率已稳定在 70% 以上，除铁后含钒浸出液的 pH 为 0.71，在 N263 萃取体系下，不需要对除铁后含钒浸出液进行调节 pH 预处理，可直接萃取；在图 5-72（c）中 TBP 的加入能够明显消除萃取过程中第三相的生成，TBP 用量一般为 20%；由图 5-72（d）可知，N263 萃取体系下 V 的萃取反应可以在短时间快速达到平衡，萃取 1 min 后 V 的萃取率已趋于稳定。当萃取条件为：40%N263、20%TBP 和 40% 磺化煤油，溶液初始 pH≥0.6，萃取时间为 1 min，O/A 相比为 1∶2，萃取温度为 25 ℃时，V 的萃取率可达 71.73%，Fe 的共萃率为 38.22%，而 Al、P、Mg 和 Si 的共萃率分别为 8.22%，2.79%，1.17% 和 0.55%。

5.6.2　有机酸体系提钒特点

1. 草酸浸出提钒

相较于传统硫酸浸出，草酸浸出具有以下特点。

（1）有机酸可由生物发酵方式制得，相比于硫酸，其制备过程清洁环保，且廉价的生物质来源广泛，使得草酸的制备经济合理；同时，废水中残余的草酸可被微生物降解，产物仅为二氧化碳和水，无二次污染。

（2）硫酸浸出提钒原理主要利用 H^+ 对云母结构的破坏作用，使 V 从晶格中得到有效释放；草酸浸出提钒，一方面利用 H^+ 的结构破坏作用，另一方面利用 $C_2O_4^{2-}$ 的强络合性与云母结构中的金属离子络合，形成稳定的络合物。因此 H^+ 和 $C_2O_4^{2-}$ 的协同作用实现了矿物中 V 的有效提取。

2. 还原沉淀除铁

针对空白焙烧浸出液中杂质 Fe 含量高的特点，充分利用草酸体系自身特点，采用还原沉淀工艺除铁，实现了浸出液中 V 和 Fe 的源头分离，还原沉淀除铁技术具有以下特点。

（1）源头分离调控：在萃取前采用该方法，能够实现 V 和 Fe 的源头分离，显著降低萃取过程 V 和 Fe 的分离难度。

（2）副产品高值利用：草酸浸出液中的 Fe 以 FeC_2O_4 形式沉淀，所得的草酸亚铁沉淀纯度为 98.5%，可作为电池正极材料磷酸铁锂、照相显影剂和制药等行业的原材料，是一种高附加值产品。

3. 草酸溶液体系的萃取深度除杂

以 N263 为萃取剂，分离低铁草酸浸出液中 V 和 Al、Fe、P、Mg、Si 等杂质离子，相较于硫酸体系萃取，N263 体系下的草酸浸出液中钒的净化富集具有以下特点。

（1）分离效果好：在最佳萃取参数下，Al、P、Mg 和 Si 等杂质离子的共萃率均低于10%，杂质 Fe 的共萃率较高，由于还原沉淀除铁工艺中 92.6% 的 Fe 已源头分离，故 Fe 的萃取量很低。因此，萃取过程实现了 V 和 Al、Fe、P、Mg 和 Si 等杂质离子的有效分离。

（2）低 pH 萃取：萃取中草酸浸出液初始 pH≥0.6 即可实现 V 的有效萃取，无需对浸出液进行 pH 调节预处理；传统硫酸体系一方面调节 pH 需要消耗大量 CaO，同时也会产生大量的 $CaSO_4$ 固体废物，增加了固体废物处理压力。因此，N263 萃取过程实现了草酸浸出液低 pH 萃取效果，减少了药剂消耗和消除了固体废物的产生。

（3）萃取平衡速度快：相较于传统硫酸体系 P204、P507 和 N235 等萃取工艺，N263体系下的草酸浸出液萃取过程 1 min 内即达到萃取平衡，实现 V 的高效萃取。

参 考 文 献

毕爱红，董奎义，朱金华，2014. 水热合成过程中 VO_2（B）纳米带的结构变化[J]. 武汉科技大学学报，37（1）:32-35.

郭佃顺，程圆，2010. 物理有机化学[M]. 北京：化学工业出版社.

胡杨甲，2012. 高钙云母型含钒页岩焙烧及浸出机理研究[D]. 武汉：武汉理工大学.

黄献宝，2015. 石煤流态化焙烧机理研究[D]. 武汉：武汉科技大学.

黄俊，2016. 石煤焙烧样加压选择性浸出钒工艺及机理研究[D]. 武汉：武汉科技大学.

黄晶，张一敏，刘涛，等，2012. 石煤提钒碳酸盐复合添加剂的研制及焙烧工艺研究[J]. 矿冶工程，32：93-96.

李瑞宁，陈侠，陈丽芳，等，2011. 盐石膏激发转晶过程中的粒度研究[J]. 盐业与化工，40（1）：1-11.

马伟，2011. 固水界面化学与吸附技术[M]. 北京：冶金工业出版社.

欧阳国强，张小云，田学达，等. 微波焙烧对石煤提钒的影响[J]. 中国有色金属学报，2008，18（4）：750-754.

司世辉，戚斌斌. 微波场对石煤湿法提钒过程的影响[J]. 常熟理工学院学报（自然科学），2009，23（2）：50-54.

王非，2014. 氟化物强化石煤提钒机理研究[D]. 武汉：武汉科技大学.

薛楠楠，2017. 页岩氧压酸性体系下颗粒应力裂解强化钒溶出过程的机理机制研究[D]. 武汉：武汉科技大学.

杨晓，2016. 页岩钒多元杂质离子分离调控机制研究[D]. 武汉：武汉理工大学.

张小云，覃文庆，田学达，等，2011. 石煤微波空白焙烧-酸浸提钒工艺[J]. 中国有色金属学报，21（4）：908-912.

赵杰，2013. 石煤提钒空白焙烧工艺及助浸剂酸浸热力学研究[D]. 武汉：武汉科技大学.

朱晓波，2013. 云母型含钒石煤活化焙烧提钒工艺及钒转移行为研究[D]. 武汉：武汉理工大学.

张一敏，薛楠楠，刘涛，等，2016. 基于全过程污染防治的页岩钒清洁生产新技术[J]. 矿冶工程，36：14-20.

BISWAS S，DEY R，MUKHERJEE S，et al，2013. Bioleaching of nickel and cobalt from lateritic chromite overburden using the culture filtrate of aspergillus niger[J]. Applied Biochemistry and Biotechnology，170（7）：1547-1559.

CHANDRA A P，GERSON A R，2010. The mechanisms of pyrite oxidation and leaching：A fundamental perspective [J]. Surface Science Reports，65（9）：293-315.

CHEN T J，ZHANG Y M，SONG S X，2010. Improved extraction of vanadium from a Chinese vanadium-bearing stone coal using a modified roast-leach process [J]. Asia-Pacific Journal of Chemical Engineering，5（5）：778-784.

DANIEL E L，LAURENCE G D，RICHARD D A，2017. Silicate，phosphate and carbonate mineral dissolution behaviour in the presence of organic acids：A review [J]. Minerals Engineering，100：115-123.

DESCOSTES M，VITORGE P，BEAUCAIRE C，2004. Pyrite dissolution in acidic media [J]. Geochimica et Cosmochimica Acta，68（22）：4559-4569.

GRIDI-BENNADJI F，BENEU B，LAVAL J P，et al，2008. Structural transformations of Muscovite at high temperature by X-ray and neutron diffraction [J]. Applied Clay Science，38（3-4）：259-267.

HU P C，ZHANG Y M，HUANG J，et al，2017. Eco-friendly leaching and separation of vanadium over iron impurity from vanadium-bearing shale using oxalic acid as a leachant [J]. ACS Sustainable Chemistry & Engineering，6（2）：1900-1908.

HU Y J，ZHANG Y M，BAO S X，et al，2012. Effects of the mineral phase and valence of vanadium on vanadium extraction from stone coal [J]. International Journal of Minerals，Metallurgy and Materials，19（10）：893-898.

JI S D，ZHANG F，JIN P，2011. Selective formation of VO_2（A） or VO_2（R） polymorph by controlling the hydrothermal pressure [J]. Journal of Solid State Chemistry，184（8）：2285-2292.

JIANG W T，NI J，YU K，et al，2011. Hydrothermal synthesis and electrochemical characterization of

VO$_2$ (B) with controlled crystal structures [J]. Applied Surface Science, 257 (8): 3253-3258.

JONES D A, LELYVELD T P, MAVROFIDIS S D, et al, 2002. Microwave heating applications in environmental engineering-a review [J]. Resources, Conservation and Recycling, 34 (2): 75-90.

KIM H I, LEE K W, MISHRA D, et al, 2015. Separation of molybdenum and vanadium from oxalate leached solution of spent residue hydrodesulfurization (RHDS) catalyst by liquid-liquid extraction using amine extractant [J]. Journal of Industrial and Engineering Chemistry, 21: 1265-1269.

LI M T, WEI C, FAN G, et al, 2009. Extraction of vanadium from black shale using pressure acid leaching [J]. Hydrometallurgy, 98 (3-4): 308-313.

LI W, ZHANG Y M, LIU T, et al, 2013. Comparison of ion exchange and solvent extraction in recovering vanadium from sulfuric acid leach solutions of stone coal [J]. Hydrometallurgy, 131-132: 1-7.

RASOULNIA P, MOUSAVI S M, 2016. V and Ni recovery from a vanadium-rich power plant residual ash using acid producing fungi: Aspergillus niger and Penicillium simplicissimum [J]. RSC Advances, 6 (11): 9139-9151.

RUDOLPH W W, MASON R, SCHMIDT P, 2003. Synthetic alunite of the potassium-oxonium solid solution series and some other members of the group: Synthesis, thermal and X-ray characterization [J]. European Journal of Mineralogy, 15 (5): 913-924.

SHI Q H, ZHANG Y M, LIU T, et al, 2017. Two-stage separation of V (IV) and Al (III) by crystallization and solvent extraction from aluminum-rich sulfuric acid leaching solution of stone coal [J]. JOM, 69 (10): 1950-1957.

SHI Q H, ZHANG Y M, LIU T, et al, 2018. Vanadium extraction from shale via sulfuric acid baking and leaching [J]. JOM, 70 (10): 1972-1976.

WANG F, ZHANG Y M, HUANG J, et al, 2013. Mechanisms of aid-leaching reagent calcium fluoride in the extracting vanadium processes from stone coal [J]. Rare Metals, 32 (1): 55-62.

WANG M Y, XIANG X Y, ZHANG L P, et al, 2008. Effect of vanadium occurrence state on the choice of extracting vanadium technology from stone coal [J]. Rare Metals, 27 (2): 112-115.

YUAN Y Z, ZHANG Y M, LIU T, et al, 2016. Comparison of microwave and conventional blank roasting and of their effects on vanadium oxidation in stone coal [J]. Journal of Microwave Power and Electromagnetic Energy, 50 (2): 81-93.

YUAN Y Z, ZHANG Y M, LIU T, et al, 2017. Microwave roasting with size grading based on the influence of carbon on vanadium extraction from stone coal via microwave roasting-acid leaching [J]. RSC Advance, 7 (3): 1387-1395.

ZHANG Y F, ZHANG J C, ZHANG X Z, et al, 2013. Influence of different additives on the synthesis of VO$_2$ polymorphs[J]. Ceramics International, 39 (7): 8363-8376.

第6章 高纯钒化物制备

随着钒应用范围不断拓宽，航天航空、电子工业、钒电池工业等行业对钒产品纯度的要求日益提高，本章介绍基于钒页岩的超高纯钒化物制备方法和机理，主要包括酸性净化富集体系和氢还原沉钒制备超高纯钒氧化物，以及富钒液短流程制备钒氮合金。

6.1 酸性净化富集体系制备超高纯钒氧化物

目前，酸性铵盐沉粗钒—粗钒碱溶—化学沉淀除杂—弱碱性铵盐沉钒精制，是酸性净化富集体系制备超高纯 V_2O_5 的有效方法之一。该方法适用性强，回收率高，能稳定制得 V_2O_5 纯度大于 99.9% 的超高纯产品。

6.1.1 杂质离子对酸性铵盐沉钒的影响机理

影响酸性铵盐沉钒过程的主要杂质离子是元素 Fe、Al、Mg、P 和 Si。只有明确 Fe、Al、Mg、P、Si 等杂质离子对多钒酸铵沉淀的影响机理，才能针对性选择除杂方法。

1. 铝（Al）对沉钒的影响

不同 Al 离子浓度影响下，沉钒率、V_2O_5 产品的纯度以及沉淀产物物相如图 6-1 所示，随着 Al 离子浓度的升高，沉钒率和产品 V_2O_5 纯度逐渐降低的同时 Al 沉淀率随之增加。富钒液中的 Al 离子不仅会降低产品纯度，而且干扰多钒酸铵的形成过程。在沉钒过程中铝、铵、钒之间易反应生成非晶态的杂多酸，其包裹吸附等作用抑制了多钒酸铵晶体的长大，从而阻碍其沉淀（王金超，1995）。

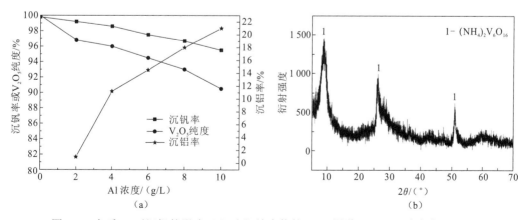

图 6-1 杂质 Al 对沉钒的影响（a）和沉淀产物的 XRD 图谱（b）（Al 浓度为 5 g/L）

图 6-2 为沉淀产物的微观形貌图，视野观察到粒度极小的多钒酸铵颗粒聚集体，未

发现具有多钒酸铵晶体特征的独立颗粒存在。该聚集体的表观结构疏松、比表面积大，极易吸附溶液中的 Al、Na 离子，最终造成沉淀产物中 V_2O_5 纯度的下降。

（a）　　　　　　　　　　　　　　　　（b）

图 6-2　Al 浓度为 5 g/L 时的沉淀产物 SEM 图

（a）多钒酸铵颗粒聚集体（×2 000）；（b）聚集体局部表面形貌（×5 000）

2. 铁（Fe）对沉钒的影响

不同 Fe 离子浓度影响下，沉钒率和产品中 V_2O_5 纯度如图 6-3（a）所示，随着溶液中 Fe 离子浓度的增加，沉钒率和产品 V_2O_5 纯度均大幅下降。Fe 的沉淀率则随着 Fe 离子浓度的升高呈现先升后降的趋势。研究表明，Fe 在酸性体系下易与 NH_4^+ 结合生成黄铵铁矾而从溶液中沉淀，其反应式如下：

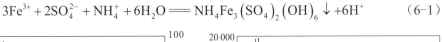

$$3Fe^{3+} + 2SO_4^{2-} + NH_4^+ + 6H_2O \Longrightarrow NH_4Fe_3(SO_4)_2(OH)_6 \downarrow + 6H^+ \qquad (6-1)$$

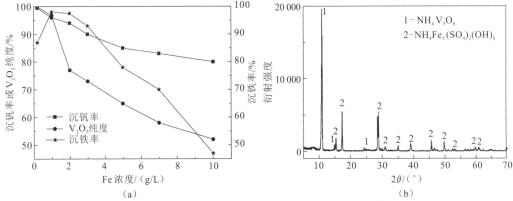

（a）　　　　　　　　　　　　　　　　（b）

图 6-3　杂质 Fe 对沉钒的影响（a）和沉淀产物的 XRD 图谱（b）（Fe 浓度为 5 g/L）

当 Fe 离子浓度低时，反应（6-1）缓慢进行，Fe 沉淀率保持较低水平，此时 Fe 对沉钒的影响较小；当 Fe 浓度逐步升高时，反应（6-1）正向进行的推动力增大，Fe 沉淀率增加；继续升高 Fe 浓度，由于溶液中总 NH_4^+ 量有限，此时反应（6-1）所需的 NH_4^+ 量不足，V 与 Fe 的沉淀反应不完全，因而 V 与 Fe 的沉淀率再次下降。

图 6-3（b）为 Fe 离子浓度为 5 g/L 时沉淀产物的 XRD 图。沉淀产物中除钒的结

晶物 $NH_4V_3O_8$ 外，还含有铁的结晶物 $NH_4Fe_3(SO_4)_2(OH)_6$，反应（6-1）同步发生，所以由于 $NH_4Fe_3(SO_4)_2(OH)_6$ 的存在，也导致产品中 V_2O_5 含量的降低。

图 6-4 是 Fe 离子浓度为 5 g/L 时沉淀产物的结晶形貌，观测视野内出现了大量直径为 2~4 μm 的多钒酸铵粒状晶体，与多钒酸铵的片状晶体特征相比其晶粒更小且更均匀。杂质 Fe 离子不仅会发生共沉淀造成钒沉淀率和产品纯度的降低，而且还会在沉钒过程中改变多钒酸铵的成核过程。

（a） （b）

图 6-4 Fe 浓度为 5g/L 时沉淀产物的 SEM 图

（a）多钒酸铵粒状晶体（×2 000）；（b）多钒酸铵粒状晶体（×10 000）

3. 镁（Mg）对沉钒的影响

不同 Mg 离子浓度影响下，沉钒率和产品中 V_2O_5 纯度如图 6-5（a）所示，在浓度条件变化范围内 Mg 对沉钒几乎无不利影响，沉钒率及产品中 V_2O_5 纯度始终保持在 99%以上。溶液中含有 Mg 离子时，沉钒过程中多钒酸铵沉淀更快出现，Mg 能够加快沉钒反应的进行。当溶液中含有 5 g/L Mg 离子时[图 6-5（b）]所得到的沉淀产物与纯钒溶液沉钒所得到的沉淀产物具有相同的物相组分。

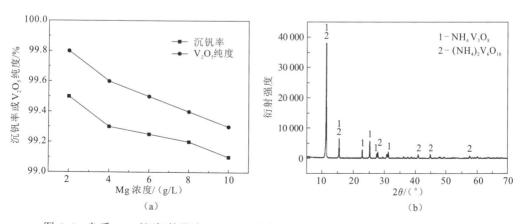

（a） （b）

图 6-5 杂质 Mg 对沉钒的影响（a）和沉淀产物的 XRD 图谱（b）（Mg 浓度为 5 g/L）

沉淀产物的微观形貌（图 6-6）显示，其晶体形貌与纯钒溶液沉钒所得沉淀具有相同的花瓣片状特征，并且晶体密集生长。由于镁的钒酸盐与钠的钒酸盐类似，铵根离子在沉钒时可以置换镁离子。这也证实了 Mg 有利于多钒酸铵晶核的形成及长大，沉钒反应速率加快。

（a）　　　　　　　　　　　　　　（b）

图 6-6　Mg 浓度为 5g/L 时沉淀产物的 SEM 图

（a）片状多钒酸铵晶体（×2 000）；（b）片状多钒酸铵晶体（×10 000）

4. 磷（P）对沉钒的影响

钒的沉淀对 P 十分敏感，图 6-7（a）为不同 P 浓度下的沉钒率及产品 V_2O_5 纯度的变化。溶液中含有 P 时会造成钒的沉淀率及产品 V_2O_5 纯度的大幅下降。同时，P 也会以某种形式沉淀下来，浓度越高沉淀越快。

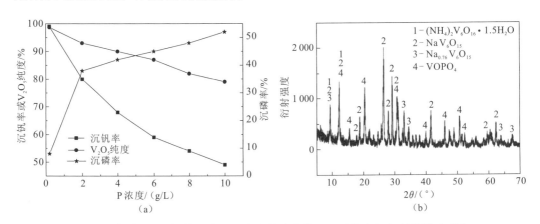

图 6-7　杂质 P 对沉钒的影响（a）和沉淀产物的 XRD 图（b）（P 浓度为 1g/L）

当含钒溶液中 P 浓度为 1 g/L 时[图 6-7（b）]，该沉淀产物的物相组成复杂，不仅有多钒酸铵[$(NH_4)_2V_6O_{16}\cdot 1.5H_2O$]存在，还有多钒酸钠（$NaV_6O_{15}$ 及 $Na_{0.76}V_6O_{15}$）存在，此外还有磷与钒的结合物 $VOPO_4$。图 6-8 为溶液中含有 1 g/L P 时得到的沉淀产物的微观形貌，图中多钒酸铵晶体呈不规则碎片化，晶体结构生长不完整。结合 XRD 物相结果分析，P 的存在对多钒酸铵的形成产生不利影响，一方面 P 在溶液中的存在形式有

PO_4^{3-}、HPO_4^{2-}、$H_2PO_4^-$，钒酸根沉淀时会络合不同形式的磷酸根离子，造成 P 在沉淀产物中的存在形式复杂，一般认为 P 与钒酸根络合形成杂多酸形式（杨合等，2013），故沉淀产物中出现 $VOPO_4$ 的衍射峰。此外，P 的存在能够减缓 NH_4^+ 对 Na^+ 的置换，导致多钒酸钠向多钒酸铵的转化不充分。

(a)　　　　　　　　　　　　　　　　(b)

图 6-8　P 浓度为 1g/L 时沉淀产物的 SEM 图

（a）碎片状多钒酸铵晶体（×2 000）；（b）碎片状多钒酸铵晶体（×5 000）

5. 硅（Si）对沉钒的影响

图 6-9（a）为不同 Si 浓度对沉钒效果的影响，在浓度条件变化范围内 Si 基本不影响沉钒率，其始终保持在 99%以上。但沉淀产物的 V_2O_5 纯度随着 Si 浓度的升高而逐渐降低，Si 的沉淀率变化反之。由于 Si 在酸性溶液中主要以 H_4SiO_4 形式存在，H_4SiO_4 不稳定，易分解形成无定型的 SiO_2 胶体并吸附溶液中的 Na^+。胶体附着于多钒酸铵晶体发生沉淀，进入产物。同时，随着 Si 浓度的增大，溶液的离子强度增大，使多钒酸盐的溶解度增加（李国良，1981），也造成了沉淀产物 V_2O_5 纯度的下降。

从 Si 浓度为 1 g/L 时沉钒所得沉淀产物的 XRD 图 [图 6-9（b）] 及 SEM 图（图 6-10）来看，沉淀产物的形貌特征与纯多钒酸铵无明显区别。Si 的存在并不会干扰沉钒过程的顺利进行，但其仍会以沉淀的形式进入沉钒产物中，从而影响最终产品中 V_2O_5 纯度。

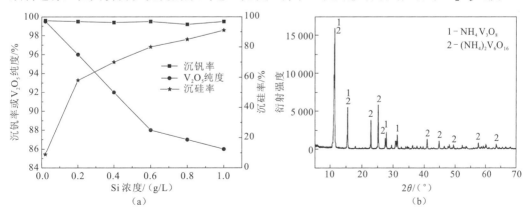

图 6-9　杂质 Si 对沉钒的影响（a）和沉淀产物的 XRD 图谱（b）（Si 浓度为 1 g/L）

(a)　　　　　　　　　　　　　(b)

图 6-10　Si 浓度为 1g/L 时沉淀产物的 SEM 图

(a) 片状多钒酸铵晶簇（×1 000）；(b) 片状多钒酸铵晶体局部形貌（×5 000）

6.1.2 杂质离子的化学沉淀去除机制

与酸性铵盐沉钒相比，弱碱性铵盐沉钒的主要影响离子为阴离子，金属阳离子的影响极弱。酸性铵盐沉钒制得多钒酸铵中杂质 P 和 Si，是影响弱碱性铵盐沉钒的主要杂质离子。研究表明，当溶液中 P 的浓度过高时，在沉钒过程中 P 与 V 络合生成杂多酸，降低沉钒率和产品纯度；在弱碱性的条件下，当 Si 的浓度过高时，沉钒过程中 SiO_3^{2-} 会发生聚合反应并向硅酸胶体的方向转变，硅酸胶体严重阻碍偏钒酸铵的结晶过程，造成沉钒率及产品纯度的下降。由于在碱性富钒液中 Al 的浓度一般低于 0.1 g/L，在此浓度范围内，Al 对弱碱性铵盐沉钒的影响并不明显，但当其浓度过高时，Al 仍然会进入沉钒产品中，造成产品纯度的下降。因此，弱碱性铵盐沉钒之前，一般需要对富钒液进行除杂处理。

目前工业上除 P、Si 的成熟方法为镁盐沉淀法和钙盐沉淀法。在碱性条件下，P、Si 易与钙盐或镁盐反应生成难溶的 $Ca_3(PO_4)_2$、$CaSiO_3$ 或 $Mg_3(PO_4)_2$、$MgSiO_3$，从而达到除 P、Si 的目的。此外，碱性溶液 pH 降低至 10 以下时，溶液中 Al 逐渐由 AlO_2^- 向 $Al(OH)_3$ 转变，也达到了除 Al 的目的。

镁盐法除杂过程中主要发生的化学反应如式（6-2）～（6-6）所示。其中，P 可以 $MgHPO_4$ 和 $Mg_3(PO_4)_2$ 的形式沉淀出来，Al 主要以 $Al(OH)_3$ 的形式沉淀出来，Si 的沉淀形式为 $MgSiO_3$。

$$Mg^{2+} + 2OH^- = Mg(OH)_2 \downarrow \qquad (6-2)$$

$$Mg^{2+} + HPO_4^{2-} = MgHPO_4 \downarrow \qquad (6-3)$$

$$3Mg^{2+} + 2PO_4^{3-} = Mg_3(PO_4)_2 \downarrow \qquad (6-4)$$

$$AlO_2^- + H^+ + H_2O = Al(OH)_3 \downarrow \qquad (6-5)$$

$$SiO_3^{2-} + Mg^{2+} = MgSiO_3 \downarrow \qquad (6-6)$$

研究发现，影响 P、Si 和 Al 的去除率的最主要因素为溶液的 pH、除杂剂用量、反应温度、反应时间和静置时间。当 $MgSO_4$ 作为沉淀剂时，上述主要因素对 P、Si、Al 的去除具有如下影响机制。

1. 溶液 pH 对 P、Si、Al 去除率的影响

溶液 pH 对 P、Si、Al 去除率的影响与 P、Si、Al 在不同 pH 溶液中的存在形式密不可分。随着溶液 pH 的升高，P、Si、Al 去除率均先升高后降低（表 6-1）。

表 6-1　溶液 pH 对 P、Si、Al 去除率的影响

除杂率	pH					
	7	8	9	10	11	12
P 去除率/%	12.3	23.7	38.4	52.3	55.6	49.3
Si 去除率/%	22.3	36.7	49.3	58.5	50.2	45.6
Al 去除率/%	92.3	96.7	95.1	90.4	70.2	33.7

由 $Mg^{2+}-PO_4^{3-}-H_2O$ 体系优势区图（图 6-11）可看出，随着溶液 pH 的升高，P 与 Mg 所形成的沉淀物逐步从 $MgHPO_4$ 转变为 $Mg_3(PO_4)_2$，pH 较高时出现 $Mg(OH)_2$ 沉淀。由于 $MgHPO_4$ 的溶解度比 $Mg_3(PO_4)_2$ 的大，因此当溶液 pH 较低时，Mg 的去除率亦较低；而当 pH 过高时，Mg^{2+} 水解生成 $Mg(OH)_2$ 沉淀，溶液中游离 Mg^{2+} 的浓度降低，所生成的 $Mg_3(PO_4)_2$ 的量也随之减少，此时 P 去除率下降。

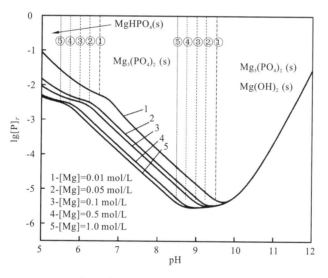

图 6-11　$Mg^{2+}-PO_4^{3-}-H_2O$ 体系优势区图（He G X，2013）

Si 在中性及弱碱性的条件下主要以 H_4SiO_4 形式存在，随着溶液 pH 的升高，Si 的存在形式逐步向 SiO_3^{2-} 的形式转变，SiO_3^{2-} 与 Mg^{2+} 生成难溶的 $MgSiO_3$ 沉淀，所以，随着溶液 pH 的升高，Si 的去除率逐渐升高；但当 pH 过高时，$Mg(OH)_2$ 沉淀造成溶液中 Mg^{2+} 的浓度降低，使 $MgSiO_3$ 的沉淀量减少，导致 Si 去除率下降。

Al^{3+} 在弱碱性溶液中，Al^{3+} 水解生成 $Al(OH)_3$ 沉淀，当 pH 升高时，Al 的存在形式逐渐向 AlO_2^- 转变而无法从溶液中沉淀。因此，随着 pH 的升高，Al 的去除率呈现先升后降的趋势。除杂 pH 适宜控制在 10 左右。

2. MgSO₄用量对 P、Si、Al 去除率的影响

随着除杂剂 $MgSO_4$ 用量的增加，P、Si、Al 的去除率逐渐升高（表6-2）。

表 6-2　$MgSO_4$ 用量对 P、Si、Al 去除率的影响

除杂率	$MgSO_4$ 用量（理论倍数）				
	1	2	3	4	5
P 去除率/%	17.2	52.3	92.3	94.3	95.1
Si 去除率/%	9.9	58.5	84.6	85.2	87.9
Al 去除率/%	77.6	90.4	96.2	98.9	98.2

当 $MgSO_4$ 用量较少时，溶液中游离 Mg^{2+} 浓度较低，沉淀反应速率慢，P、Si 的去除率相对较低，随着 $MgSO_4$ 用量的增加，溶液中游离 Mg^{2+} 浓度逐渐上升，加速了沉淀反应的进行，P、Si 的去除率升高。尽管 $MgSO_4$ 用量的增多不改变 Al^{3+} 沉淀为 $Al(OH)_3$ 的反应历程，但 $MgSO_4$ 用量的加大会导致溶液中 $Mg(OH)_2$ 沉淀量的增多，加快 $Al(OH)_3$ 的聚沉。但是，随着 $MgSO_4$ 用量的增大，被沉淀吸附夹带所造成的 V 损失也越大，因此 $MgSO_4$ 用量不宜过大，理论量的 3 倍为适宜量。

3. 反应温度对 P、Si、Al 去除率的影响

反应温度对除杂过程中各反应的反应速率及析出固相的溶度积均有影响。对于 P 和 Al 的去除而言，当反应温度过低时，反应速率较小，沉淀析出的速度较慢，P、Al 的去除率均较低；随着温度的升高，沉淀析出的速度加快，但同时所形成沉淀的溶解度也随之升高，二者对 P、Al 的去除率存在竞争关系，随温度的变化 P、Al 的去除率先升高后降低。对于 Si 的沉淀，温度的升高在加快沉淀的析出速度同时，可促使硅酸向高聚合方向发展，并增强溶液中未水解的硅酸钠水解，尤其在高温下硅胶加速脱水而部分失去胶体的性质，形成类似晶体的细颗粒促使硅的沉淀，从而进一步强化 Si 去除的效果。Si 的去除率随反应温度的升高而升高。综合考虑 P、Si、Al 的沉淀率，适宜的反应温度为 $60\sim80$ ℃。

4. 静置时间对 P、Si、Al 去除率的影响

静置时间主要影响溶液或沉淀中的亚稳定相，溶液或沉淀中的亚稳定相在静置了一定时间后会转化为稳定相，能够促进除杂过程。一般控制静置时间在 $60\sim90$ min 内。

钙盐沉淀法与镁盐沉淀法的机理相似，目前，钙盐沉淀法较好的除杂试剂是 $CaCl_2$，其可与硅酸根和磷酸根发生化学反应，生成 $CaSiO_3$ 和 $Ca_3(PO_4)_2$ 沉淀从而达到除杂的效果。钙盐法除杂过程中主要发生的化学反应如式（6-7）～（6-13）所示。影响钙盐除杂效果的主要因素为溶液 pH、除杂剂用量和反应温度。

$$2Ca^{2+} + OH^- + PO_4^{3-} + xH_2O = Ca_2(OH)PO_4 \cdot xH_2O \downarrow \tag{6-7}$$

$$3Ca^{2+} + 2PO_4^{3-} = Ca_3(PO_4)_2 \downarrow \tag{6-8}$$

$$Ca^{2+} + SiO_3^{2-} = CaSiO_3 \downarrow \tag{6-9}$$

$$Ca^{2+} + 2OH^- \rightleftharpoons Ca(OH)_2 \downarrow \qquad (6-10)$$

$$3Ca^{2+} + 2VO_4^{3-} \rightleftharpoons Ca_3(VO_4)_2 \downarrow \qquad (6-11)$$

$$Ca^{2+} + SO_4^{2-} \rightleftharpoons CaSO_4 \downarrow \qquad (6-12)$$

$$AlO_2^- + H^+ + H_2O \rightleftharpoons Al(OH)_3 \downarrow \qquad (6-13)$$

由表 6-3 可以看出，在强碱性条件下，$Ca_3(PO_4)_2$ 沉淀物的溶度积远低于其他钙盐沉淀物的溶度积，在同等热力学条件下此沉淀物优先发生反应。当溶液的 pH 过高时，溶液中 OH^- 浓度远高于溶液中 P 的浓度，此时 $Ca(OH)_2$ 沉淀会更容易发生，从而抑制 $Ca_3(PO_4)_2$ 与 $CaSiO_3$ 的生成，导致除 P 和 Si 的效果不佳；同时过高的 pH 会导致 Al 离子以 AlO_2^- 的形式存在于溶液中，难以沉淀析出。溶液的 pH 过低时，P 主要以 HPO_4^{2-} 的形式存在，生成的 $CaHPO_4$ 溶解度较高，P 去除率低，此时 Si 主要以硅酸的形式存在，沉淀速度缓慢。因此，溶液的 pH 控制在 9～10 为宜，P 以 $Ca_3(PO_4)_2$ 的形式沉淀析出，Si 以 $CaSiO_3$ 的形式沉淀析出，Al 以 $Al(OH)_3$ 的形式沉淀析出。

表 6-3　钙化合物的溶度积 K_{sp}（18～25 ℃）

化合物	$Ca_3(PO_4)_2$	$CaSO_4$	$CaSiO_3$	$Ca(OH)_2$	$CaHPO_4$
K_{sp}	2.0×10^{-29}	3.2×10^{-5}	2.5×10^{-8}	3.7×10^{-6}	2.7×10^{-7}

除杂剂的用量要根据溶液中杂质的种类和含量来确定，用量较少时，未达到沉淀反应的要求，P 和 Si 的含量仍较高；用量较高时，多余的 Ca^{2+} 会与溶液中的 V 结合以 $Ca_3(VO_4)_2$ 形式沉淀，导致一定的钒损失。应根据净化除杂效果及实际钒损失的具体情况选择合适的除杂剂的用量。当富钒液中含钒浓度较高时，适当减少 $CaCl_2$ 用量。升高温度可提高沉淀析出的速率，但随之形成的沉淀溶解度增大，在有限的温度范围内，升高温度可促进溶液中 P、Si、Al 的去除，且有利于沉淀的固液分离。通常情况下，可控制除杂过程的温度为 40～70 ℃。

此外，当以 Na_2CO_3 作为反萃剂、解吸剂或浸出剂时，所得的碱性含钒溶液中会有大量的 CO_3^{2-} 存在，但采用钙盐沉淀法时 Ca^{2+} 与 CO_3^{2-} 生成 $CaCO_3$ 沉淀，可有效去除溶液中的 CO_3^{2-}，降低酸性铵盐沉钒过程中 CO_2 生成引起的钒损失。

无论是采用镁盐沉淀法亦或是钙盐沉淀法均可同时将碱性体系下钒溶液中的 P、Si、Al 有效地去除（表 6-4）。当溶液中的钒浓度较高时，由于钙盐沉淀法会生成 $Ca_3(VO_4)_2$ 增大钒损失，可优先考虑采用镁盐沉淀法除杂；当溶液中有大量的 CO_3^{2-} 时，可优先考虑采用钙盐沉淀法除杂。镁盐沉淀法与钙盐沉淀法具有操作简单、钒损失小的优点，已实现工业应用。但是，这两种工艺同样具有药剂消耗量大，且会引入杂质 Mg 和 Ca 的缺点。

表 6-4　碱性含钒溶液除杂前后组成分析

项目	元素浓度/（g/L）								
	V	Fe	Al	Mg	K	Ca	P	Si	Na
除杂前	27.62	0.021	0.042	0.013	0.011	0.003	0.62	0.21	31.35
镁盐除杂后	27.23	0.006	0.008	0.41	0.003	0.002	0.011	0.007	31.16
钙盐除杂后	27.18	0.009	0.007	0.009	0.005	0.52	0.013	0.009	31.23

6.1.3 酸性净化富集体系制备超高纯钒氧化物的特点

在酸性净化富集体系中制得的富钒液，进行一段酸性铵盐沉钒，制得粗钒，这个过程能够分离大多数 Al；再将粗钒溶于氢氧化钠溶液中，此时大多数 Fe 留于碱溶沉淀中；在碱性条件下采用 $MgSO_4$ 除去溶液中的 Al、P、Si；最后将净化液进行弱碱性铵盐沉钒，制得纯度大于 99.9% 的超高纯 V_2O_5，其化学组成见表 6-5。

表 6-5　除杂后的 V_2O_5 产品分析　　　　　　（单位：%）

编号	V_2O_5	Al	Si	Fe	P	S	As	K_2O+Na_2O
1#	99.915	0.004	0.009	0.011	0.005	0.004	—	0.09
2#	99.933	0.003	0.007	0.003	0.004	0.005	—	0.07
3#	99.942	0.002	0.008	—	0.004	0.003	—	0.03

经除杂净化后的溶液制取的 V_2O_5 产品纯度可达 99.9% 以上，各杂质含量极低。参考高纯钒行业标准（标准号 DB 13/T 2059—2014，表 6-6），经过上述除杂工艺可以制得满足行业要求的超高纯度 V_2O_5。

表 6-6　行业标准 DB 13/T 2059—2014 中高纯 V_2O_5 标准

牌号	V_2O_5 纯度	化学成分（质量分数）/%						
		Al	Si	Fe	P	S	As	Na_2O+K_2O
	不小于	不大于						
99.0-A	99.0	0.05	0.10	0.10	0.025	0.05	0.01	0.75
99.0-B	99.0	—	0.15	0.20	0.03	0.08	0.01	0.80
99.5-A	99.5	0.03	0.05	0.05	0.01	0.01	0.01	0.10
99.5-B	99.5	0.05	0.08	0.1	0.02	0.03	0.01	0.30
99.9-A	99.9	0.005	0.02	0.02	0.005	0.005	0.003	0.04
99.9-B	99.9	0.005	0.03	0.03	0.005	0.005	0.003	0.05

酸性净化富集体系制备高纯钒氧化物具有如下特点：

（1）原料适应性强。可深度去除目前页岩提钒浸出体系常见的 Fe、Al、P、S 等杂质离子，对于各种不同性质钒页岩所得钒溶液具有较强适应性。

（2）技术可调节性强。可根据溶液中某一种杂质离子进行针对性除杂，也可根据提钒主流程所得溶液性质针对性选择除杂工艺。

（3）技术效果好。首先在酸性条件下萃取、沉粗钒，去除大部分在酸浸过程中易浸出的铁、铝等杂质，再在碱性条件下深度除杂，去除磷、硅等在碱性环境中易存在的杂质离子，最终采用弱碱性铵盐沉钒实现钒、钠分离，产品纯度高。

6.2　高压氢还原无铵沉钒制备高纯钒氧化物

近年来，高压氢还原技术被广泛应用于 Ni、Co、Cu、Ag、Pt 族金属等的沉淀过程。水热氢还原工艺的原理是利用氢气的还原性，在一定的温度及压力下，将高价态的金属盐溶液或矿浆还原为低价态金属单质或低价氧化物。由于氢气是一种清洁型气体，该技术被公认为一种清洁的提取技术，但是在提钒行业的应用却鲜有报道。事实上，在 pH > 2.2 的含钒溶液中，五价钒以钒酸根离子的形式存在，而三价钒以 V_2O_3 的形式存在。氢气具有将五价钒还原为三价钒的能力，因此，通过控制溶液的 pH，采用高压氢还原的方法从五价钒溶液中还原沉淀出 V_2O_3 将是可行的。现有研究表明，将高压氢还原技术引入到沉钒工艺中，成功地从五价钒溶液中一步还原沉淀出高纯度的 V_2O_3 固体粉末（Zhang G B 等，2017）。

高压氢还原沉钒过程，有别于传统铵盐沉钒过程，具有以下鲜明特点：①从源头解决目前提钒工艺存在的氨氮污染问题；②可以从富钒液中一步还原沉淀得到钒氧化物产品，杜绝沉钒产品的煅烧，简化了钒氧化物产品制备的流程，产品附加值高；③对碱性富钒液具有良好的适用性，杂质元素磷和硅对该沉钒过程影响弱，可实现钒与杂质的高效分离。

6.2.1　氢还原沉钒过程的控制因素

影响氢还原沉钒的主要控制因素为入料液的初始 pH、反应温度、氢气分压、反应时间、搅拌转速等。本节以页岩钒提取过程中得到的五价钒反萃液为原料，对氢还原沉钒过程的影响因素进行讨论。该五价钒反萃液的 pH 为 10，主要化学组成如表 6-7 所示。

表 6-7　V（V）反萃液的主要化学成分分析

元素	V	Fe	Al	Mg	Na	K	Ca	P	Si
浓度/（g/L）	20.320	0.009	0.014	0.008	23.050	0	0	0.021	0.013

1. 入料液初始 pH 的影响

入料液的 pH 直接影响氢还原沉钒反应的热力学驱动力，随着入料液 pH 的降低，反应的热力学驱动力越大，反应进行得更彻底。氢还原沉钒反应为消耗氢离子的过程，pH 越低则越有利于反应的正向进行。

在反应温度为 523 K，反应时间 8 h，氢气分压 4 MPa 的条件下，研究入料液初始 pH 对沉钒率及沉淀物物相的影响，结果如图 6-12 所示。

入料液的初始 pH 对沉钒率及沉钒产物物相均有较大的影响，随着入料液 pH 的上升，氢还原沉钒反应的完成程度逐渐降低。入料液初始 pH 由 5 上升至 13[图 6-12（a）]时，沉钒率逐渐从 99.33% 下降至 45.60%；图 6-12（b）示出，当入料液 pH≤7 时，所得的产物均为单一相的 V_2O_3，然而，当溶液 pH≥8 时，所得产物为 $VO_2(H_2O)_{0.5}$（钒为四价）与 V_2O_3 的混合物。通常情况下，为了获得较高的沉钒率及单一相的 V_2O_3 产品，应将入料液的初始 pH 控制在 7 以下。

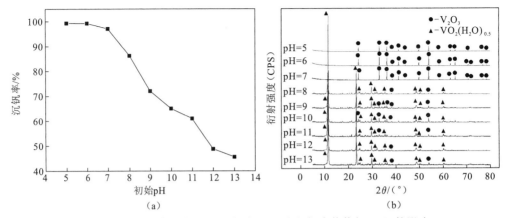

图 6-12　入料液初始 pH 对沉钒率（a）和沉钒产物物相（b）的影响

2. 反应温度的影响

温度影响氢气的反应活性及在溶液中的溶解度。温度越高氢气的反应活性越强，越有利于高压氢还原反应的进行，但同时温度越高，氢气在溶液中的逸出能力越强，溶解于溶液中的氢气量越少，越不利于高压氢还原反应的进行。在入料液初始 pH 为 6，反应时间为 2 h，氢气分压为 4 MPa 的条件下，研究反应温度对沉钒率及沉钒产物物相的影响，结果如图 6-13 所示。

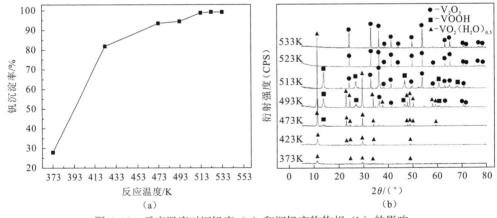

图 6-13　反应温度对沉钒率（a）和沉钒产物物相（b）的影响

当反应温度由 373 K 上升至 523 K 时[图 6-13（a）]，沉钒率由 27.9%上升至 99.3%，继续升高温度，沉钒率基本不再上升；图 6-13（b）示出，当反应温度小于 473 K 时，沉钒产物为四价钒化合物 $VO_2(H_2O)_{0.5}$，当反应温度升至 473 K 时，沉钒产物中开始出现三价钒化合物 VOOH 的物相，当温度升至 523 K 时，沉钒产物完全转化为单一相的 V_2O_3。在有限的温度范围内，反应温度对氢气活性的影响占主导优势，即温度越高，越有利于反应的正向进行，所以应保证反应温度在 523 K 以上。

3. 氢气分压的影响

氢气分压也显著影响着氢气在溶液中溶解量，氢气分压越大，氢气在溶液中的溶解量越大，越有利于反应的正向进行。在入料液初始 pH 为 6，反应时间为 2 h，反应温度为 523 K 的条件下，氢气分压对沉钒率及沉钒产物物相的影响如图 6-14 所示。

当氢气分压由 2.5 MPa 上升至 4.0 MPa 的过程中[图 6-14（a）]，沉钒率由 97.44% 逐步上升至 99.25%，继续升高氢气分压，沉钒率基本不再上升；由图 6-14（b）可知，产物的物相均为单一相的 V_2O_3。在满足反应所需的氢气用量的条件下，氢气分压虽然对产物物相基本无影响，但能够促进正反应更充分进行。

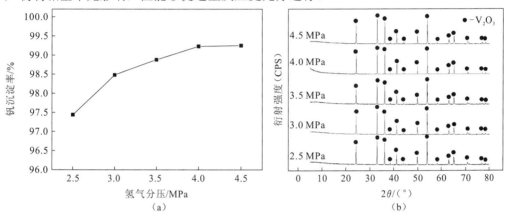

图 6-14　氢气分压对沉钒率（a）和沉钒产物物相（b）的影响

4. 反应时间的影响

反应时间直接影响着氢还原沉钒的反应程度，当时间较短时，反应无法彻底进行，沉钒率较低。在入料液初始 pH 为 6，反应温度为 523 K，氢气分压为 4 MPa 的条件下，反应时间对沉钒率及沉钒产物物相的影响如图 6-15 所示。当反应时间为 1 h 时，沉钒率仅为 89%，沉钒产物为四价钒和三价钒的混合物，无法得到单一相的 V_2O_3。因此，反应时间不低于 2 h 即可保证沉钒率大于 99%，且生成单一相的 V_2O_3。

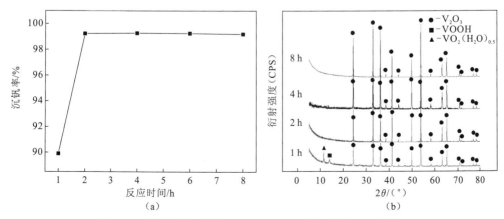

图 6-15　反应时间对沉钒率（a）和沉钒产物物相（b）的影响

6.2.2 氢还原沉钒过程的相变机制

氢还原沉钒工艺是通过氢气的还原作用从五价钒的富钒液中还原沉淀出 V_2O_3 的过程。在该过程中，钒的价态由五价最终转变为三价，钒的形式从溶液中的离子转变为固体氧化物。氢还原沉钒的过程为钒的一系列还原相转变的过程。

当反应进行 0.5 h 时，沉淀产物为 NaV_2O_5（V 的平均价态为+4.5 价）与 $VO_2(H_2O)_{0.5}$（钒的价态为+4 价）的混合物，反应至 1 h 时，所得的产物为三价钒化合物 VOOH 与 V_2O_3 的混合物，反应超过 2 h 后，完全转化为单一相的 V_2O_3。该结果表明，高压氢还原沉钒的相转变过程可初步确定为 $H_xV_yO_z^{(2z-x-5y)-}\longrightarrow NaV_2O_5\longrightarrow VO_2(H_2O)_{0.5}\longrightarrow VOOH\longrightarrow V_2O_3$，见图 6-16。

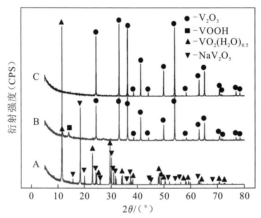

图 6-16 氢还原沉钒过程中不同时间点产物的 XRD 图谱

A-0.5 h; B-1 h; C-2 h

观察图 6-17 发现，当反应 0.5 h 时，所得的产物形貌分别为棒状结构和片状结构，有研究表明（Cui Z 等，2001），NaV_2O_5 的形貌为棒状结构。所得的沉钒产品中的主要元素为 Na、V、O，三种元素具有非常好的相关性，但 XRD 的结果表明所得的产物中钠物相只有 NaV_2O_5。$VO_2(H_2O)_{0.5}$ 中的 Na 应该存在于其晶格中，该现象与沉钒过程的相转变机理密切相关。

在 NaV_2O_5 转变为 $VO_2(H_2O)_{0.5}$ 的相变过程中，NaV_2O_5 中的五价钒被还原为四价钒，此时，NaV_2O_5 的电荷平衡被打破，为了保持电荷平衡，H^+ 进入其晶格中，由于 H^+ 与 Na^+ 的电荷半径相差较大，NaV_2O_5 晶体的稳定性削弱，Na^+ 逐步溶解于溶液中，为了保持晶体的稳定性，H^+ 占据 Na^+ 的位置，NaV_2O_5 逐步向 $VO_2(H_2O)_{0.5}$ 转变。在该过程中，H^+ 对 Na^+ 存在不同程度的取代，当晶体的结构已经转变为 $VO_2(H_2O)_{0.5}$，但 Na^+ 并未完全从晶体中溶出时，该晶体会在 XRD 检测时被确定为 $VO_2(H_2O)_{0.5}$，但通过 EDS 分析时 Na 仍可在该物质中被检测出来。该中间产物可以认为是 $VO_2(Na_{2-x}H_xO)_{0.5}$。

当反应进行 1 h 时（图 6-18），沉钒产物的形貌多数呈现出粒状的形态，通过 EDS 点扫描，可确定粒状产物为 V_2O_3；当反应进行至 2 h 时（图 6-19），所有的产物均转变为粒状的 V_2O_3。该结果与 XRD 结果表现出很好的一致性。所得的 V_2O_3 产品呈现出正斜方晶结构，部分颗粒为四方双锥形状。

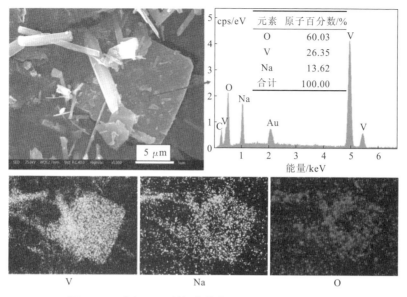

图 6-17　反应 0.5 h 所得产物的 FE-SEM 与 EDS 分析

图 6-18　反应 1 h 所得产物的 FE-SEM 与 EDS 分析

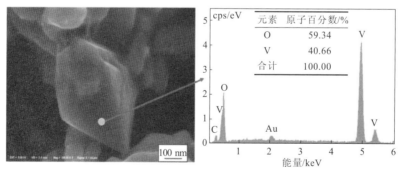

图 6-19　反应 2 h 所得产物的 FE-SEM 与 EDS 分析

　　高压氢还原沉钒的相转变机理可由方程（6-14）～（6-20）表示。氢气首先溶解于钒溶液中，将 $PdCl_2$ 还原为 Pd，Pd 会吸附溶液中的 H_2，并将其转变为活化氢原子；活化氢原子将溶液中的 V（V）逐步还原为 V（IV），由于溶液中有 Na 的存在，还原产物首先以棒状 NaV_2O_5 的形式析出；随着反应的进行，NaV_2O_5 中的 V（V）被逐步还原为 V（IV），为保持电荷平衡及晶体的稳定性，H^+ 进入 NaV_2O_5 的晶格中，Na 逐步溶解于溶液中，棒状的 NaV_2O_5 逐步向片状的 $VO_2(Na_{2-x}H_xO)_{0.5}$ 转变；反应进一步进行，$VO_2(Na_{2-x}H_xO)_{0.5}$ 中的 V（IV）被还原为 V（III），同时伴随着脱水反应，$VO_2(Na_{2-x}H_xO)_{0.5}$ 转变为 VOOH，Na 进一步溶解于溶液中；最后，VOOH 聚合脱水，转变为正方斜晶结构的 V_2O_3。高压氢还原沉钒的连续反应伴随着 $H_xV_yO_z^{(2z-x-5y)-} \longrightarrow NaV_2O_5 \longrightarrow VO_2(Na_{2-x}H_xO)_{0.5} \longrightarrow VOOH \longrightarrow V_2O_3$ 的相转变过程。

$$H_2(g) \longleftrightarrow H_2(l) \tag{6-14}$$

$$PdCl_2 + H_2(l) \longrightarrow Pd + 2H^+ + 2Cl^- \tag{6-15}$$

$$Pd + H_2(l) \longrightarrow Pd + 2H \tag{6-16}$$

$$2H_xV_yO_z^{(2z-x-5y)-} + yNa^+ + yH \longrightarrow yNaV_2O_5 + (2x+6y-2z)H_2O + (4z-11y-2x)OH^- \tag{6-17}$$

$$NaV_2O_5 + xH + (x-1)^+ \longrightarrow 2VO_2(Na_{2-x}H_xO)_{0.5} + (x-1)Na^+ \tag{6-18}$$

$$2VO_2(Na_{2-x}H_xO)_{0.5} + 2H \longrightarrow 2VOOH + (2-x)Na^+ + H_xO^{(2-x)-} \tag{6-19}$$

$$2VOOH \longrightarrow V_2O_3 + H_2O \tag{6-20}$$

6.3　钒氮合金的短流程制备

钒氮合金（VN）作为一种新型的合金添加剂，在含钒微合金钢中得到了广泛的应用。碳热还原法是国内唯一实现产业化的制备方法，V_2O_5 由于其价格低廉并且来源广泛，常作为制备氮化钒的钒源。但 V_2O_5 由于熔点低（690 ℃）且饱和蒸汽压高，为防止钒的挥发损失及生成的液相对于气固反应的阻碍作用，需要在制备氮化钒的过程中先在熔点温度以下预还原为熔点较高的低价钒氧化物（如 V_2O_3）。由此 V_2O_3 和钒酸铵也可作为制备氮化钒的钒源。根据现有文献报道，将 V_2O_5、V_2O_3 或钒酸铵和 C 混匀成型后直接氮化还原，其还原反应温度高且反应时间长（朱军等，2017；Duan X H 等，2015；解万里等，2011）。若将钒酸铵溶于水中获得含钒溶液，加入纳米碳黑，经搅拌蒸发、干燥后获得前驱体，却可显著降低反应温度，缩短反应时间（Liu A R 等，2017；Zhao Z W 等，2008）。

页岩提钒工艺的中间产品富钒液中钒浓度相对较高，可以作为制备前驱体的含钒溶液。但由于富钒液中杂质离子种类多、含量高，若采用直接加入碳黑搅拌蒸发的方法，杂质离子会进入到前驱体中，使氮化钒产品纯度降低，甚至达不到国标要求。研究表明，采用在富钒液中加入碳黑，通过钒的沉淀过程使钒与杂质离子分离，获得含有钒源和碳源的前驱体，通过热处理前驱体使其发生碳热还原氮化制备氮化钒（Han J L 等，2017）。页岩提钒的沉钒步骤和氮化钒制备中的原料磨细混匀步骤相结合，从源头上缩短制备氮化钒的工艺流程；充分利用 NH_3 进行初步还原，减少 NH_3 的排放；沉钒获得的前驱体能降低制备氮化钒的温度，VN 的制备温度由 1 200～1 500 ℃降低至 1 150 ℃，反应时间由 2～6 h 缩短至 1 h，降低能耗，显著缩短生产周期。

6.3.1　氮化钒形成的控制因素

制备氮化钒的短流程如图 6-20 所示。

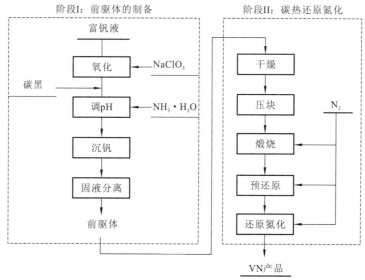

图 6-20　从富钒液中制备氮化钒的两个阶段

1. 配碳量对产物含氮量的影响

在沉钒 pH 为 1.8、反应温度 1 250 ℃、时间 3 h、氮气流量 300 mL/min、造块压力 14 MPa 的条件下，配碳量对产物含氮量（质量分数）的影响，结果如图 6-21 所示。配碳量 $[m_{(C/V)}]$ 定义为碳黑与富钒液中钒的质量之比。

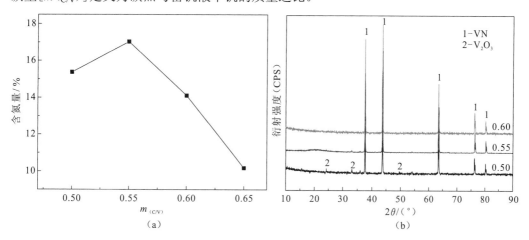

图 6-21　配碳量对产物含氮量（a）及其物相（b）的影响

当配碳量从 0.50 增加至 0.55 时 [图 6-21（a）]，产物中含氮量由 15.37% 增加至 17.03%，随着配碳量的进一步增加，产物中含氮量减少至 10.17%。配碳量不足时，还原不充分，图 6-21（b）也证明产物中有部分氧化钒的存在，使产物含氮量较低；配碳量过高时，一部分多余的碳黑会生成碳化钒，另一部分不参与反应以单质状态存在，碳化钒和氮化钒均为面心立方间隙型化合物，会形成碳化钒和氮化钒的连续固溶体 V(C，N)，N 和 C 在面心立方点阵中占用同样的位置。因此，配碳量过高时，未反应的碳黑和生成的碳化钒可引起产物含氮量降低。由于 VC 和 VN 的衍射图谱非常相似，故在图 6-21（b）中未发现 VC 的衍射峰。

2. 沉钒 pH 对产物含氮量的影响

在配碳量为 0.55、反应温度 1 250 ℃、时间 3 h、氮气流量 300 mL/min、造块压力 14 MPa 的条件下，沉钒 pH 对产物含氮量的影响，如图 6-22 所示。

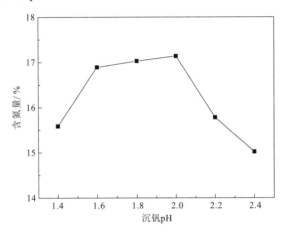

图 6-22　沉钒 pH 对产物含氮量的影响

随着沉钒 pH 的升高，产物含氮量先增加后减少，当沉钒 pH 为 1.6～2.0 时，产物具有较高的含氮量。当沉钒 pH 大于 2.0 时，富钒液中杂质离子生成的沉淀夹杂在沉钒产物中，使制备的前驱体中杂质含量增多，造成氮化钒纯度下降，含氮量降低；沉钒 pH 为 1.4 时，沉钒率仅为 96.40%，钒损失严重。低的沉钒率会降低前驱体中的钒含量，促使前驱体中碳与钒的质量之比过高，导致产物含氮量降低。

3. 反应温度对产物含氮量的影响

在配碳量为 0.55、沉钒 pH 为 1.8、反应时间 3 h、氮气流量 300 mL/min 和造块压力 14 MPa 的条件下，还原反应温度对产物含氮量的影响，结果如图 6-23 所示。

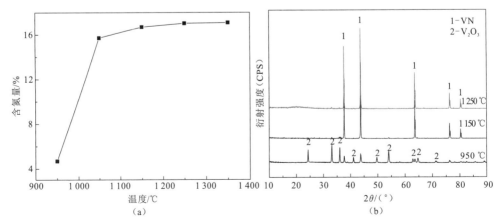

图 6-23　还原反应温度对产物含氮量（a）及其物相（b）的影响

当反应温度从 950 ℃增加至 1 150 ℃时[图 6-23（a）]，产物中含氮量由 4.69%增加至 16.70%，随着温度的进一步升高，产物含氮量只有略微的增加。钒氧化物的碳热还原过程是吸热反应，升高温度有利于钒氧化物的还原碳化。此外，升高温度能改善反应的动力学条件，提高反应速率，因此随着温度的升高产物中含氮量不断上升，图 6-23（b）也表明在 950 ℃时有 VN 的生成，但产物中有较多未被还原氮化的钒氧化物 V_2O_3 的存在，1 150 ℃和 1 250 ℃时产物的衍射峰均为 VN，此时前驱体的还原氮化反应基本完全。碳化钒的氮化是放热反应，在标准状态下温度超过 1 270 ℃时存在生成的氮化钒向碳化钒的转变，但由于反应过程中持续通入高纯氮气，流动的氮气气氛使反应体系中 CO 分压降低，氮气分压增大，从而使转变温度升高，因此在反应温度从 950 ℃升高到 1 350 ℃时，产物中含氮量一直呈现增加的趋势。

4. 还原反应时间对产物含氮量的影响

在配碳量为 0.55、沉钒 pH 为 1.8、反应温度 1 150 ℃、氮气流量 300 mL/min、造块压力 14 MPa 的条件下，还原反应时间对产物含氮量的影响，结果如图 6-24 所示。

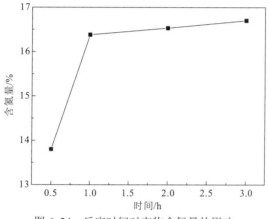

图 6-24　反应时间对产物含氮量的影响

当还原反应时间从 0.5 h 增加至 1.0 h 时，产物中含氮量由 13.80%增加至 16.38%。还原反应时间短时，还原氮化反应不充分，此时产物的含氮量较低；随着还原反应时间的延长，产物含氮量小幅增加。

5. 氮气流量对产物含氮量的影响

在配碳量为 0.55、沉钒 pH 为 1.8、反应温度 1 150 ℃、时间 1 h、造块压力 14 MPa 的条件下，氮气流量对产物含氮量的影响，如图 6-25 所示。

随着氮气流量的增加（图 6-25），产物中含氮量先由 13.73%增加至 16.38%后减少至 15.43%，在氮气流量为 300 mL/min 时达到峰值。对于氮气参与的气固反应，提高氮气流量可以增加反应体系中氮气分压、减少 CO 分压，促进还原氮化反应的进行，增加反应速度，有利于提高产物含氮量；然而，当氮气流量过大时，快速流动的氮气不仅会降低反应体系的温度，也会缩短与物料的接触时间，未被充分加热的氮气在短时间内不能够充分反应，导致产物含氮量降低。因此氮气流量应控制在 300 mL/min 左右。

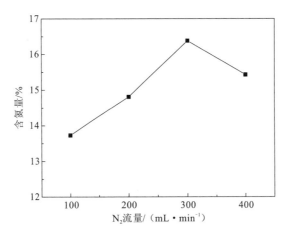

图 6-25　氮气流量对产物含氮量的影响

6. 造块压力对产物含氮量的影响

在配碳量为 0.55、沉钒 pH 为 1.8、反应温度 1 150 ℃、时间 1 h、氮气流量 300 mL/min 的条件下，造块压力对产物含氮量的影响，如图 6-26 所示。

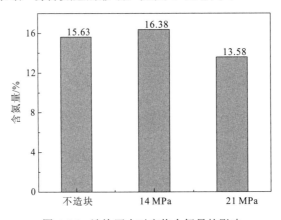

图 6-26　造块压力对产物含氮量的影响

前驱体不造块时，物料之间疏松，不利于固固反应，导致还原氮化反应不充分，产物含氮量较低。由图 6-26 可知，固液分离、干燥后获得的前驱体不造块，直接放入管式炉中进行还原氮化，所得产物比造块压力 14 MPa 生成产物中含氮量低 0.75%。当造块压力由 14 MPa 增加到 21 MPa 时，虽然物料间致密结合有利于固固反应的进行，但不利于生成的 CO 向样品外部的逸出以及反应物 N_2 向样品内部的扩散，也抑制了还原氮化反应的进行，降低了产物含氮量。

7. 造块压力对产物密度的影响

最佳工艺条件（配碳量 $[m_{(C/V)}]$ 0.55、沉钒 pH 为 1.8、反应温度 1 150 ℃、时间 1 h、氮气流量 300 mL/min，造块压力 14 MPa）下制备的氮化钒产品的化学成分与 GB/T 20567—2006 中 VN12 和 VN16 的化学成分比较可知，所得 VN 满足国家标准中牌号 VN16 的化学成分要求（表 6-8）。

表 6-8　氮化钒产品和 GB/T 20567—2006 中钒氮合金的化学成分　　　（单位：%）

种类	V	N	C	P	S
VN 产品	79.25	16.38	3.06	0.015	0.079
VN12	77～81	10.0～<14.0	≤10.0	≤0.06	≤0.10
VN16	77～81	14.0～18.0	≤6.0	≤0.06	≤0.10

　　GB/T 20567—2006 中对于钒氮合金的性能要求，除了化学成分的规定外，还要求粒度应为 10～40 mm，表观密度应不小于 3.0 g/cm³。粒度可根据压块设备和模具做相应的调整，实验粒度为 Φ30 mm。由于所用前驱体中钒以多钒酸铵形式存在，在还原氮化过程中会逸出大量气体从而使产物疏松易碎，并且表观密度较低，达不到国家标准要求，不能直接作为钢铁冶金的添加剂，需要压块提高产物的表观密度。在不添加黏结剂的情况下，不同的压力压制成 Φ30 mm 的圆柱体，测定反应产物的表观密度。

　　图 6-27 显示，产物表观密度随着造块压力的增大而增大，当造块压力为 56 MPa 时产物表观密度为 3.13 g/cm³，满足国家标准要求。继续增加造块压力，表观密度的增大趋于平缓。

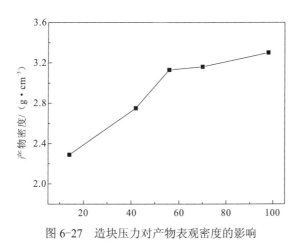

图 6-27　造块压力对产物表观密度的影响

6.3.2　前驱体结构与性质

　　钒氮合金的短流程制备关键在于特殊结构的前驱体。前驱体的主要元素组成如表 6-9 所示。前驱体中除了 V 及 C 元素外，还含有少量的杂质 Al 和 S。

表 6-9　前驱体的主要元素组成　　　（单位：%）

V	C	Al	S
33.85	17.19	0.94	1.60

　　前驱体中钒以 $(NH_4)_2V_6O_{16}\cdot 1.5H_2O$ 的形式存在，同时前驱体中含有少量的

$NH_4Al(SO_4)_2 \cdot 12H_2O$，由于碳黑为无定形状态，未发现 C 的衍射峰，见图 6-28。

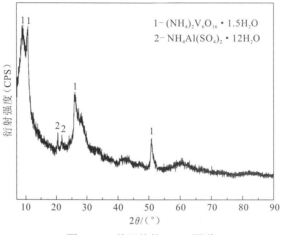

图 6-28　前驱体的 XRD 图谱

　　在单个颗粒中[图 6-29（a）和 6-29（b）]，C 位于中间，V 在 C 周围富集，位于颗粒的边缘，表明在钒的沉淀过程中，碳黑被多聚钒酸铵包裹，形成了钒包裹碳的结构。沉淀法是应用较多的颗粒包覆方法，将包覆物质的金属盐溶液加入到被包覆微粒的悬浮液中，然后向溶液中加入沉淀剂或引发沉淀所需的溶液环境，使溶液中的金属离子发生沉淀反应，在颗粒表面析出进而对颗粒进行包覆，可通过调节体系温度、蒸发溶剂、调节溶液 pH 等控制金属离子的沉淀反应。

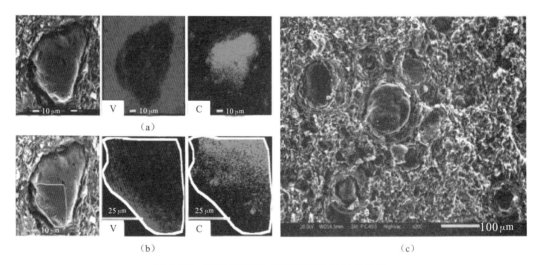

图 6-29　前驱体的 SEM 图像和 EDS 元素分析
（a）前驱体；（b）局部放大的颗粒边缘；（c）前驱体的整体分布的 SEM 图像

　　在富钒液中不加入碳黑进行常规沉钒，对比前驱体与常规沉钒产物的粒度分布以及 SEM 图像分布如图 6-30 和图 6-31 所示，前驱体的颗粒尺寸明显比常规沉钒产物的颗粒尺寸小，表明富钒液中分散的碳黑颗粒作为异相成核位点，为钒的沉淀提供了大量的晶种，促进了多钒酸铵晶核的形成，使晶核形成速度大于晶核生长速度，图 6-28 中前驱体

所含的 $(NH_4)_2V_6O_{16} \cdot 1.5H_2O$ 的 X 射线衍射峰宽化，前驱体晶化不完全，其粒度相比于常规沉钒产物的粒度明显减小。因此，碳黑参与沉钒过程后，钒在其沉淀过程中形成大量的钒包裹碳结构，减小多聚钒酸铵的颗粒尺寸。

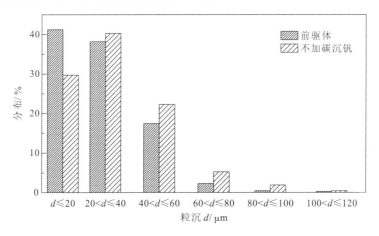

图 6-30　前驱体和不加碳沉钒产物的粒度分布

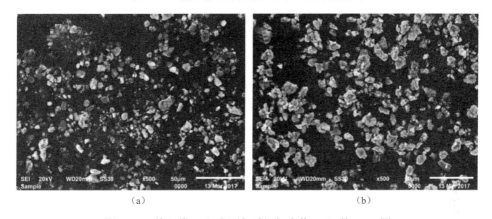

（a）　　　　　　　　　　　　　　　　（b）

图 6-31　前驱体（a）和不加碳沉钒产物（b）的 SEM 图

　　前驱体钒包裹碳结构的形成过程如图 6-32 所示。图中黑色和灰色标记分别代表碳黑和多聚钒酸铵（APV）。富钒液中分散的碳黑颗粒作为异相成核位点，APV 的晶核在碳黑颗粒表面形成，随着沉淀过程的进行，APV 晶核成长为微粒后，继续长大并且将碳黑完全包裹，形成了典型的包裹结构，内核和外部包裹层分别为碳黑和 APV。同时，未被包裹的碳黑颗粒位于 APV 的周围。此包裹过程整体产生了钒碳相互毗邻的蜂窝状分布。

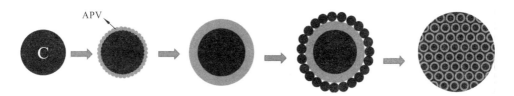

图 6-32　前驱体特殊结构的形成过程示意

6.3.3　氮化钒形成的前驱体促进机理

前驱体显著地促进钒氧化物和碳黑之间的反应,基于以下三点原因。首先,在钒包裹碳结构的内部相界面上,钒氧化物被碳黑直接还原,生成的 CO 由于包裹结构难以逸出,继续与钒氧化物以间接还原的方式反应,生成的 CO_2 在高温下与碳发生反应生成 CO,即在钒氧化物的内部相界面上直接还原反应和间接还原反应同时进行。其次,在钒包裹碳结构的外部相界面上,钒氧化物与周围的未被包裹的碳黑也发生还原反应。最后,由于钒包裹碳结构的存在使物料之间的接触由点接触变为面接触,极大地增大了钒氧化物和碳黑之间的接触面积,前驱体小的颗粒尺寸在提高反应物之间接触面积的同时,也为反应提供了更均匀的化学成分,均匀的化学成分能有效缩短原子扩散路径,大的反应界面以及均匀的化学成分能有效地促进还原、碳化和氮化反应的进行。

在制备氮化钒的过程中,包裹结构始终存在,只是包裹层逐步由 APV 转变为低价的钒氧化物、碳化钒和氮化钒,核心的碳黑在反应过程中逐步减小,直到前驱体完全转变为纯相的 VN。因此,在富钒液中加入碳黑,通过钒的沉淀过程获得含有钒源和碳源的前驱体,前驱体的钒包裹碳结构能显著降低氮化钒制备的温度,明显缩短反应时间。

1.　前驱体中含钒物相的转化过程

通过 XRD 分析前驱体及其在不同温度下的反应产物(图 6-33),发现前驱体中 V 以 $(NH_4)_2V_6O_{16} \cdot 1.5H_2O$ 的形式存在。

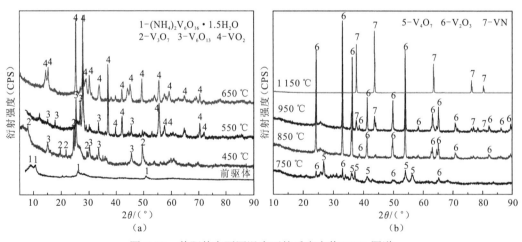

图 6-33　前驱体在不同温度下的反应产物 XRD 图谱

(a) 450~650 ℃反应产物;(b) 750~1 150 ℃反应产物

450 ℃时,衍射峰对应于 V_3O_7 和 V_6O_{13},表明在前驱体的升温过程中,分解出来的 NH_3 能将 V_2O_5 初步还原为较低价的钒氧化物 V_3O_7 和 V_6O_{13}。550 ℃时,钒氧化物进一步被还原,钒以 V_6O_{13} 和 VO_2 的形式存在。650 ℃时,V_6O_{13} 完全转变为 VO_2。750 ℃时,VO_2 继续还原为 V_4O_7 和 V_2O_3,当温度升至 850 ℃时,样品中钒氧化物全部以 V_2O_3 的形式存在。950 ℃时,样品中出现了少量的 VN 衍射峰,表明在 950 ℃时部分 V_2O_3

转变为 VN。当温度升至 1 150 ℃并保温 1 h 后，样品为单一的 VN 相。

在常规煅烧 APV 制备 V_2O_5 的过程中，为防止 APV 的软熔，一般在 550 ℃保温使其分解生成 V_2O_5，而在以 V_2O_5 为原料制备 VN 的过程中，V_2O_5 由于熔点低（690 ℃）且饱和蒸汽压高，为防止钒的挥发损失及生成的液相对于气固反应的阻碍作用，一般在 650 ℃保温 2～4 h，将其还原为高熔点的低价钒氧化物。在 550 ℃时，样品中钒以 V_6O_{13} 和 VO_2 的形式存在，APV 已经完全分解；650 ℃时样品中只有高熔点的 VO_2。因此，制备 VN 的升温制度简化了常规的煅烧和预还原过程，直接连续升温至所需温度进行还原氮化反应。

对于不加碳沉钒获得的无碳黑 APV 在氮气气氛下于 550 ℃、650 ℃进行煅烧，探究在惰性气氛中、低温下低价钒氧化物的形成原因，由图 6-34 的 XRD 图示出。在 550 ℃时 APV 分解并被预还原为 V_6O_{13}，其中有少量的 V_3O_7 存在，温度升高至 650 ℃时，样品全部转变为 V_6O_{13}。在常规煅烧 APV 制备 V_2O_5 的过程中，反应处于氧化气氛中，APV 分解生成 NH_3 和 V_2O_5，NH_3 直接逸出，钒以 V_2O_5 的形式存在。而在惰性气氛中，多聚钒酸铵分解生成的 NH_3 能有效地将 V_2O_5 还原，在促进还原反应进行的同时，也能减少 NH_3 的排放。

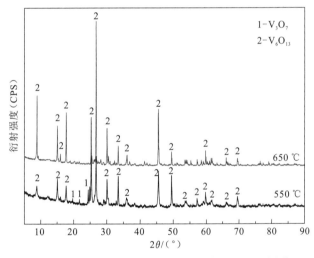

图 6-34　550 ℃和 650 ℃下 APV 样品的 XRD 图谱

2. 前驱体转化的热力学理论

前驱体中含钒物相的转化与反应过程热力学存在紧密关联，以下介绍基于前驱体特殊结构的含钒物相热力学反应过程。

前驱体在较低温度下由于分解出来的 NH_3 的作用而将五价钒初步还原为 V_3O_7 和 V_6O_{13}，其反应过程如反应（6-21）、（6-22）、（6-23）所示，反应均可在较低温度下进行。

$$(NH_4)_2V_6O_{16}·1.5H_2O(s) = 3V_2O_5(s)+2NH_3(g)+2.5H_2O(g) \quad （6-21）$$

$$9V_2O_5(s)+2NH_3(g) = 6V_3O_7(s)+N_2(g)+3H_2O(g) \quad （6-22）$$

$$6V_3O_7(s)+2NH_3(g) = 3V_6O_{13}(s)+N_2(g)+3H_2O(g) \quad （6-23）$$

V_6O_{13} 在碳黑的作用下继续发生还原反应，还原反应如反应（6-24）、（6-25）、（6-26）

所示，根据 $\Delta G_T^{\ominus}$ 计算反应（6-25）、（6-26）开始的温度分别为 310.99 ℃和 334.30 ℃。

$$V_6O_{13}(s)+C(s) = 6VO_2(s)+CO(g) \tag{6-24}$$

$$4VO_2(s)+C(s) = V_4O_7(s)+CO(g) \quad \Delta G^{\ominus}=39\,573.88-127.25T \text{ J/mol} \tag{6-25}$$

$$V_4O_7(s)+C(s) = 2V_2O_3(s)+CO(g) \quad \Delta G^{\ominus}=64\,467.30-192.84T \text{ J/mol} \tag{6-26}$$

还原反应生成的 V_2O_3 若直接和氮气反应生成 VN，其反应如（6-27）所示：

$$2V_2O_3(s)+2N_2(g) = 4VN(s)+3O_2(g) \quad \Delta G^{\ominus}=1\,371\,222-82.73T \text{ J/mol} \tag{6-27}$$

根据 $\Delta G_T^{\ominus}$ 计算反应（6-27）开始的温度为 16 575 ℃，显然在标准状况下不可能发生。考虑到气体分压的情况，

$$\Delta G=1\,371\,222-82.73T+\ln\frac{(P_{O_2}/P^{\ominus})^3}{(P_{N_2}/P^{\ominus})^2}R(T+273.15) \text{ J/mol} \tag{6-28}$$

由于反应在流动的氮气气氛下进行，即使体系中氮气和氧气的分压分别为 101 kPa 和 1 Pa，反应开始的温度仍需 3 493.41 ℃。因此反应（6-27）不可能发生，即 V_2O_3 难以直接和氮气反应生成 VN。

当碳黑的量约为 2.21 g 时，整个反应产生 0.184 mol 的 CO，标准状况下体积为 4.12 L，假设从 550 ℃开始产生 CO，反应以 5 ℃/min 的升温速率升温至 1 150 ℃并保温 1 h，则 CO 的排出速率粗略估计为 4.12 L/3 h，即 CO 流量约为 22.89 mL/min。若管式炉中持续通入约 300 mL/min 的氮气，粗略计算可知体系中氮气和氧气的分压分别为 94.11 kPa 和 7.22 kPa。

V_2O_3 与碳黑继续发生还原反应（6-29）和（6-30）分别生成 VO 和 V，标准状况下反应开始的温度分别为 1 170.59 ℃和 1 445.52 ℃，考虑到气体分压，在该体系下，反应开始的温度分别为 1 004.46 ℃和 1 249.03 ℃，反应（6-29）能发生，V_2O_3 被碳黑还原为 VO。根据反应（6-31），VO 无法直接和氮气反应生成 VN。反应（6-32）在标准状况下开始的温度为 1 581.43 ℃，在该体系下，反应开始的温度为 1 370.09 ℃，VO 亦不能被碳黑还原为 V。VO 与碳黑发生碳化反应生成 VC 的方程式如反应（6-33）所示，标准状况下反应开始的温度为 1 051.46 ℃，VO 与碳黑的碳化反应能够发生，生成的 VC 与氮气自发地发生氮化反应（6-34）生成 VN，标准状况下该反应的截止温度为 1 257.08 ℃，即 V_2O_3 与碳黑继续发生还原反应并最终生成 VN 的相变过程为：$V_2O_3 \longrightarrow VO \longrightarrow VC \longrightarrow VN$。

$$V_2O_3(s)+C(s) = 2VO(s)+CO(g) \tag{6-29}$$
$$\Delta G=196\,716.93-168.05T+\ln(P_{CO}/P^{\ominus})R(T+273.15) \text{ J/mol}$$

$$V_2O_3(s)+3C(s) = 2V(s)+3CO(g) \tag{6-30}$$
$$\Delta G=734\,091.21-507.84T+\ln(P_{CO}/P^{\ominus})^3R(T+273.15) \text{ J/mol}$$

$$2VO(s)+N_2(g) = 2VN(s)+O_2(g) \tag{6-31}$$
$$\Delta G^{\ominus}=328\,184.50+37.42T \text{ J/mol}$$

$$VO(s)+C(s) = V(s)+CO(g) \tag{6-32}$$
$$\Delta G=268\,685.74-169.90T+\ln(P_{CO}/P^{\ominus})R(T+273.15) \text{ J/mol}$$

$$VO(s)+2C(s) = VC(s)+CO(g) \tag{6-33}$$

$$\Delta G^{\ominus} = 169\,359.28 - 161.07T \text{ J/mol}$$

$$2VC(s) + N_2(g) = 2VN(s) + 2C(s) \tag{6-34}$$

$$\Delta G^{\ominus} = -185\,495.60 + 147.56T \text{ J/mol}$$

V_2O_3 除了与碳黑继续发生还原反应外，还能直接和碳黑发生碳化反应，反应如 (6-35) 所示，标准状况下反应开始的温度为 1 092.33 ℃，在该体系下，反应开始的温度为 931.26 ℃，因此 V_2O_3 与碳黑的碳化反应比还原反应更容易进行，生成的 VC 自发地与氮气发生氮化反应 (6-34) 生成 VN，即 V_2O_3 与碳黑发生碳化反应并最终生成 VN 的相变过程为：$V_2O_3 \longrightarrow VC \longrightarrow VN$。

$$V_2O_3(s) + 5C(s) = 2VC(s) + 3CO(g) \tag{6-35}$$

$$\Delta G = 535\,438.31 - 490.18T + \ln(P_{CO}/P^{\ominus})^3 R(T+273.15) \text{ J/mol}$$

V_2O_3 与碳黑和氮气反应生成 VN 的总反应方程式如式 (6-36) 所示，标准状况下反应开始的温度为 1 021.38 ℃，在该体系下，反应开始的温度为 814.82 ℃。因此，高温条件下，氮化反应能促进还原反应和碳化反应的进行，V_2O_3 与碳黑和氮气反应生成 VN 的总反应是还原反应、碳化反应和氮化反应同时进行的复合反应。

$$V_2O_3(s) + 3C(s) + N_2(g) = 2VN(s) + 3CO(g) \tag{6-36}$$

$$\Delta G = 349\,944.17 - 342.62T + \ln \frac{(P_{CO}/P^{\ominus})^3}{(P_{N_2}/P^{\ominus})} R(T+273.15) \text{ J/mol}$$

钒由前驱体向 VN 的转化迁移过程应为：$(NH_4)_2V_6O_{16} \cdot 1.5H_2O \longrightarrow V_2O_5 \longrightarrow V_3O_7 \longrightarrow V_6O_{13} \longrightarrow VO_2 \longrightarrow V_4O_7 \longrightarrow V_2O_3 \longrightarrow (VO \longrightarrow) VC \longrightarrow VN$。

3. 前驱体转化的动力学理论

图 6-35 为前驱体在氮气气氛下的 TG/DTG 图谱，测试条件为：从室温以 10 ℃/min 的速率升温至 1 400 ℃，持续通入高纯氮气，氮气流量为 50 mL/min。

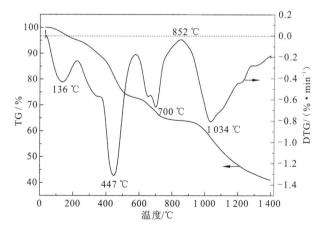

图 6-35　前驱体在氮气气氛下的 TG/DTG 图谱

TG 曲线总体向下，表明随着温度的升高，还原氮化反应逐步进行，DTG 曲线显示在 136 ℃、447 ℃、700 ℃和 1 034 ℃的温度下样品的重量快速减少。第一阶段的失重从室温至 136 ℃，对应于物理吸附水和结晶水的蒸发。第二阶段从 223 ℃至 447 ℃，对应于前驱体中 APV 的分解以及 V_2O_5 向 V_3O_7 和 V_6O_{13} 的初步还原，与图 6-33 中 450 ℃的 XRD 图谱相吻合，对应于反应（6-21）～（6-23）。在 447～576 ℃时，也有明显的失重现象，为 V_3O_7 向 V_6O_{13} 以及 V_6O_{13} 向 VO_2 的还原反应，对应于反应（6-23）和（6-24）。第三阶段从 576 ℃至 700 ℃，对应于 V_6O_{13} 向 VO_2 的还原，与图 6-33 中 550 ℃和 650 ℃的 XRD 图谱相吻合，对应于反应（6-24）。在 700～852 ℃时，也有明显的失重现象，属于 VO_2 向 V_4O_7 以及 V_4O_7 向 V_2O_3 的还原反应，对应于反应（6-25）和（6-26）。第四阶段从 852 ℃至 1 034 ℃，属于 V_2O_3 向 VN 的转变，是一个还原反应、碳化反应和氮化反应同时进行的复合反应，对应于反应（6-36），该阶段是制备氮化钒的关键步骤，对于氮化钒的制备温度和时间起决定性作用。

　　根据 DTG 曲线可知，每个阶段的失重速率并不是从零开始，而是在上一个阶段还未降至最低时就已出现新的失重，表明各个反应之间的温度界限不明显，存在着相互交叉，即可能同时进行多步反应。

　　前驱体制备 VN 的关键环节在于低价钒氧化物向 VN 的转变，低价钒氧化物的还原和碳化反应较难进行，使得 VN 的制备需要在高温下进行，因此，对于 V_2O_3 向 VN 的转变的动力学行为的分析就显得尤为重要。但在转变过程中，氮气的存在会促进还原反应和碳化反应的进行，还原反应和碳化反应的进行反过来又有利于氮化反应的进行，因此很难确定单一的还原反应及氮化反应，所以对 V_2O_3 向 VN 转变的复合反应进行动力学分析。

　　根据热重实验，可按式（6-37）计算出失重率：

$$\alpha = \frac{m_0 - m_x}{m_0 - m_\infty} \times 100\%$$

（6-37）

式中：m_0 为试样的初始质量，mg；m_x 为反应经过 x 时间后试样剩余的质量，mg；m_∞ 为试样的最终理论质量，mg，通过化学计算式计算。

　　失重速率可根据式（6-38）计算：

$$\frac{d\alpha}{dt} = \frac{d[(m_0 - m_x)/(m_0 - m_\infty)]}{dt} \times 100\%$$

（6-38）

　　前驱体的失重率和失重速率曲线如图 6-36 所示，随着温度的升高，前驱体失重率逐渐增加，在 1 300 ℃时失重率已经接近 100%，表明反应进行的非常充分。

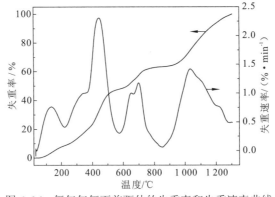

图 6-36　氮气气氛下前驱体的失重率和失重速率曲线

在非均相反应中，限制性环节可以是扩散、化学反应、形核等，不同的控速环节反应速率各不相同，常用的反应动力学机理函数，涉及扩散、随机成核和随后生长、相边界反应、化学反应和幂函数法则等反应机制。在其他学者研究的基础上，选择如表 6-10 所示的动力学机理函数，根据热重实验数据，对式（6-43）进行线性拟合，根据相关系数 R^2 选出最适合的机理函数，从而判断该反应的反应机制，并求出反应的活化能和指前因子。

表 6-10　动力学机理函数

动力学模型	机理	符号	微分形式 $f(\alpha)$
扩散	一维扩散	D_1	$1/(2\alpha)$
	二维扩散	D_2	$[-\ln(1-\alpha)]^{-1}$
	三维扩散，球形对称	D_3	$1.5(1-\alpha)^{2/3}[1-(1-\alpha)^{1/3}]^{-1}$
	三维扩散，圆柱形对称	D_4	$1.5[(1-\alpha)^{-1/3}-1]^{-1}$
相边界反应	圆柱形对称	R_2	$2(1-\alpha)^{1/2}$
	球形对称	R_3	$3(1-\alpha)^{2/3}$
化学反应	一级反应	F_1	$1-\alpha$
	二级反应	F_2	$(1-\alpha)^2$
	三级反应	F_3	$(1-\alpha)^3$
随机成核和随后生长	$n=1/2$	A_2	$2(1-\alpha)[-\ln(1-\alpha)]^{1/2}$
	$n=1/3$	A_3	$3(1-\alpha)[-\ln(1-\alpha)]^{2/3}$

根据动力学质量作用定律，反应速率与反应时间及温度存在以下关系：

$$\mathrm{d}\alpha/\mathrm{d}t = k(T)f(\alpha) \tag{6-39}$$

式中：$k(T)$ 为反应速率常数；$f(\alpha)$ 为反应机理函数的微分形式；t 为反应时间。

代入阿伦尼乌斯方程：

$$k(T) = Ae^{-E_a/RT} \tag{6-40}$$

可得

$$\mathrm{d}\alpha/\mathrm{d}t = Ae^{-E_a/RT}f(\alpha) \tag{6-41}$$

式中：A 为指前因子，即表观频率因子，s^{-1}；E_a 为化学反应的活化能，J/mol；R 为摩尔气体常数，8.314 J/（mol·K）。

对于非等温法在恒定的升温速率 Φ 下，$\Phi=\mathrm{d}T/\mathrm{d}t$，式（6-41）可表示为：

$$\frac{\mathrm{d}\alpha}{\mathrm{d}T} = \frac{\mathrm{d}\alpha}{\mathrm{d}t} \cdot \frac{1}{\Phi} \frac{A}{\Phi} e^{-E_a/RT} f(\alpha) \tag{6-42}$$

将式（6-42）两边取自然对数，得：

$$\ln\frac{\mathrm{d}\alpha}{\mathrm{d}t} - \ln f(\alpha) = \ln A - \frac{E_a}{R} \cdot \frac{1}{T} \tag{6-43}$$

不同温度段的反应速率明显不同，低温段的各个还原反应之间存在相互交叉，同时高价钒氧化物的还原反应在较低温度下即可进行；在高温段，钒氧化物的还原反应、碳化反应和氮化反应同时发生、相互促进，难以明显地划分，下面重点讨论高温段的 V_2O_3

向 VN 转变的复合反应的动力学。

由图 6-34 可知,在 1 034 ℃时失重曲线的斜率发生了明显变化,是反应不同的原因。将高温阶段分为 900~1 034 ℃和 1 034~1 200 ℃两个温度区间,对三个温度区间 900~1 200 ℃、900~1 034 ℃和 1 034~1 200 ℃进行动力学分析,研究在高温阶段 V_2O_3 向 VN 转变的复合反应的动力学。用不同的动力学机理函数拟合的各个温度区间的动力学参数及相关系数的计算结果分别如表 6-11、6-12 和 6-13 所示。

表 6-11　900~1 034 ℃下各函数拟合的动力学参数

机理	相关系数 R^2	活化能 E_a/（kJ/mol）	指前因子 A/（s^{-1}）
D_1	0.973 7	210.763 2	$7.193\ 8 \times 10^{10}$
D_2	0.981 6	223.946 7	$2.163\ 3 \times 10^{9}$
D_3	0.988 9	240.551 5	$4.278\ 6 \times 10^{9}$
D_4	0.984 5	229.714 2	$1.023\ 1 \times 10^{9}$
R_2	0.972 9	207.448 7	$5.310\ 6 \times 10^{8}$
R_3	0.979 3	212.750 5	$7.240\ 2 \times 10^{8}$
F_1	0.984 9	223.353 9	$9.083\ 8 \times 10^{9}$
F_2	0.995 1	255.163 6	$6.644\ 5 \times 10^{11}$
F_3	0.999 1	293.324 6	$4.860\ 1 \times 10^{13}$
A_2	0.978 0	209.576 6	$1.088\ 2 \times 10^{9}$
A_3	0.975 2	204.984 1	$4.506\ 0 \times 10^{8}$

表 6-12　1 034~1 200 ℃下各函数拟合的动力学参数

机理	相关系数 R^2	活化能 E_a/（kJ/mol）	指前因子 A/（s^{-1}）
D_1	—	—	—
D_2	0.281 6	6.503 9	3.815 4
D_3	0.997 4	71.806 9	750.710 4
D_4	0.940 8	30.475 0	9.450 1
R_2	0.463 2	5.153 8	2.322 9
R_3	0.979 8	26.614 8	13.802 5
F_1	0.994 9	69.535 8	$3.289\ 4 \times 10^{3}$
F_2	0.990 2	198.298 9	$1.649\ 0 \times 10^{9}$
F_3	0.988 4	327.062 0	$8.266\ 7 \times 10^{14}$
A_2	0.986 9	36.598 2	68.205 1
A_3	0.976 2	25.618 8	15.738 7

表 6-13　900～1 200 ℃下各函数拟合的动力学参数

机理	相关系数 R^2	活化能 E_a/（kJ/mol）	指前因子 A/（s^{-1}）
D_1	0.542 6	69.313 0	$7.697\ 4 \times 10^4$
D_2	0.759 9	98.987 3	$1.147\ 2 \times 10^4$
D_3	0.914 5	140.782 6	$2.608\ 6 \times 10^5$
D_4	0.832 3	113.761 3	$1.298\ 9 \times 10^4$
R_2	0.735 1	88.955 6	$3.354\ 0 \times 10^3$
R_3	0.811 4	102.465 9	$1.002\ 0 \times 10^4$
F_1	0.906 6	129.487 2	$6.037\ 2 \times 10^5$
F_2	0.990 5	210.551 2	$4.890\ 1 \times 10^9$
F_3	0.995 5	291.615 2	$3.960\ 9 \times 10^{13}$
A_2	0.834 2	104.205 2	$2.433\ 1 \times 10^4$
A_3	0.798 6	95.778 1	$7.006\ 9 \times 10^3$

根据线性拟合的相关系数 R^2 选择的 900～1 034 ℃、1 034～1 200 ℃及 900～1 200 ℃区间的反应模型及动力学参数如表 6-14 所示。在 900～1 034 ℃，限制性环节为化学反应，反应模型为三级反应，相关系数 R^2 为 0.999 1，该动力学机理函数适合此温度区间，区间内钒氧化物的还原反应和碳化反应占主导；在 1 034～1 200 ℃，反应为扩散控速，反应模型为三维扩散（球形颗粒），相关系数 R^2 为 0.997 4，此温度区间适合 D_3 的动力学机理函数，氮化反应占主导地位。在整个高温阶段 900～1 200 ℃，动力学机理函数为 F_3，限制性环节为化学反应。

表 6-14　三个温度区间的反应模型及动力学参数

温度	900～1 034 ℃	1 034～1 200 ℃	900～1 200 ℃
机理	F_3，三级化学反应	D_3，三维扩散（球形对称）	F_3，三级化学反应
微分形式 $f(\alpha)$	$(1-\alpha)^3$	$1.5(1-\alpha)^{2/3}[1-(1-\alpha)^{1/3}]^{-1}$	$(1-\alpha)^3$
相关系数 R^2	0.999 1	0.997 4	0.995 5
活化能 E_a/（kJ/mol）	293.324 6	71.806 9	291.615 2
指前因子 A/（s^{-1}）	$4.860\ 1 \times 10^{13}$	750.710 4	$3.960\ 9 \times 10^{13}$

在 900～1 034 ℃、1 034～1 200 ℃及 900～1 200 ℃温度区间分别按照 F_3、D_3 和 F_3 的动力学机理函数做出 $\ln \dfrac{d\alpha}{dt} - \ln f(\alpha)$ 与 $\dfrac{1}{T}$ 的点状图及回归方程，如图 6-37、6-38 和 6-39 所示。三个区间的 $\ln \dfrac{d\alpha}{dt} - \ln f(\alpha)$ 与 $\dfrac{1}{T}$ 的线性关系良好，且线性拟合的 R^2 均大于 0.995。所选择的动力学机理函数是合理的。

因此，前驱体制备 VN 过程中高温阶段的反应的反应速率方程为

在 900～1 034 ℃，$\dfrac{d\alpha}{dT} = 4.86 \times 10^{12} \exp\left(-\dfrac{293.32}{RT}\right)(1-\alpha)^3$；

在 1 034～1 200 ℃，$\dfrac{d\alpha}{dT} = 75.07 \exp\left(-\dfrac{71.81}{RT}\right) 1.5(1-\alpha)^{2/3}[1-(1-\alpha)^{1/3}]^{-1}$；

在 900~1 200 ℃，$\dfrac{\mathrm{d}\alpha}{\mathrm{d}T} = 3.96 \times 10^{12} \exp\left(-\dfrac{291.62}{RT}\right)(1-\alpha)^3$。

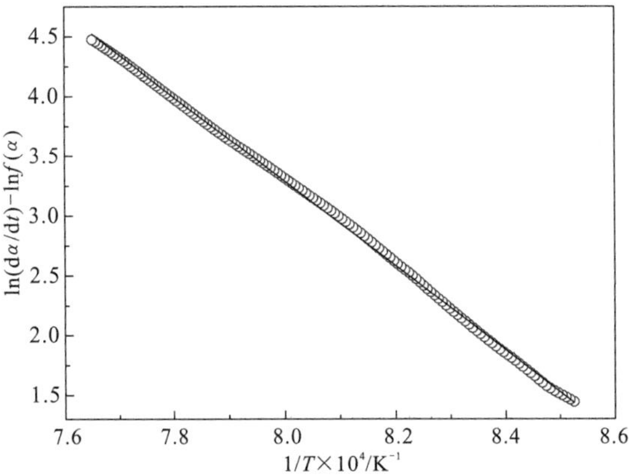

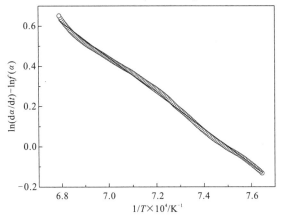

图 6-37　900~1 034 ℃时 $\ln\dfrac{\mathrm{d}\alpha}{\mathrm{d}t} - \ln f(\alpha)$ 与 $\dfrac{1}{T}$ 的点状图及回归方程

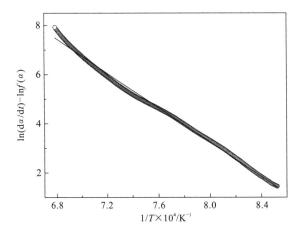

图 6-38　1 034~1 200 ℃时 $\ln\dfrac{\mathrm{d}\alpha}{\mathrm{d}t} - \ln f(\alpha)$ 与 $\dfrac{1}{T}$ 的点状图及回归方程

图 6-39　900~1 200 ℃时 $\ln\dfrac{\mathrm{d}\alpha}{\mathrm{d}t} - \ln f(\alpha)$ 与 $\dfrac{1}{T}$ 的点状图及回归方程

参 考 文 献

付朝阳，2015. 一步法石煤提钒反萃液铵盐沉钒工艺及杂质离子影响研究[D]. 武汉:武汉科技大学.

王金超，陈厚生，1995. 杂质对沉淀多聚钒酸铵的影响[J]. 钒钛，（5）: 1-7.

解万里，陈东辉，高明磊，2011. 三氧化二钒制取氮化钒试验研究[J]. 北方钒钛，（4）: 25-28.

杨合，毛林强，薛向欣，等，2013. 杂质离子对沉淀多钒酸铵的影响[J]. 钢铁钒钛，34（3）: 13-17.

杨晓，2016. 页岩钒多元杂质离子分离调控机制研究[D]. 武汉:武汉理工大学.

中华人民共和国工业和信息化部，2011. YB/T 5304—2011. 五氧化二钒[S]. 北京:冶金工业出版社.

朱军，程国鹏，王欢，等，2017. 偏钒酸铵一步法制备氮化钒研究[J]. 钢铁钒钛，38（4）: 6-11.

DUAN X H，SRINIVASAKANNAN C，ZHANG H，et al，2015. Process optimization of the preparation of vanadium nitride from vanadium pentoxide ［J］. Arabian Journal for Science and Engineering，40 （8）:2133-2139.

GUI Z，FAN R，CHEN X，et al，2001. Hydrothermal synthesis and magnetic property of NaV_2O_5 nanorods[J]. Transactions of Nonferrous Metals Society of China，11: 324-327.

HAN J L，ZHANG Y M，LIU T，et al，2017. Preparation of vanadium nitride using a themarlly processed precursor with coating structure[J]. Metals，7（9）: 360.

HE G X，HE L H，ZHAO Z W，et al，2013. Thermodynamic study on phosphorus removal from tungstate solution via magnesium salt precipitation method ［J］. Transactions of Nonferrous Metals Society of China，23（11）: 3440-3447.

LECHEVALLIER S，LECANTE P，MAURICOT R，et al，2010. Gadolinium-europoium carbonate particles:cotrolled precipitation for luminescent biolabeling ［J］. Chemistry of Materials,22: 6153-6161.

LIU A R，LIU Y，MA S Q，et al. 2017. Synthesis of （Cr，V）$_2$（C，N） solid solution powders by thermal processing precursors ［J］. Materials Chemistry and Physics，193: 196-202.

LIANG H，TANG Q，YU K，et al，2007. Preparation of metallic silver from Ag_2S slurry by direct hydrogen reduction under hydrothermal conditions ［J］. Materials Letters，61（4-5）: 1020-1022.

MAVIS B，AKINC M，2004. Three-component layer double hydroxides by urea precipitation: structural stability and electrochemistry ［J］. Journal of Power Sources，134（2）: 308-317.

YANG X，ZHANG Y M，BAO S X，2016. Preparation of high purity V_2O_5 from a typical low-grade refractory stone coal using a pyro-hydrometallurgical process ［J］. Minerals，6（3）: 69.

YANG X，ZHANG Y M，BAO S X，et al，2016. Separation and recovery of vanadium from a sulfuric-acid leaching solution of stone coal by solvent extraction using trialkylamine ［J］. Separation and Purification Technology，164: 49-55.

ZHANG G B，ZHANG Y M，BAO S X，et al，2017. A novel eco-friendly vanadium precipitation method by hydrothermal hydrogen reduction technology ［J］. Minerals，7（10）: 182.

ZHAO Z W，LIU Y，CAO H，et al，2008. Synthesis of VN nanopowders by thermal nitridation of the precursor and their characterization ［J］. Journal of Alloys and Compounds，464（1-2）: 75-80.

附表 1　V–H$_2$O 体系 V(II)–V(V)溶解反应热力学数据

钒价态	反应热力学数据
V(II)	$VO + 2H^+ = V^{2+} + H_2O$　[ΔG=−50.191 kJ/mol　log(V^{2+})=8.796−2pH]
	$VO + H^+ = V(OH)^+$　[ΔG=−13.096 kJ/mol　log(V(OH)$^+$)=2.295−pH]
	$V(OH)^+ + H^+ = V^{2+} + H_2O$　[ΔG=−36.999 kJ/mol　log(V^{2+}/V(OH)$^+$)=6.484−pH]
V(III)	$V_2O_3 + 6H^+ = 2V^{3+} + 3H_2O$　[ΔG=−46.455 kJ/mol　log(V^{3+})=4.071−3pH]
	$V_2O_3 + 2H^+ = 2VO^+ + H_2O$　[ΔG=5.435 kJ/mol　log(VO$^+$)=−0.476−pH]
	$VO^+ + 2H^+ = V^{3+} + H_2O$ [ΔG=−27.7 kJ/mol　log(V^{3+})−log(VO$^+$)=4.85−2pH]
V(IV)	$VO_2 + 2H^+ = VO^{2+} + H_2O$　[ΔG=−20.468 kJ/mol　log(VO^{2+})=3.588−2pH]
	$HV_2O_5^- + H^+ = 2VO_2 + H_2O$　[ΔG=−54.5217 kJ/mol　log(HV$_2$O$_5^-$)=pH−9.556]
	$HV_2O_5^- + 5H^+ = 2VO^{2+} + 3H_2O$　[ΔG=−95.458 kJ/mol　2log(VO^{2+})−log(HV$_2$O$_5^-$)=16.730−5pH]
V(V)	$V_2O_5 + 2H^+ = 2VO_2^+ + H_2O$　[ΔG=15.712 kJ/mol　log(VO$_2^+$)=−1.377−pH]
	$2H_2VO_4^- + 2H^+ = V_2O_5 + 3H_2O$　[ΔG=−56.543 kJ/mol　log(H$_2$VO$_4^-$)=−4.95+pH]
	$H_2VO_4^- + 2H^+ = VO_2^+ + 2H_2O$　[ΔG=−20.472 kJ/mol　log(VO$_2^+$/H$_2$VO$_4^-$)=3.588−2pH]
	$HVO_4^{2-} + H^+ = H_2VO_4^-$　[ΔG=−54.308 kJ/mol　log(H$_2$VO$_4^-$/HVO$_4^{2-}$)=9.52−pH]
	$2VO_3^- + 2H^+ = V_2O_5 + H_2O$　[ΔG=103.633 kJ/mol　log(VO$_3^-$)=−9.081+pH]
	$2VO_4^{3-} + 6H^+ = V_2O_5 + 3H_2O$　[ΔG=−296.482 kJ/mol　log(VO$_4^{3-}$)=−25.98+3pH]
	$2HVO_4^{2-} + 4H^+ = V_2O_5 + 3H_2O$　[ΔG=−165.272 kJ/mol　log(HVO$_4^{2-}$)=−14.48+2pH]
	$V_4O_{12}^{4-} + 4H^+ = 2V_2O_5 + 2H_2O$　[ΔG=−161.285 kJ/mol　log(V$_4$O$_{12}^{4-}$)=−28.27+4pH]
	$2H_3VO_4 = V_2O_5 + 3H_2O$　[ΔG=−51.852 kJ/mol　log(H$_3$VO$_4$)=−4.54]
	$H_3V_2O_7^- + H^+ = V_2O_5 + 2H_2O$　[ΔG=−32.480 kJ/mol　log(H$_3$V$_2$O$_7^-$)=−5.69+pH]
	$HV_6O_{17}^{3-} + 3H^+ = 3V_2O_5 + 2H_2O$　[ΔG=−18.050 kJ/mol　log(HV$_6$O$_{17}^{3-}$)=−3.16+3pH]
	$H_2V_6O_{17}^{2-} + 2H^+ = 3V_2O_5 + 2H_2O$　[ΔG=−5.573 kJ/mol　log(H$_2$V$_6$O$_{17}^{2-}$)=−0.98+2pH]
	$H_2V_{10}O_{28}^{4-} + 4H^+ = 5V_2O_5 + 3H_2O$　[ΔG=−113.370 kJ/mol　log(H$_2$V$_{10}$O$_{28}^{3-}$)=−19.87+4pH]
	$HV_{10}O_{28}^{5-} + 5H^+ = 5V_2O_5 + 3H_2O$　[ΔG=−114.826 kJ/mol　log(HV$_{10}$O$_{28}^{5-}$)=−20.12+5pH]
	$H_2VO_4^- + 2H^+ = VO_2^+ + 2H_2O$　[ΔG=−20.472 kJ/mol　log(VO$_2^+$)=3.588−2pH]

附表 2 V-H$_2$O 体系钒价态转化的 E_h-pH 关系式

价态转化	反应方程式
V(0)↔V(II)	V^{2+} + 2e$^-$ = V E_h=-0.859+0.0295 8log(V^{2+})
	VO + 2H$^+$ +2e$^-$ = V + H$_2$O E_h=-0.599-0.0591 4pH
	VOH$^+$ + H$^+$ + 2e$^-$ = V+H$_2$O E_h=-0.667+0.0295 7log(VOH$^+$)-0.0295 7pH
V(II)↔V(III)	V^{3+} + e$^-$ = V^{2+} E_h=-0.011+0.0591 4log[(V^{3+})/(V^{2+})]
	V$_2$O$_3$ + 6H$^+$ + 2e$^-$ = 2V^{2+} + 3H$_2$O E_h=0.264 8-0.177 41pH-0.059 14log(V^{2+})
	VO$^+$+2H$^+$+e$^-$ = V^{2+}+ H$_2$O E_h=0.029 3-0.118 28pH+0.059 14log[(VO$^+$)/(V^{2+})]
	V$_2$O$_3$ + 2H$^+$ + 2e$^-$ = 2VO + H$_2$O E_h=-0.255 4-0.059 14pH
	V^{3+} + H$_2$O + e$^-$ = VO + 2H$^+$ E_h=-0.250 5+0.059 14log(V^{3+})+0.118 27pH
	VO$^+$ + e$^-$ = VO E_h=0.095 19+0.059 32log(VO$^+$)
	V^{3+} + H$_2$O + e$^-$ = VOH$^+$ + H$^+$ E_h=-0.372 4+0.059 14log[(V^{3+})/(VOH$^+$)]+0.059 14pH
	V$_2$O$_3$+ 4H$^+$+2e$^-$ = 2VOH$^+$ + H$_2$O E_h=-0.118 7-0.118 27pH-0.059 14log(VOH$^+$)
	VO$^+$ + H$^+$ + e$^-$ = VOH$^+$ E_h=-0.090 5-0.059 14pH-0.059 14log[(VO$^+$)/(VOH$^+$)]
V(III)↔V(IV)	VO^{2+}+2H$^+$+e$^-$ = V^{3+}+ H$_2$O E_h=0.604 3-0.118 27pH+0.059 14log[(VO^{2+})/(V^{3+})]
	VO^{2+}+e$^-$ = VO$^+$ E_h=0.3224+0.059 14log[(VO^{2+})/(VO$^+$)]
	2VO^{2+}+H$_2$O+2e$^-$ = V$_2$O$_3$+2H$^+$ E_h=0.959 8+0.059 14pH+0.059 14log(VO^{2+})
	2VO$_2$+2H$^+$+2e$^-$ = V$_2$O$_3$+H$_2$O E_h=1.121 2-0.059 14 pH
	VO$_2$+4H$^+$+e$^-$ = V^{3+}+2H$_2$O E_h=0.816 5-0.136 5pH-0.059 14log(V^{3+})
	VO$_2$+2H$^+$+e$^-$ = VO$^+$+H$_2$O E_h=0.534 5-0.118 3pH-0.059 14log(VO$^+$)
	HV$_2$O$_5^-$+5H$^+$+2e$^-$ = 2VO$^+$+3H$_2$O E_h=0.550-0.147 8pH+0.029 5log[(HV$_2$O$_5^-$)/(VO$^+$)^2]
	HV$_2$O$_5^-$+3H$^+$+2e$^-$ = V$_2$O$_3$+2H$_2$O E_h=0.845 3-0.088 71pH+0.029 7log(HV$_2$O$_5^-$)
	HV$_2$O$_5^-$+9H$^+$+2e$^-$ = 2V^{3+}+5H$_2$O E_h=0.589 5-0.266 1pH+0.029 6log[(HV$_2$O$_5^-$)/(V^{3+})^2]
V(IV)↔V(V)	VO$_2^+$ + e$^-$ = VO$_2$ E_h=1.057+0.059 14log(VO$_2^+$)
	VO$_2^+$+2H$^+$+e$^-$ = VO^{2+}+H$_2$O E_h=1.268 9-0.118 27pH+0.059 14log[(VO$_2^+$)/(VO^{2+})]
	HV$_2$O$_5^-$+4H$^+$+2e$^-$ = VO$_2^+$+ H$_2$O E_h=-0.767 4-0.118 27pH+0.029 6log[(VO$_2^+$)/(HV$_2$O$_5^-$)]
	H$_2$VO$_4^-$+4H$^+$+e$^-$ = VO^{2+}+3H$_2$O E_h=1.481 1-0.236 55pH+0.059 14log[(H$_2$VO$_4^-$)/(VO^{2+})]
	H$_2$VO$_4^-$+2H$^+$+e$^-$ = VO$_2$+ H$_2$O E_h=1.268 9-0.118 27pH+0.059 14log(H$_2$VO$_4^-$)
	2H$_2$VO$_4^-$+3H$^+$+2e$^-$ = HV$_2$O$_5^-$+3H$_2$O E_h=0.986 39-0.088 71pH+0.029 57log[(H$_2$VO$_4^-$)^2/(HV$_2$O$_5^-$)]
	HVO$_4^{2-}$+3H$^+$+e$^-$ = VO$_2$+ 2H$_2$O E_h=1.831 8-0.177 4pH+0.059 14log(HVO$_4^{2-}$)
	2HVO$_4^{2-}$+5H$^+$+2e$^-$ = HV$_2$O$_5^-$+3H$_2$O E_h=1.543 4-0.147 84pH+0.029 57log[(HVO$_4^{2-}$)^2/(HV$_2$O$_5^-$)]
	VO$_4^{3-}$ + 4H$^+$+e$^-$ = VO$_2$+ 2H$_2$O E_h=2.511 7-0.236 5pH+0.059 14log(VO$_4^{3-}$)
	VO$_4^{3-}$ + 6H$^+$ + e$^-$ = VO^{2+}+3H$_2$O E_h=2.723 9-0.354 84pH+0.059 14log[(VO$_4^{3-}$)/(VO^{2+})]
	2VO$_4^{3-}$+7H$^+$+2e$^-$ = HV$_2$O$_5^-$+3H$_2$O E_h=2.229 2-0.206 98pH+0.029 57log[(VO$_4^{3-}$)^2/(HV$_2$O$_5^-$)]
	V$_2$O$_5$+6H$^+$+2e$^-$ = 2VO^{2+}+3H$_2$O E_h=1.187 5-0.177 41pH-0.059 14log(VO^{2+})
	H$_2$V$_{10}$O$_{28}^{4-}$+34H$^+$+10e$^-$ = 10VO^{2+} + 18H$_2$O E_h=1.305-0.201 07pH+0.005 914log(H$_2$V$_{10}$O$_{28}^{4-}$)-0.059 14 log(VO^{2+})
	H$_2$V$_{10}$O$_{28}^{4-}$+14H$^+$+10e$^-$ = 5V$_2$O$_4$ + 8H$_2$O E_h=1.092 8-0.082 79pH+0.005 914log(H$_2$V$_{10}$O$_{28}^{4-}$)
	HV$_{10}$O$_{28}^{5-}$+ 15H$^+$+ 10e$^-$ = 5V$_2$O$_4$ + 8H$_2$O E_h=1.094 3-0.088 71pH+0.005 914log(HV$_{10}$O$_{28}^{5-}$)
	V$_4$O$_{12}^{4-}$ + 8H$^+$ + 4e$^-$ = 2V$_2$O$_4$ + 4H$_2$O E_h=1.393 2-0.118 28pH+0.014 78log(V$_4$O$_{12}^{4-}$)
	V$_4$O$_{12}^{4-}$ + 6 H$^+$ + 4e$^-$ = 2HV$_2$O$_5^-$ + 2H$_2$O E_h=1.110 7-0.088 71pH+0.014 78log[(V$_4$O$_{12}^{4-}$)/(HV$_2$O$_5^-$)^2]
	H$_3$V$_2$O$_7^-$+2 H$^+$ + 2e$^-$ = HV$_2$O$_5^-$ + 2H$_2$O E_h=0.861 1-0.059 137pH+0.029 56log[(H$_3$V$_2$O$_7^-$)/(HV$_2$O$_5^-$)]
	2H$^+$ + 2e$^-$ = H$_2$ E_h=-0.059 14pH
	O$_2$ + 4H$^+$ +4e$^-$ = 2H$_2$O E_h=1.23-0.059 14pH

附表 3　V-S-H₂O 体系 V(II) -V(V)溶解反应热力学数据

钒价态	反应热力学数据
V(II)	$VO + 2H^+ = V^{2+} + H_2O$　$\log(V^{2+})=8.796-2pH$
	$VO + H^+ = V(OH)^+$　$\log[V(OH)^+]=2.295-pH$
	$V(OH)^+ + H^+ = V^{2+} + H_2O$　$\log[V^{2+}/V(OH)^+]=6.484-pH$
V(III)	$VSO_4^+ + H^+ = V^{3+} + HSO_4^-$　$\log[(V^{3+})(HSO_4^-)/(VSO_4^+)]=0.545-pH$
	$VO^+ + 2H^+ + SO_4^{2-} = VSO_4^+ + H_2O$　$\log[(VO^+)(SO_4^{2-})/(VSO_4^+)]=-7.873+2pH$
	$V_2O_3 + 2SO_4^{2-} + 6H^+ = 2VSO_4^+ + 3H_2O$　$\log[(VSO_4^+)/(SO_4^{2-})]=8.028-3pH$
	$V_2O_3 + 2H^+ = 2VO^+ + H_2O$　$\log(VO^+)=0.156-pH$
V(IV)	$SO_4^{2-} + H^+ = HSO_4^-$　$\log[(HSO_4^-)/(SO_4^{2-})]=1.99-pH$
	$HV_2O_5^- + H^+ = V_2O_4 + H_2O$　$\log(HV_2O_5^-)=pH-8.205$
	$V_4O_9^{2-} + 2H^+ = 2V_2O_4 + H_2O$　$\log(V_4O_9^{2-})=2pH-15.840$
	$V_2O_4 + 2SO_4^{2-} + 4H^+ = 2VOSO_4 + 2H_2O$　$\log[(VOSO_4)/(SO_4^{2-})]=5.967-2pH$
	$VOSO_4 + H^+ = VO^{2+} + HSO_4^-$　$\log[(HSO_4^-)(VO^{2+})/(VOSO_4)]=0.282-pH$
	$HV_2O_5^- + 2SO_4^{2-} + 5H^+ = 2VOSO_4 + 3H_2O$　$\log[(VOSO_4)^2/(HV_2O_5^-)(SO_4^{2-})^2]=20.140-5pH$
	$2HV_2O_5^- = V_4O_9^{2-} + H_2O$　$\log[(V_4O_9^{2-})/(HV_2O_5^-)^2]=0.571$
V(IV)	$V_2O_5 + 2H^+ = 2VO_2^+ + H_2O$　$\log(VO_2^+)=-pH-0.720$
	$H_2V_{10}O_{28}^{4-} + 14H^+ = 10VO_2^+ + 8H_2O$　$10\log(VO_2^+)-\log(H_2V_{10}O_{28}^{4-})=6.730-14pH$
	$H_2V_{10}O_{28}^{4-} + 4H^+ = 5V_2O_5 + 3H_2O$　$\log(H_2V_{10}O_{28}^{4-})=4pH-13.931$
	$HV_{10}O_{28}^{5-} + H^+ = H_2V_{10}O_{28}^{4-}$　$\log(H_2V_{10}O_{28}^{4-})-\log(HV_{10}O_{28}^{5-})=3.678-pH$
	$V_{10}O_{28}^{6-} + H^+ = HV_{10}O_{28}^{5-}$　$\log(HV_{10}O_{28}^{5-})-\log(V_{10}O_{28}^{6-})=5.780-pH$
	$5V_4O_{12}^{4-} + 8H^+ = 2V_{10}O_{28}^{6-} + 4H_2O$　$2\log(V_{10}O_{28}^{6-})-5\log(V_4O_{12}^{4-})=50.571-8pH$
	$2HV_2O_7^{3-} + 2H^+ = V_4O_{12}^{4-} + 2H_2O$　$\log(V_4O_{12}^{4-})-2\log(HV_2O_7^{3-})=16.177-2pH$
	$V_2O_7^{4-} + H^+ = HV_2O_7^{3-}$　$\log[(HV_2O_7^{3-})/(V_2O_7^{4-})]=12.612-pH$
	$2VO_4^{3-} + 2H^+ = V_2O_7^{4-} + 4H_2O$　$\log(V_2O_7^{4-})-2\log(VO_4^{2-})=27.847-2pH$
	$VO_2SO_4^- + H^+ = VO_2^+ + HSO_4^-$　$\log[(VO_2^+)(HSO_4^-)/(VO_2SO_4^-)]=1.053-pH$
	$H_2V_{10}O_{28}^{4-} + 10HSO_4^- + 4H^+ = 10VO_2SO_4^- + 8H_2O$　$10\log(VO_2SO_4^-)-\log(H_2V_{10}O_{28}^{4-})=-3.797-4pH+10\log(HSO_4^-)$
	$H_2V_{10}O_{28}^{4-} + 10SO_4^{2-} + 14H^+ = 10VO_2SO_4^- + 8H_2O$　$10\log(VO_2SO_4^-)-\log(H_2V_{10}O_{28}^{4-})=16.137-14pH+10\log(SO_4^{2-})$
	$V_2O_5 + 2HSO_4^- = 2VO_2SO_4^- + H_2O$　$\log[(VO_2SO_4^-)/(HSO_4^-)]=-1.773$
	$V_2O_5 + 2SO_4^{2-} + 2H^+ = 2VO_2SO_4^- + H_2O$　$\log[(VO_2SO_4^-)/(SO_4^{2-})]=0.221-pH$
	$H_2VO_4^- + SO_4^{2-} + 2H^+ = VO_2SO_4^- + 2H_2O$　$\log(VO_2SO_4^-)-\log(H_2VO_4^-)=8.027-2pH+\log(SO_4^{2-})$
	$5V_4O_{12}^{4-} + 10H^+ = 2HV_{10}O_{28}^{5-} + 4H_2O$　$2\log(V_{10}O_{28}^{6-})-5\log(V_4O_{12}^{4-})=50.71-8pH$
	$HV_2O_7^{3-} + H_2O + H^+ = 2H_2VO_4^-$　$\log(HV_2O_7^{3-})-2\log(H_2VO_4^-)=pH-2.211$
	$HVO_4^{2-} + H^+ = H_2VO_4^-$　$\log(H_2VO_4^-)-\log(HVO_4^{2-})=8.057-pH$
	$2HVO_4^{2-} + H^+ = HV_2O_7^{3-} + H_2O$　$\log(HV_2O_7^{3-})-2\log(HVO_4^{2-})=13.904-pH$
	$V_2O_7^{4-} + H_2O = 2HVO_4^{2-}$　$2\log(HVO_4^{2-})-\log(V_2O_7^{4-})=-1.292$
	$VO_4^{3-} + H^+ = HVO_4^{2-}$　$\log[(HVO_4^{2-})/(VO_4^{3-})]=13.277-pH$

附表 4　V–S–H₂O 体系钒价态转化的 E_h–pH 关系式

价态转化	反应方程式
V(0)↔V(II)	$V^{2+} + 2e^- = V$　$E_h=-0.859+0.029\,58\log(V^{2+})$
	$VO + 2H^+ + 2e^- = V + H_2O$　$E_h=-0.599-0.059\,14pH$
	$VOH^+ + H^+ + 2e^- = V + H_2O$　$E_h=-0.667+0.029\,57\log(VOH^+)-0.0295\,7pH$
V(II)↔V(III)	$V^{3+} + e^- = V^{2+}$　$E_h=-0.011+0.059\,14\log[(V^{3+})/(V^{2+})]$
	$V_2O_3 + 6H^+ + 2e^- = 2V^{2+} + 3H_2O$　$E_h=0.264\,8-0.177\,41pH-0.059\,14\log(V^{2+})$
	$VSO_4^+ + H^+ + e^- = V^{2+} + 3HSO_4^-$　$E_h=-0.331-0.059\,16pH-0.059\,16\log[(VSO_4^+)/(HSO_4^-)(V^{2+})]$
	$VSO_4^+ + e^- = V^{2+} + SO_4^{2-}$　$E_h=-0.431-0.059\,16pH-0.059\,16\log[(VSO_4^+)/(SO_4^{2-})(V^{2+})]$
	$V_2O_3 + 2H^+ + 2e^- = 2VO + H_2O$　$E_h=-0.255\,4-0.059\,14pH$
	$VO^+ + 2H^+ + e^- = V^{2+} + H_2O$　$E_h=0.029\,3-0.118\,28pH+0.059\,14\log[(VO^+)/(V^{2+})]$
	$V_2O_3 + 4H^+ + 2e^- = 2VOH^+ + H_2O$　$E_h=-0.118\,7-0.118\,27pH-0.059\,14\log(VOH^+)$
V(III)↔V(IV)	$V_2O_4 + 2H^+ + 2e^- = V_2O_3 + H_2O$　$E_h=0.298-0.059\,16pH$
	$HV_2O_5^- + 3H^+ + 2e^- = V_2O_3 + 2H_2O$　$E_h=0.541-0.088\,74pH+0.029\,58\log(HV_2O_5^-)$
	$HV_2O_5^- + 5H^+ + 2e^- = 2VO^+ + 3H_2O$　$E_h=0.550-0.147\,9pH+0.029\,5\log(HV_2O_5^-)-0.059\,16\log(VO^+)$
	$VOSO_4 + 3H^+ + e^- = V^{3+} + H_2O + HSO_4^-$　$E_h=0.453-0.177\,48pH+0.059\,16\log[(VOSO_4)/(V^{3+})(HSO_4^-)]$
	$VOSO_4 + 2H^+ + e^- = VSO_4^+ + H_2O$　$E_h=0.421-0.118\,32pH+0.059\,16\log[(VOSO_4)/(VSO_4^+)]$
	$VOSO_4 + H_2O + 2e^- = V_2O_3 + 2SO_4^{2-} + 2H^+$　$E_h=-0.055+0.059\,16pH+0.059\,16\log[(VOSO_4)/SO_4^{2-}]$
	$VOSO_4 + e^- = VO^+ + SO_4^{2-}$　$E_h=-0.045+0.059\,16\log[(VOSO_4)/(VO^+)]-0.059\,16\log(SO_4^{2-})$
V(IV)↔V(V)	$VO_2^+ + 2H^+ + e^- = VO^{2+} + H_2O$　$E_h=1.001-0.118\,32pH+0.059\,16\log[(VO_2^+)/(VO^{2+})]$
	$V_2O_5 + 2SO_4^{2-} + 6H^+ + 2e^- = 2VOSO_4 + 3H_2O$　$E_h=1.06-0.177\,48pH+0.059\,16\log[(SO_4^{2-})/(VOSO_4)]$
	$HV_{10}O_{28}^{5-} + 15H^+ + 10e^- = 5V_2O_4 + 8H_2O$　$E_h=0.811-0.088\,74pH+0.005\,9\,16\log(HV_{10}O_{28}^{5-})$
	$V_4O_{12}^{4-} + 8H^+ + 4e^- = 2V_2O_4 + 4H_2O$　$E_h=0.995-0.118\,32pH+0.014\,79\log(V_4O_{12}^{4-})$
	$VO_2^+ + HSO_4^- + H^+ + e^- = VOSO_4 + H_2O$　$E_h=0.984-0.059\,16pH+0.059\,16\log[(VO_2^+)(HSO_4^-)/(VOSO_4)]$
	$VO_2SO_4^- + 2H^+ + e^- = VOSO_4 + H_2O$　$E_h=1.047-0.118\,32pH+0.059\,16\log[(VO_2SO_4^-)/(VOSO_4)]$
	$H_2V_{10}O_{28}^{4-} + 10SO_4^{2-} + 34H^+ + 10e^- = 10VOSO_4 + 18H_2O$
	$E_h=1.142-0.201\,144pH+0.005\,916\log(H_2V_{10}O_{28}^{4-})+0.059\,16\log[(SO_4^{2-})/(VOSO_4)]$
	$HV_{10}O_{28}^{5-} + 10SO_4^{2-} + 35H^+ + 10e^- = 10VOSO_4 + 18H_2O$
	$E_h=1.164-0.207\,06pH+0.005\,916\log(HV_{10}O_{28}^{5-})+0.059\,16\log[(SO_4^{2-})/(VOSO_4)]$
	$V_4O_{12}^{4-} + 6H^+ + 4e^- = 2HV_2O_5^- + 2H_2O$　$E_h=0.752-0.088\,74pH+0.014\,79\log(V_4O_{12}^{4-})-0.029\,58\log(HV_2O_5^-)$
	$HV_2O_7^{3-} + 4H^+ + 2e^- = HV_2O_5^- + 2H_2O$　$E_h=0.991-0.118\,32pH+0.029\,58\log[(HV_2O_7^{3-})/(HV_2O_5^-)]$
	$2HVO_4^{2-} + 5H^+ + 2e^- = HV_2O_5^- + 3H_2O$　$E_h=1.403-0.147\,9pH+0.059\,16\log(HVO_4^{2-})-0.029\,58\log(HV_2O_5^-)$
	$2VO_4^{3-} + 7H^+ + 2e^- = HV_2O_5^- + 3H_2O$　$E_h=2.188-0.207\,06pH+0.059\,16\log(VO_4^{3-})-0.029\,58\log(HV_2O_5^-)$
	$H_2VO_4^- + SO_4^{2-} + 4H^+ + e^- = VOSO_4 + 3H_2O$　$E_h=1.522-0.236\,64pH+0.059\log[(H_2VO_4^-)(SO_4^{2-})/(VOSO_4)]$
	$2H_2VO_4^- + 3H^+ + 2e^- = HV_2O_5^- + 3H_2O$　$E_h=0.926-0.088\,74pH+0.059\,16\log(H_2VO_4^-)-0.029\,58\log(HV_2O_5^-)$
V(III)↔V(V)	$2VO_4^{3-} + 10H^+ + 4e^- = V_2O_3 + 5H_2O$　$E_h=1.364\,7-0.147\,9pH+0.029\,58\log(VO_4^{3-})$